锂离子电池单晶富镍材料合成与应用

张 智 张松柏 申继学 著

上海科学技术出版社

图书在版编目（CIP）数据
锂离子电池单晶富镍材料合成与应用 / 张智，张松柏，申继学著. -- 上海 : 上海科学技术出版社，2024.12. -- ISBN 978-7-5478-6954-3
Ⅰ. TM912
中国国家版本馆CIP数据核字第2024QS6245号

锂离子电池单晶富镍材料合成与应用
张 智 张松柏 申继学 著

上海世纪出版(集团)有限公司
上 海 科 学 技 术 出 版 社 出版、发行
(上海市闵行区号景路 159 弄 A 座 9F - 10F)
邮政编码 201101 www.sstp.cn
字数：300 千字
2024 年 12 月第 1 版 2024 年 12 月第 1 次印刷
ISBN 978 - 7 - 5478 - 6954 - 3/TQ・19
定价：128.00 元

序言

1970 年，M. S. Whittingham 首次以硫化钛和锂为基本材料构建了锂离子电池，也可以简称为锂电池，锂离子电池的发展至今已有 50 多年。锂离子(Li^+)电池是一种可充电电池，它主要依靠锂离子在正极和负极之间移动来工作。在充放电过程中，Li^+ 在两个电极之间往返嵌入和脱嵌：充电时，Li^+ 从正极脱嵌，经过电解质嵌入负极，负极处于富锂状态；放电时则相反。锂离子电池主要由正极、负极、电解液和隔膜等组成。根据外形，锂离子电池可以分为软包锂离子、方形锂离子、圆柱形锂离子电池 3 大类。1991 年，索尼公司率先实现了锂离子电池的商业化，广泛应用于便携设备。进入 21 世纪，随着智能手机、电动车等领域的兴起，锂离子电池的需求量激增，国务院发布的《新能源汽车产业发展规划(2021—2035 年)》中，也明确提出了实施电池技术突破行动的目标，以推动动力锂电池全价值链发展。

单晶富镍三元正极材料是一种高性能的锂离子电池正极材料，通常指镍含量较高的单晶状锂镍钴锰氧化物(NCM)，其镍含量大多在 0.6 以上，典型代表有 $LiNi_{0.6}Co_{0.2}Mn_{0.2}O_2$、$LiNi_{0.8}Co_{0.1}Mn_{0.1}O_2$、$LiNi_{0.9}Co_{0.05}Mn_{0.05}O_2$ 等。相比多晶材料，单晶材料具有更稳定的内部微观结构、更高的压实密度、更好的安全性和优越的循环稳定性，同时能够保证更高的电池能量输出，具有较好的循环稳定性和高温性能。由于单晶富镍三元正极材料具有高能量密度和长寿命等优势，可以为电动汽车、智能手机、笔记本电脑等智能设备提供更高的续航里程和更长的使用寿命，随着技术的不断进步和创新，单晶富镍三元正极材料的应用领域还将进一步拓展。

著者团队长期从事锂离子电池的研究工作，在单晶富镍三元正极材料方面做了更深入的研究，涉及其合成方法、掺杂改性、实际应用，尤其关注单晶富镍三元正极材料的改性问题，部分总结内容具有实践意义。由于富镍三元材料的热稳定性较差，合成过程通常需要较高的烧结温度，高温下的烧结易导致材料产生严重的晶格缺陷和锂镍混排。而镍元素的加入会使材料在高电流和高温放电时存在容量衰减和安全性问题。富镍材料中的镍容易导致锂离子的嵌入和脱出反应的不稳定，从而影响电池循环性能。为了克服这些问题，著者研究团队开展大量的改性研究，如改变元素组成比例、材料的表面涂层包覆、体相掺杂等技术，以提高材料的电化学性能和循环稳定性。本书共 10 个章节分别对锂离子电池、单晶富镍材料的合成方法、单晶富镍材料的物理化学性质、单晶富镍材料在锂离子电池中的实际应用分析、单晶富镍材料在其他领域的应用、单晶富镍材料的发展及创新方向、单晶富镍材料前景展望等进行了介绍，为从事锂离子电池及单晶富镍材料方向的研究工作者进行的锂离子电池体系构建与应用研究提供了系统、科学的指导或借鉴。

综上所述，本书总结了国内外系统性最新研究成果，锂离子电池的理论基础体系，在传统锂离子电池的基础上，对单晶富镍材料进行了更深入的研究，对未来从事该领域的研究者的工作具有一定参考价值。

赵玉峰

赵玉峰：女，上海大学教授、博士生导师，上海大学可持续能源研究院副院长，英国皇家化学会会士(FRSC)，上海市东方英才计划拔尖人才、河北省杰青、河北省百名优秀创新人才。1996—2003 年在天津大学学习，分别获得学士/硕士学位，2006 年获新加坡南洋理工大学博士学位。随后分别在澳大利亚迪肯大学、德国马尔堡大学从事科研工作。研究领域主要集中于电化学能源材料，重点关注钠离子电池、固态电池关键材料及器件。主持河北省杰出青年基金、国家自然科学基金、上海大学高层次人才启动经费、上海市科委“创新行动计划”高新技术领域专题、河北省高校百名优秀创新人才支持计划等多项科技项目。获河北省自然科学一等奖、中国内燃机学会自然科学二等奖、Nano Research 新锐青年科学家奖，入选斯坦福大学全球前 2%顶尖科学家终身榜(World's Top 2% Scientists 1960—2022)、入选河北省“三三三”人才工程。迄今为止在 *Nature Comm*、*PNAS*、*Adv Mater*、*Angew Chem Int Ed*、*Adv Funct Mater* 等国际期刊发表 SCI 收录论文 190 余篇，H 因子 67，申请国家发明专利 30 余项。现任国际电化学能源科学院理事、中国内燃机学会储能技术分会委员、中国储能与动力电池及其材料专业委员会委员、上海市新能源地标委员会委员、澳大利亚 ARC 基金、新加坡 A star 基金评审专家以及多个期刊编委等。

前言

锂离子电池是一种先进的储能装置。在全球科技不断进步的背景下，能源问题成为了人类社会面临的重要挑战之一。随着化石能源的逐渐枯竭和环境问题的日益严峻，寻找可持续、高效的储能技术变得至关重要。锂离子电池作为一种先进的储能装置，凭借其众多优势，在现代能源领域中占据着举足轻重的地位。由于它们具有高能量密度，能够在相对较小的体积和重量内存储大量的电能，这使得便携式电子设备得以实现更长的续航时间，电动汽车能够行驶更远的距离。相比传统的化石能源，锂离子电池的能量转化效率更高，能够更有效地将化学能转化为电能，减少能源的浪费。随着技术的不断突破和创新，锂离子电池的应用范围还在不断扩大。从消费电子、新能源汽车到储能系统等领域，锂离子电池正在推动着各个行业的能源转型和可持续发展，有着极其广阔的应用前景。

本书深入探讨了锂离子电池的储能原理及其发展历程，首先简要介绍了常见的锂离子正极材料，随后着重阐述了富镍单晶三元正极材料的研究进展及其改性方法。书中详细描述了实验所需的材料、设备及方法，并对 $LiNi_{0.6}Co_{0.1}Mn_{0.3}O_2$ 单晶材料制备及其性能优势 Zr/Ti 共掺对 $LiNi_{0.6}Co_{0.1}Mn_{0.3}O_2$ 单晶材料性能的影响、超富镍单晶 $LiNi_{0.72}Co_{0.04}Mn_{0.04}O_2$ 正极材料制备以及改性研究，对高电压电解液优化三元电极界面进行了深入研究。这些内容无疑是锂离子电池研究领域的重点和热点。

本书结合著者及课题组的相关研究成果，对锂离子电池的原理和相关研究进行综述，可以作为从事锂离子电池科研工作者的参考资料。

由于著者水平有限、研究方向有偏重，书中错误和疏漏在所难免，恳请读者批评指正。

著作者

2024 年 11 月

目录

第1章

概　　述

1.1　锂离子电池概述

锂金属被发现于 1817 年，因其具有密度低（0.534 g·cm^{-3}）、容量大（理论可达 3 860 mAh·g^{-1}）且电势低（−3.04 V 相对于标准氢电极）的理想化性质优势，被率先应用于锂一次原电池[1-3]。1973 年贝尔实验室的 J. Broadhead 等研究了在金属二硫族化合物中的硫、碘原子的插层现象[4]，对离子插层现象的初步研究为后面的锂离子电池奠定了基础。锂离子电池的研发可分为两个阶段：锂金属电池阶段和"摇椅式电池"阶段。

锂金属电池阶段主要是基于金属锂为负极的锂离子电池的研发。1977 年，Exxon 公司（埃克森美孚的前身）商业化了第一个真正意义上的可充电的锂离子电池——Li‖TiS_2 电池，能量密度是铅酸电池的 2～3 倍[5]。1987 年，加拿大公司 Moli Energy 商业化的 Li‖MoS_2 电池，具有和 Li‖TiS_2 电池相当的能量密度，极大推动了锂离子电池在世界范围内的广泛应用[6]。20 世纪 70—80 年代，科学家对锂离子电池的研究主要集中在正极材料上，尤其是过渡金属硫族化合物。同时，科学家们发现被锂化的负极材料本身也是一个可逆性较好的储锂材料，如 $LiTiS_2$，$LiCoO_2$ 等[7]。而伴随着 Moli 公司第一代 Li‖MoS_2 电池的爆炸，以锂金属为负极的锂离子电池的安全问题随之暴露出来，锂金属电池至此逐渐淡出大众视线。锂离子电池主要组分正极、负极和电解液，其发展过程中具有里程碑意义的材料如图 1-1 所示。

为了提高电池的安全性能，研究工作者将目光转向了负极和电解液材料上。1976 年 Besenhard 对 LiC_6 材料的电化学性能进行了研究，发现石墨可用作锂离子电池的负极材料[8]。1978 年 Armand 采用聚乙二醇（PEO）作为固态高分子电解质解决了石墨负极容易嵌入溶剂 PC 分子的问题[9]。同时为了绕开金属锂析出时产生的树枝状结晶问题，其提出了"摇椅式电池"的概念，即电池正负极材料不再采用金属锂，而均为锂的嵌合物[10]。1986 年，旭化成公司的吉野彰首次将 $LiCoO_2$ 作为正极材料，石墨作为负极材料设计出了"摇椅式电池"模型。1991 年，索尼公司商业化了第一款"摇椅式电池"的锂离子电池[11]。自此，

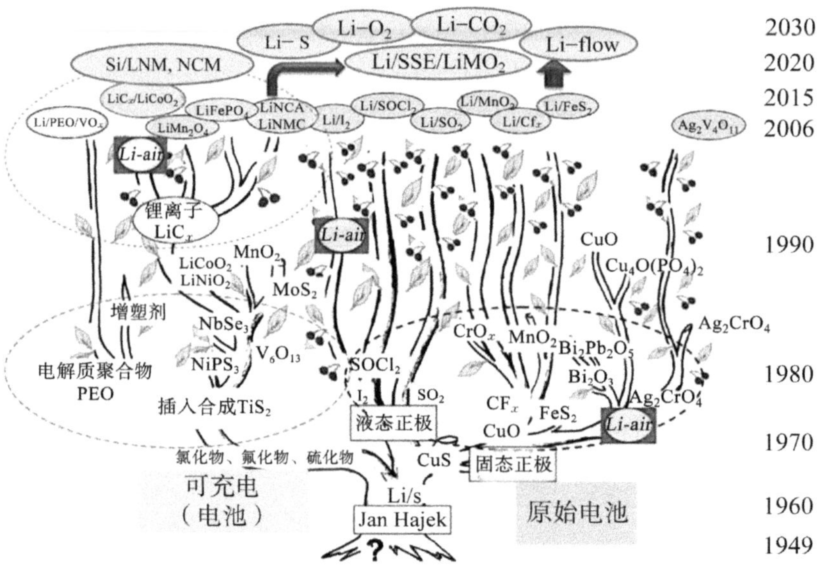

图 1-1　锂电池发展过程[4]

锂离子电池结构基本固定，并迎来了飞速发展。近 30 年来，随着各国对锂离子电池体系的不断优化，其单体能量密度得到了极大的提升，由最初的不足 100 Wh · Kg^{-1} 提升至 250～300 Wh · Kg^{-1}。图 1-2 所示，各国不约而同地追求更高能量密度、更低成本的动力电池技术。

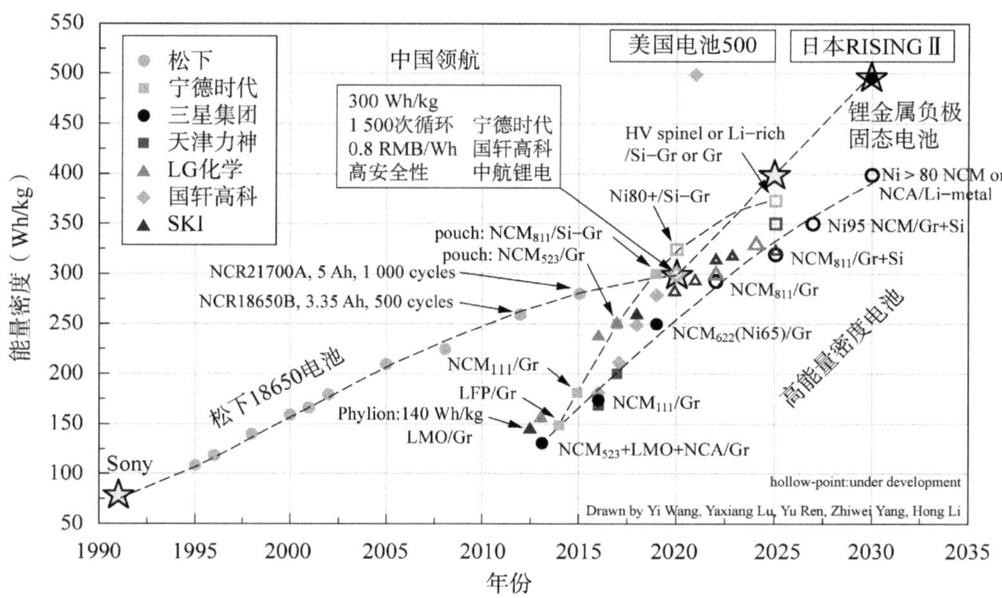

图 1-2　各国汽车用电池发展规划[12]

随后，研究者发现层状石墨作为负极材料可以很好解决锂枝晶问题，因此锂离子电池研究兴起。直至日本索尼公司成功推出 $LiCoO_2$ ‖ 石墨电池产品，锂离子电池才正式开启商业化发展[5,6]。

1.2　锂离子电池结构组成及储锂原理

锂离子电池主要由正极、负极、电解液、隔膜、集流体和电池壳等组成。正极材料主要是嵌锂型的过渡金属氧化物(钴酸锂、镍钴锰酸锂、镍钴铝酸锂和锰酸锂)和聚阴离子化合物(磷酸铁锂)等;负极材料主要是石墨(人造石墨和天然石墨)、石墨化碳材料等;电解液材料主要是 $LiPF_6$ 的烷基碳酸酯搭配高分子材料,如低黏度二乙基碳酸酯(DEC)、丙烯碳酸酯(PC)和乙烯碳酸酯(EC)等;隔膜材料主要是 PE、PP 或它们的复合膜等[13,14]。

图 1-3 以钴酸锂‖碳酸酯类电解液‖石墨电池为例介绍了锂离子电池的工作原理,充电过程中,正极的 $LiCoO_2$ 失去电子,同时 Li^+ 从材料中脱出经过电解液/隔膜到达石墨负极,同时得到电子,在负极形成锂的嵌合物- LiC_6。化学反应式如下[15]:

$$\text{正极反应:} LiCoO_2 \leftrightarrow Li_{1-x}CoO_2 + xLi^+ + xe^- \tag{1-1a}$$

$$\text{负极反应:} 6C + xLi^+ + xe^- \leftrightarrow Li_xC_6 \tag{1-1b}$$

$$\text{总反应:} 6C + LiCoO_2 \leftrightarrow Li_{1-x}CoO_2 + Li_xC_6 \tag{1-1c}$$

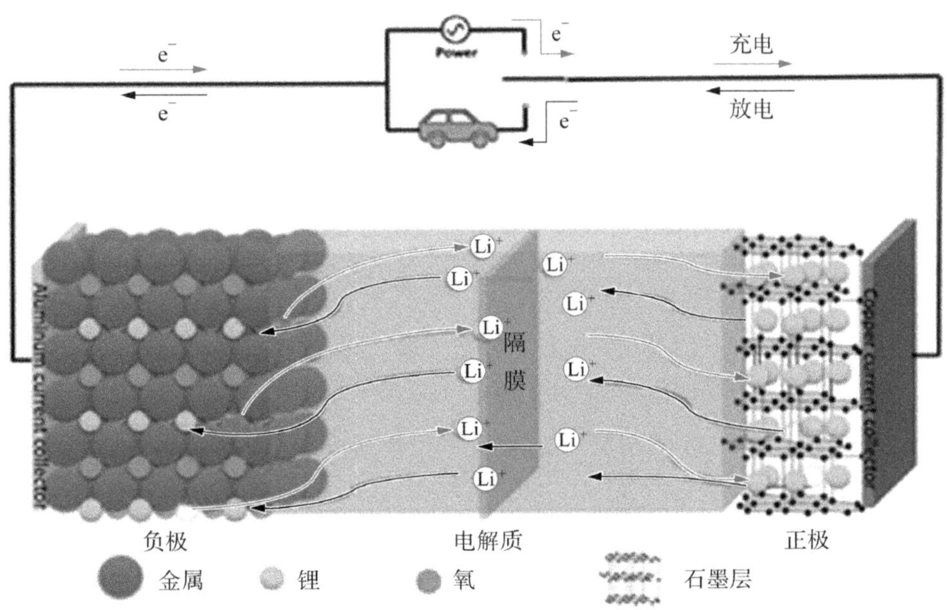

图 1-3　锂离子电池工作原理示意图[16]

1.3　常见锂离子电池正极材料

锂离子电池正极材料是锂离子电池中作为正极活性物质的材料,目前主要用于乘用车动力电池,消费电子等领域。锂离子电池正极材料按照其结构不同可分为层状结构正极材料(如 $LiCoO_2$ 和 $LiNi_xCo_yMn_{1-x-y}O_2$ 等)、尖晶石型结构正极材料(如 $LiMn_2O_4$ 和 $LiNi_{0.5}Mn_{1.5}O_4$)和橄榄石结构正极材料(如 $LiFePO_4$)[11-14]。表 1-1 展示了常见的商用正极材料的对比。层状结构正极材料因其较高的理论比容量、压实密度和适中的电压平台而得到了广泛关注[15-17]。

表 1-1 常用正极材料对比[11-14]

	钴酸锂	镍钴锰酸锂	锰酸锂	磷酸铁锂
化学式	$LiCoO_2$	$LiNi_xCo_yMn_{1-x-y}O_2$	$LiMn_2O_4$	$LiFePO_4$
晶体结构	层状	层状	尖晶石	橄榄石
压实密度($g \cdot cm^{-3}$)	4.2	3.6	3.2	2.3
工作电压(V)	2.5～4.2	3～4.3	2.5～4.2	2.5～4.2
平均电压(V)	3.9	3.7	4.0	3.4
理论容量($mAh \cdot g^{-1}$)	274	278	148	170
实际容量($mAh \cdot g^{-1}$)	135～150	155～180	120～135	130～160
过渡金属丰度	贫乏	贫乏	丰富	非常丰富
环保性	钴有害	钴、镍有害	无毒	无毒
安全性	尚好	尚好	良好	好
优点	充放电稳定;生产工艺简单	电化学性能稳定;循环性能好	锰资源丰富;价格便宜;安全性好	高安全性;环保长寿
缺点	钴价格昂贵;循环寿命较低	用到一部分钴;价格昂贵	能量密度低	放电电压低
应用领域	3C 电子产品	动力电池	储能;动力电池	储能;动力电池

1.3.1 钴酸锂正极材料

1980 年美国化学家 J. B. Goodenough 等采用碳酸锂和碳酸钴为原料在高温下制备出 $LiCoO_2$,并发现其可以用作锂离子电池的正极材料[18]。图 1-4 所示,层状 $LiCoO_2$ 属于典型的六方晶系的 α-$NaFeO_2$ 型岩盐结构,O 呈现 ABCABC 型立方密堆积排列,O^{2-} 位于 6c 位置,而 Li^+ 和 Co^{3+} 分别占据 3a 和 3b 位置,构成交错排列的 LiO_6 和 CoO_6 八面体,呈现层状排列[19-21]。然而,$LiCoO_2$ 在高脱锂状态下的结构劣化加剧,容易引发容量衰减与安全问题[24-34]。此外,地球中钴资源匮乏,导致 $LiCoO_2$ 的制备成本较高,不适合用于动力电池和大型储能系统。目前,改善 $LiCoO_2$ 最有效的方法是元素掺杂改性(Mg、Al、Ti 等),以增强其结构稳定性[35-38]。

层状 $LiCoO_2$ 正极材料是商业化应用最早的层状正极材料,因其具有压实密度较高、倍率性能好等优势,广泛应用于手机、笔记本等消费类电子领域,超高的体积能量密度使其在高端数码市场具有无法撼动的地位[23,24]。随着高端数码市场对质量能量密度和体积能量密度的要求越来越高,$LiCoO_2$ 正极材料正朝着高电压(≥4.5 V 相对于 Li/Li^+)和高

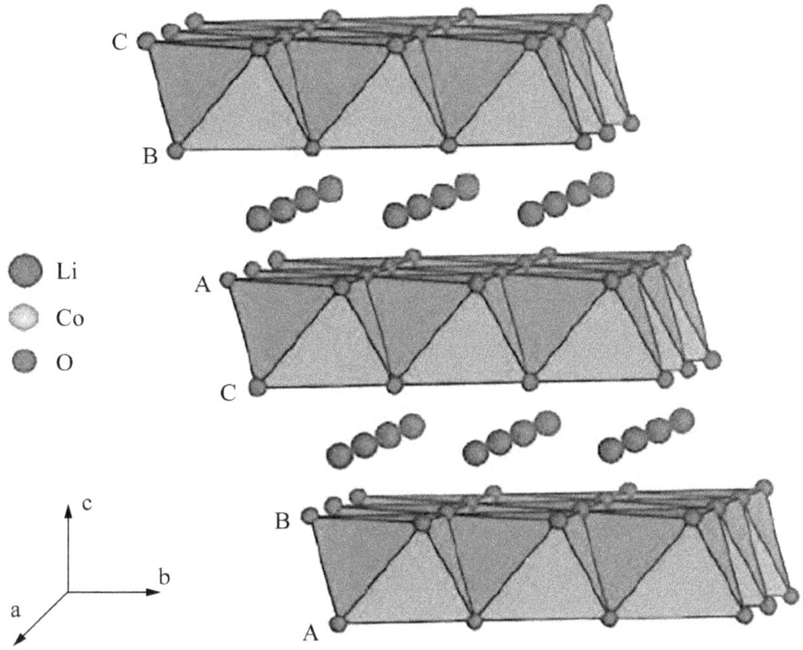

图 1-4 $LiCoO_2$ 材料结构示意图[4]

压实密度(≥4.1 g·cm^{-3})的方向发展[22,25-28]。然而,在高脱嵌状态下,有害相变[29]、孪晶边界处的裂纹[30]、晶格失氧[31]以及与电解液之间的寄生反应[32]等问题导致材料的循环性能急剧下降。另外,层状 $LiCoO_2$ 正极材料有较差的安全性能,加之 Co 资源匮乏、价格高昂[33],使之无法应用于动力和储能市场。

1.3.2 镍酸锂正极材料

相对于 Co 来说,Ni 在地球上的丰度更高,价格更便宜,开采过程友好。更重要的是 $LiNiO_2$ 具有与 $LiCoO_2$ 相似的理论能量密度,因此 1991 年索尼将 $LiCoO_2$ 材料成功商用后,$LiNiO_2$ 层状正极材料也随之引起了广泛关注[34]。1991 年,J. R. Dahn 合成了 $LiNiO_2$ 材料,并研究了 $LiNiO_2$‖C 电池的可逆性,证明了其作为正极材料的可行性[35]。层状的 $LiNiO_2$ 材料与层状的 $LiCoO_2$ 材料一样,为典型的六方晶系的 α-$NaFeO_2$ 型岩盐结构,空间群为 $R\bar{3}m$[36]。与 $LiCoO_2$ 不同的是,$LiNiO_2$ 材料的锂镍混排现象更加严重[37,38]。正因为 Ni^{2+} 氧化成 Ni^{3+} 的势垒较大,同时 Ni^{2+} 和 Li^+ 半径较为接近(Ni^{2+}:0.068 nm;Li^+:0.076 nm),从而材料制备过程较为苛刻,并伴随有大量的 Ni^{2+} 进入 3a 位置占据 Li^+ 的位置,造成很高的锂镍混排[39-41](图 1-5)。也正因为如此,纯的 $LiNiO_2$ 仍未大规模应用和实现商业化。近年来,伴随着研究手段的优化和原材料的不断上涨,LNO 又有了复兴之势。对 LNO 失效机理进行了进一步的探索,如高电压下 O_3 到 O_1 堆积过程中伴随的 O_2 释放行为研究[42]、表面析氧及动力学研究[43]、原子尺寸下的相变及失氧行为[44,45]等。针对失效机理,研究工作者们采用烧结制度优化[46]、掺杂[47,48]、包覆[49]及微富锂结构设计[50]等改性方法进行了探索。

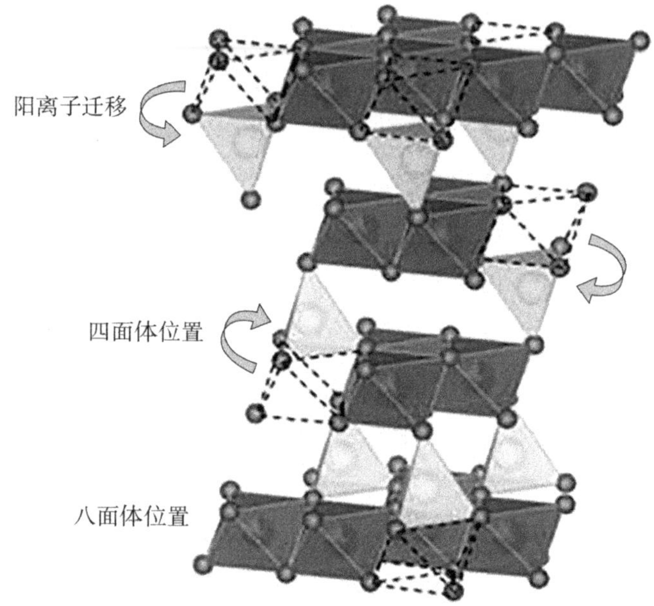

图 1-5 $LiNiO_2$ 正极材料晶体结构示意图[51]

1.3.3 锰酸锂正极材料

同 $LiNiO_2$ 的研发初衷类似，由于 $LiCoO_2$ 中 Co 化合物高昂的价格和有毒性，而同隶属于过渡金属元素的 Mn 的价格不足 Co 的 1%，且基本无毒，同时具有较高的理论比容量（285 mAh · g^{-1}），因而层状 $LiMnO_2$ 材料引起了研究工作者的兴趣。1996 年，Armstrong 等采用离子交换法首次合成了层状 $LiMnO_2$ 材料，且首次放电比容量高达 270 mAh · g^{-1}，达到理论值的 95%左右[52]。$LiMnO_2$ 是一种均相多晶化合物，具有三种晶体结构（图 1-6）：正交结构、菱形结构和单斜结构，空间群分别为 Pmnm、和 $C_{2/m}$。正交 $LiMnO_2$ 属于正交晶系，空间群为 Pmnm。在晶体中，LiO_6 和 MnO_6 八面体交替排列，Mn^{3+} 向锂层的偏移导致了 Jahn-Teller 畸变效应，使 MnO_6 八面体骨架延长了 14%。菱形 $LiMnO_2$ 属于四方晶系，空间群为 $I_{41/amd}$。阳离子的分布可以表示为 $[Li^+]_8[Li^+]_{16c}[Mn_2^{3+}]_{160}O_4^{2-}$。8a 位代

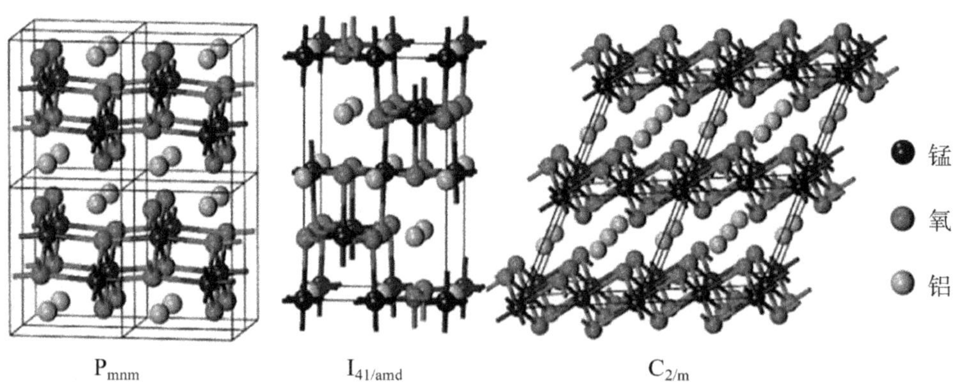

图 1-6 $LiMnO_2$ 正极材料晶体结构示意图[53]

表四面体位置，16c 和 16d 位代表八面体位置。单斜 $LiMnO_2$ 属于单斜晶系，具有与 $LiCoO_2$ 和 $LiNiO_2$ 类似的 $\alpha-NaFeO_2$ 型结构。空间群为 $C_{2/m}$，在空气中稳定，具有 NaCl 型微观结构。在这种结构中，两种不同的离子交替地沿[110]方向排列[53]。

纵使层状 $LiMnO_2$ 有上述诸多优势，但一些固有缺陷导致循环性能较差。由于高自旋态的 Mn^{3+} 易产生 Jahn-Teller 效应，晶体结构极易发生扭曲，因此在循环过程中，层状的 $LiMnO_2$ 材料极易转化为更加稳定的尖晶石相，从而造成可逆容量的迅速衰减[54]；Mn^{3+} 的歧化反应易使 Mn 从层状 $LiMnO_2$ 材料结构中溶出，产生 Mn^{2+} 和 Mn^{4+}，并溶于电解液中[54-56]；$LiMnO_2$ 材料和电解液的层间反应造成不可逆氧溶出亦会加速循环的衰减[57,58]。同时其合成极其困难，因此目前 $LiMnO_2$ 材料在工业上尚未大规模应用。

1.3.4　镍锰钴酸锂正极材料

三元正极材料作为锂离子电池正极材料的一种，属于多元金属复合氧化物，主要包括镍钴锰酸锂、镍钴铝酸锂等。图 1-7 所示，$Li(Ni_xCo_yMn_{1-x-y})O_2$ 三元材料同 $LiCoO_2$ 和 $LiNiO_2$ 一样，为典型的六方晶系的 $\alpha-NaFeO_2$ 型岩盐结构，空间群为 $R\bar{3}m$。氧离子位于 6c(00z)位置，呈立方密堆积，而锂离子和过渡金属离子交替占据八面体空隙的 3a(000)和 3b(001/2)位置，并在(111)晶面上呈层状排列[59,60]。因为 Ni-Co-Mn 的协同效用，在一定程度上融合了三种材料的这些优点，即 $LiCoO_2$ 的良好倍率性能，可以明显降低 Li^+/Ni^{2+} 阳离子混排，稳定晶体结构，降低阻抗值，提高电导率；$LiNiO_2$ 的高比容量，随着体系 Ni 含量的提升，不仅提高了材料的可逆容量，同时还降低了材料的成本；$LiMnO_2$ 不仅从材料成本上得到了极大的降低，而且还具有较高的安全性能和热稳定性(图 1-8)。图 1-9 所示，从电子能级的态密度图来看，O^{2-} 能带与 $Ni^{2+/3+}$、$Ni^{3+/4+}$ 和 $Co^{2+/3+}$ 能带相重叠，活性更高，而 Mn^{4+} 的能带相距较远，活性较低，同时在充放电过程中价态相对稳定，因此 Mn 的引入可以大大提高安全性[61]。一般认为在正常充电过程中，正极材料过渡金属的氧化顺序为：具有+2 价的 Ni 优先氧化成+3 价，再氧化成+4 价；然后+3 价的 Co 被氧化成+4 价；而+4 价的 Mn 则不参与反应。

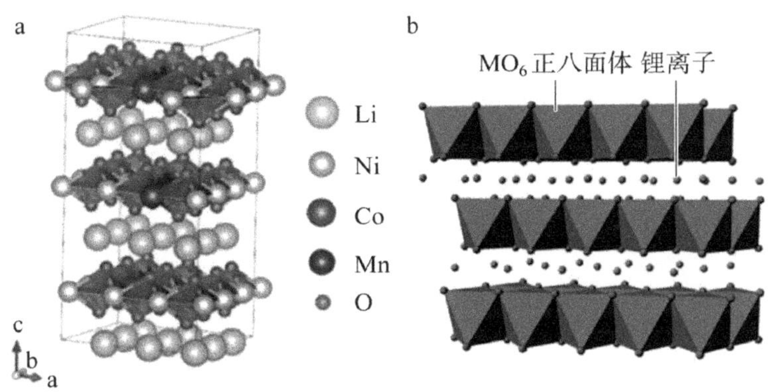

图 1-7　$LiNi_xCo_yMn_{1-x-y}O_2$ 正极材料结构模型(a)和层状结构模型(b)[59]

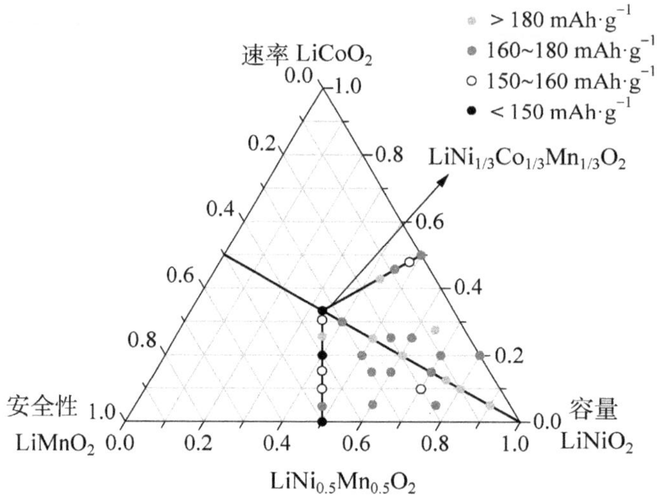

图 1-8　锂化学计量层状过渡金属氧化物的组成相图：$LiCoO_2-LiNiO_2-LiMnO_2$。版权所有：英国皇家化学学会，2008[62]

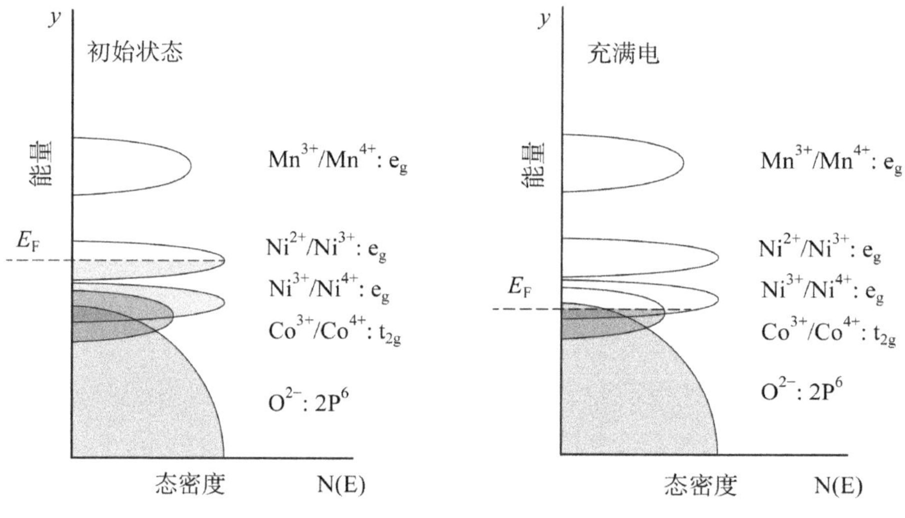

图 1-9　初始状态和满电状态下 NCM 的能量示意图[61]

1999 年 Liu 等[63]首次提出不同组分的三元层状 $Li(Ni_xCo_yMn_{1-x-y})O_2$ 材料，并制备了 $Li(Ni_{0.7}Co_{0.2}Mn_{0.1})O_2$（$NCM_{721}$）材料、$Li(Ni_{0.6}Co_{0.2}Mn_{0.2})O_2$（$NCM_{622}$）材料和 $Li(Ni_{0.5}Co_{0.2}Mn_{0.3})O_2$（$NCM_{523}$）材料，发现 Mn 和 Co 对层状结构的稳定有积极的作用。合成的材料均为 Ni-Mn 非等量材料，即 Ni 和 Mn 含量不相等，因电荷平衡原因，Co 为+3 价，Mn 为+4 价，Ni 为+2 和+3 价共存。2001 年 Ohzuku 等首次合成了 $\alpha-NaFeO_2$ 层状结构的 $Li(Ni_{1/3}Co_{1/3}Mn_{1/3})O_2$（$NCM_{333}$），放电比容量可达 150 mAh·$g^{-1}$（3.5～4.2 V）[64]。合成的材料为 Ni-Mn 等量的三元材料，即 Ni 和 Mn 含量相等，在这类材料中 Ni 基本全部为+2 价，Co 为+3 价，Mn 为+4 价，充放电过程中 Mn 价态不发生变化，

可以起到稳定结构的作用。体系内 Ni 含量越高,实际比容量发挥越高[65,66]。2006 年,Kim 等首次合成了 $Li(Ni_{0.8}Co_{0.1}Mn_{0.1})O_2$ (NCM_{811}) 材料,初始放电比容量达到 198 mAh · g^{-1},同时发现 Mn 替代 Co 后可提高材料的热稳定性[67]。因 NCM_{333} 制备方法较为简单,成为最早商业化的三元材料。随着对能量密度和成本的要求越来越高,NCM_{523}、NCM_{622}、NCM_{811} 陆续开始商业化,基本已取代 NCM_{333},当前占比分别为 48.6%,12.5%和 38.9%(数据来源:高工锂电)。

镍钴锰酸锂三元材料由 $LiCoO_2$/$LiNiO_2$ 等层状材料的掺杂研究衍生而来[38]。$LiNi_xCo_yMn_{1-x-y}O_2$ ($x+y=1$, NCM) 正极材料属于 α - $NaFeO_2$ 层状结构,$R\bar{3}m$ 空间群[39-41]。Co^{3+}、Mn^{4+} 和 Ni^{2+} 在 NCM 材料中的作用各不相同。图 1 - 10 和图 1 - 11 所示,Co^{3+} 可以有效抑制 Ni^{2+} 向 Li^+ 位点的迁移,这有助于减少 Li^+/Ni^{2+} 混排。化学惰性的 Mn^{4+} 起到稳定结构和调节成本的作用[42-45]。Ni^{2+}/Ni^{4+} 起到提高材料比容量作用,但热稳定性和安全性较差。一般认为,镍含量≥0.5 的 NCM 材料称为富镍三元材料,具有较高的比容量(≥200 mAh · g^{-1})。目前,三元正极材料也从低镍的 NCM_{111} 逐渐向高容量值的富镍 NCM 体系(如 NCM_{523} 等)发展。然而,传统的富镍多晶三元材料,在长期的脱锂-锂化过程容易发生晶间裂纹和热稳定性差等问题,导致电池性能衰减[46-50]。为此,开发结构稳定且晶界数量少的单晶三元材料(single-crystalline NCM, SC - NCM)成为产业界和学术界研究的焦点[51,52]。

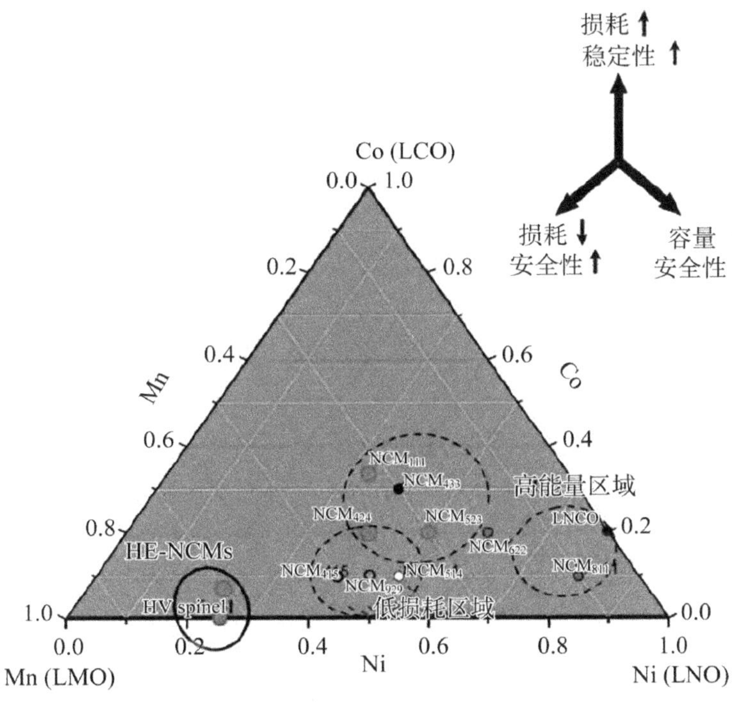

图 1 - 10 Ni、Co、Mn 元素对 NCM 材料性能的作用[53]

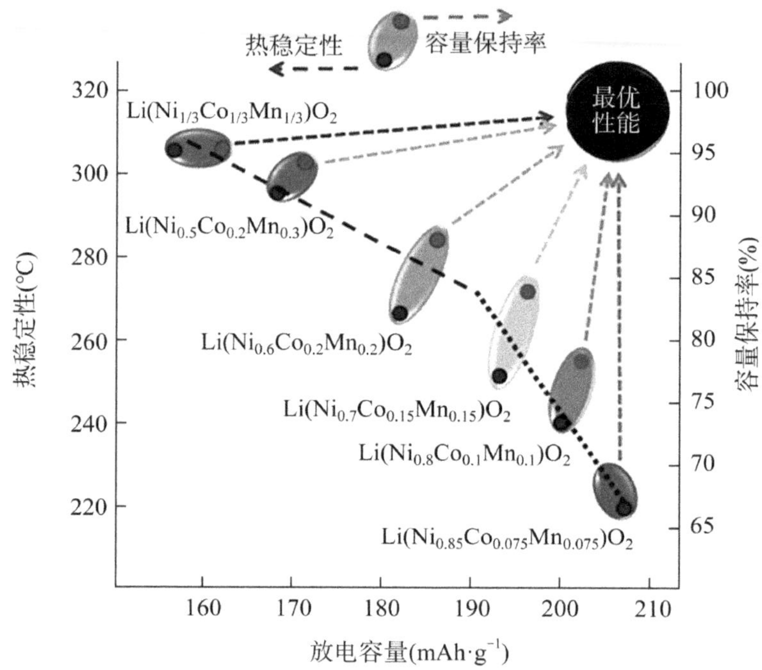

图 1-11 不同镍含量容量值-容量保持率-热稳定性关系示意图[54]

1.3.5 其他层状正极材料

除了 $Li(Ni_xCo_yMn_{1-x-y})O_2$ 三元层状材料(NCM)以外，广泛研究并已成功商业化的还有与其较为相似的 $Li(Ni_xCo_yAl_{1-x-y})O_2$ 三元材料(NCA)。它们的晶体结构基本相同，Al^{3+} 同 Mn^{4+} 一样，一方面在循环过程中价态不变起到稳定结构的作用，另一方面因高昂 Co 的使用量减少也能达到降低成本的作用[68]。相对于 NCM，同等 Ni 含量下，NCA 的容量更低，因为 NCA 中的 Ni 全部为 +3 价，而 NCM 中存在 +2 和 +3 价，更多的价态变化使 NCM 具有更高的容量[69]。Al 的溶度积相对 Mn 来说，与 Ni 和 Co 的差异更大，因此对共沉淀反应的控制要求更高。在实际制备过程中，Al 在过渡金属层中的占比基本无法超过 10%，而同等容量下，Mn 的掺杂量则更高，与 Ni 和 Co 的融合度也更佳[70,71]。从加工角度看，NCM 的组分及结构调控也比 NCA 更简便易行，因此 NCM 有更好的成本优势、可操作性及机械稳定性。而且 Mn 的掺杂对热稳定性的提升具有更为显著的作用[72,73]。而由于 NCM 中 Ni^{2+} 含量的增多，其锂镍混排现象也更加严重，从而表现出相对更差的循环性能[72,74]。两种材料各有优劣，从商业化角度来讲，松下公司选择 NCA 路线，我国更多的企业则选择 NCM 路线。同时为了融合两种材料的优势，四元的 NCMA 材料也引起了研究工作者的兴趣，尤其是在超高镍材料(Ni 含量≥0.88)的研究中[75-77]。

富镍单晶三元正极材料的纵然层状结构相对于其他结构的材料具有最大的储锂空间，然而以上介绍的层状正极材料，理论比容量最高也只有 280 mAh · g^{-1}，而且为了保持结构的稳定，材料无法完全达到脱锂态，因此实际发挥的容量也就只有 65%左右。层状富锂(LRO)正极材料的出现为设计高能量密度锂离子电池开辟了新的道路[78,79]。富锂正极材料 $x\mathrm{Li_2MnO_3}\cdot(1-x)\mathrm{LiMO_2}$(M=Ni,Co,Mn)由单斜晶系的 $\mathrm{Li_2MnO_3}$ 和六方晶系的 $\mathrm{LiMO_2}$ 两种组分按照不同比例复合而成,晶体结构如图 1-12 所示。其中 $\mathrm{LiMO_2}$ 的结构与 $\mathrm{LiCoO_2}$ 类似,同属 α-$\mathrm{NaFeO_2}$ 型岩盐结构,空间群为 $R\bar{3}m$。而 $\mathrm{Li_2MnO_3}$ 结构中氧离子呈立方紧密堆积,$\mathrm{Li^+}$ 占据 3a 位置,而 3b 位置则分别被 1/3 的 $\mathrm{Li^+}$ 和 2/3 的 M 元素占据。尽管富锂正极材料有较高的比容量,但其首效低[80-83]、循环过程中放电平台衰减严重和 Mn 溶出所导致较差的循环性能[84-86]、充放电过程中氧析出所导致的较差的安全性能[87,88]、离子扩散系数低所导致的较差的倍率性能[89,90]等问题仍较大程度的制约了其商业化进程。

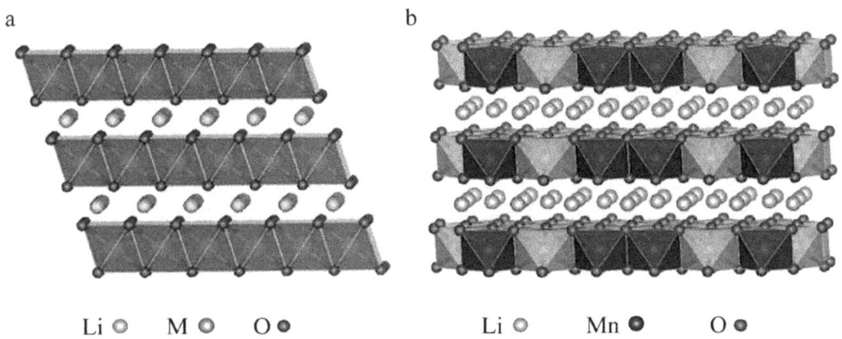

图 1-12 富锂正极材料的晶体结构:a. 六方 $\mathrm{LiMO_2}$;b. 单斜 $\mathrm{Li_2MnO_3}$[81]

1.4 镍钴锰酸锂正极材料存在的问题与挑战

1.4.1 材料制备难度大

材料的制备工艺直接决定了材料的物化性能,如颗粒粒径、颗粒大小分布、孔隙度和形貌等,而正极材料的物化性能同样决定了电池的电化学性能。

以目前商业上常用的共沉淀法+固相烧结法为例(图 1-13),共沉淀过程中 pH、螯合剂浓度、沉淀剂浓度、反应温度、反应时间和搅拌速度等工艺参数对反应至关重要。共沉淀法生产前驱体的反应方程式如下[70]:

$$\mathrm{TM^{2+}} + n\mathrm{NH_4OH} + 2\mathrm{OH^-} \longrightarrow \mathrm{TM(OH)_2} + n\mathrm{NH_4OH} \qquad (1-2)$$

反应过程中的 pH 直接影响前驱体的形貌和颗粒的粒径,前驱体的结构是由大量一次晶粒团聚而成的二次颗粒,包含晶体成核、生长和堆积过程。pH 过高利于共沉淀反应向正向进行,利于晶核形成,一次晶粒呈较为细小,二次颗粒的球形度也较高;pH 过低不利于共沉淀反应的进行,但利于晶核生长,一次颗粒更厚且偏大,二次颗粒容易发生团聚,球

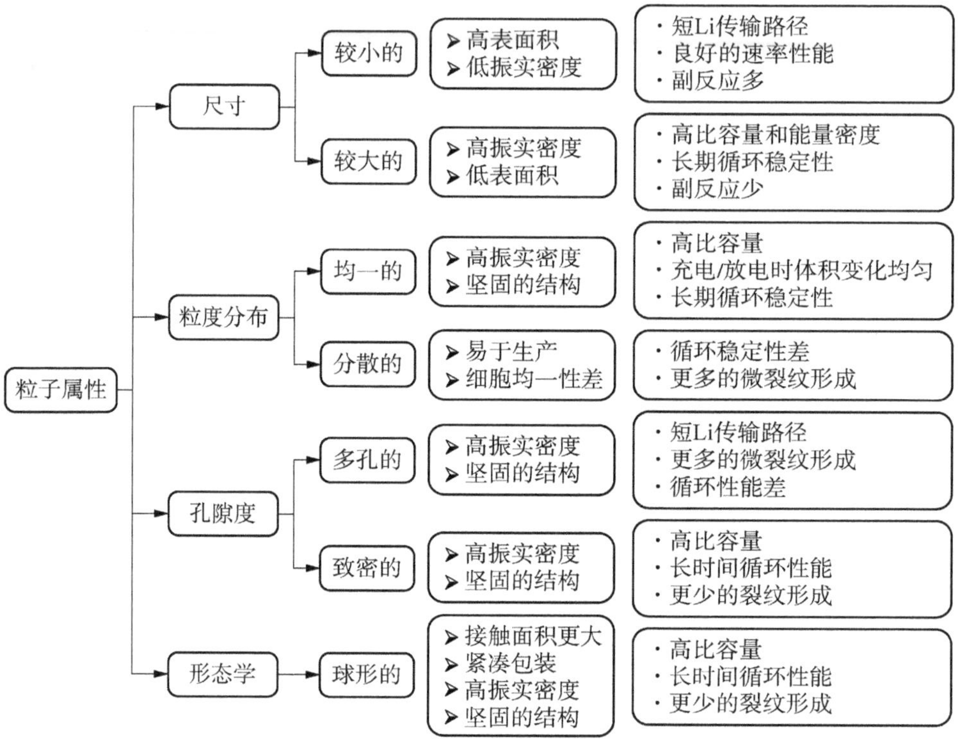

图 1-13　共沉淀和锂化参数对颗粒性能的影响以及颗粒性质与电化学性能之间的相关性[91]

形度也较差。反应过程中的螯合剂(通常为氨水)浓度、沉淀剂(通常为氢氧化钠)浓度和反应时间都会影响前驱体的产量和颗粒的大小。络合剂的存在会大大加速反应的进行,但过多的络合剂会造成反应不完全。沉淀剂则主要通过控制反应过程中的 pH 从而影响反应的进行。反应时间过短,则会造成颗粒过小;反应时间过长,则会造成前驱体颗粒过大。反应温度主要通过影响化学反应的反应速率和镍钴锰元素的浓度,从而影响前驱体的组分。搅拌速度则直接影响颗粒的粒径分布和形貌,与盐溶液和碱溶液的流速、反应釜大小和内部结构、搅拌器结构等有关。

高温固相烧结过程主要是镍钴锰氢氧化物前驱体和锂源反应的过程,反应方程式如下[92]:

$$M(OH)_2 + Li^+ + O_2 \longrightarrow LiMO_2 + H_2O \tag{1-3}$$

影响烧结过程的主要工艺参数有:烧结温度、烧结时间、加热速率、锂配比和烧结气氛等。烧结温度、时间和加热速率相辅相成,可以促进前驱体和锂源的氧化并进一步形成固溶体,通过晶型的不断完善最终形成成分适中、颗粒形貌饱满、电化学性能良好的正极材料。当烧结温度略高时,可适当缩短烧结时间;同样若烧结时间过长,则可适当降低烧结温度。高温环境导致部分锂挥发,因此在烧结反应中需要略微过量的锂以补充反应所需的锂源,并促进反应向正向进行。锂配比过低则易嵌锂不充分,过高则会在材料表面形成过多的残余锂化合物。通常锂配比在 1.03～1.15,残余锂化合物不可避免的存在于正极材料中，起初以 Li_2O 的形式存在，后与空气中的 CO_2 和 H_2O 反应生产 Li_2CO_3 和 LiOH。过高的残碱造成材料表面 pH 过高，在匀浆时易与黏结剂 PVDF 发生反应，引起 PVDF 发生聚沉形成"果冻状"胶体，不利于极片涂布，影响极片的加工性能。同时在电芯循环过程中易与电解液反应，反应方程式如下[93,94]：

$$LiPF_6 + 2LiOH \longrightarrow 3LiF + POF_3 + H_2O \tag{1-4a}$$

$$LiPF_6 + Li_2CO_3 \longrightarrow POF_3 + CO_2 + 3LiF \tag{1-4b}$$

产生的气体副产物不仅增加了电芯的产气和内部压力，而且也会增加电池的内部阻抗，从而造成严重的极化，降低电池的循环寿命。

通常 NCM 三元材料，尤其是高镍三元材料在空气氛围下材料中的 Ni^{2+} 难以氧化成 Ni^{3+}，过高的 Ni^{2+} 容易增加锂镍反占位缺陷(图 1-14a)。锂镍反占位缺陷阻碍了锂离子在锂层的扩散，降低了锂离子的传输速率和参与充放电反应的锂离子数量，从而造成容量和倍率性能的损失[97-99]。此外，不规则的锂镍反占位缺陷容易引起结构的不稳定性，造成局部结构坍塌，并加速有害相转变，造成循环性能变差。具体过程如下：充电时，层间距离增大有利于 Ni^{2+} 向 Li 层扩散，形成哑铃状结构(图 1-14b)，而在 Li 层中反占位的 Ni^{2+} 因为其过高的扩散势垒则会持续保持在 Li 层位置，加上原有的 Ni^{2+} 的反占位，大量的 Ni^{2+} 减小了锂层的空间，阻塞了锂离子的传输。放电时，Li^+ 回到锂层，部分反占位的 Ni^{2+} 迁移回过渡金属层。随着循环的持续进行，大量的 Ni^{2+} 进入锂层，从而形成类尖晶石相或岩盐相，造成不可逆相变，循环性能迅速衰减[99-101]。

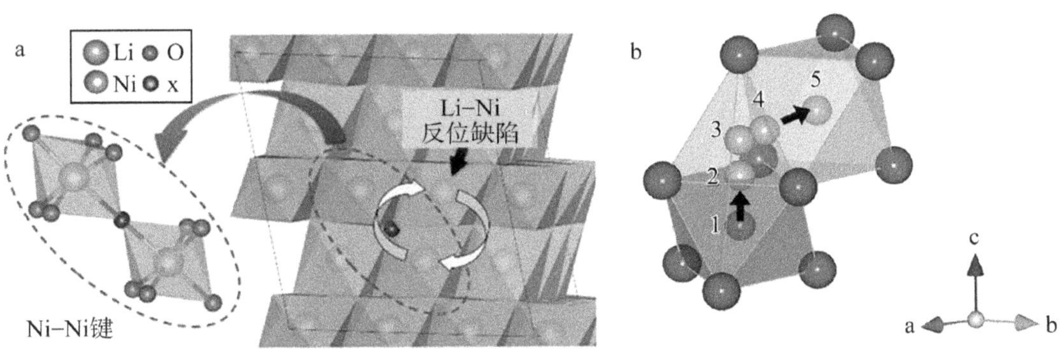

图 1-14　a. Li/Ni 反占位缺陷结构示意图[95]；b. 层状结构中 Ni 离子向 Li 位的迁移路径[96]

1.4.2　容量/循环及热稳定性的"此消彼长"

镍钴锰酸锂正极材料提高容量的方式基本可分为两种：①提高截止电压以提取出更多的活性 Li^+；②提高材料体系内的具有氧化活性的镍元素的含量。

高电压技术路线可以显著提升材料的可逆容量。尽管 NCM 的理论容量可以达到 275 mAh·g^{-1}，但由于随着 Li^+ 的深入脱出，结构会变得不稳定，因此并非所有的 Li^+ 都可以从结构中脱出。图 1 - 15 所示，Kim 等系统研究了富镍材料的容量和循环保持率之间的关系，对于 NCM_{622}，NCM_{811} 和 NCM_{90} 材料来说，提升电压固然提升了材料的容量，但其相应的循环保持率和热稳定性均有不同程度的下降[102]。相对于富镍材料（Ni≥0.6），提升电压对中镍 NCM_{523} 材料带来的容量提升更加明显[103]，甚至可逆容量可以达到高镍材料在常规截止电压下的水平，同时还表现出更为优异的热稳定性[73]。然而，相对于常规电压，过高的电压窗口导致电解液分解更加剧烈，加速了与正极材料的寄生反应[104-106]，尤其是在高脱锂状态下，过渡金属离子极易从正极材料表面溶出，并经过电解液沉积在负极材料表面，阻碍锂离子传输[107,108]。因此，中镍高电压路线综合性能表现较好，商业上也得到了较广的应用，不仅可以替代高端数码领域的 $LiCoO_2$，达到降低成本的作用，而且在新能源汽车领域也得到了全面应用，至今仍是 CATL（宁德时代）公司的主流产品。

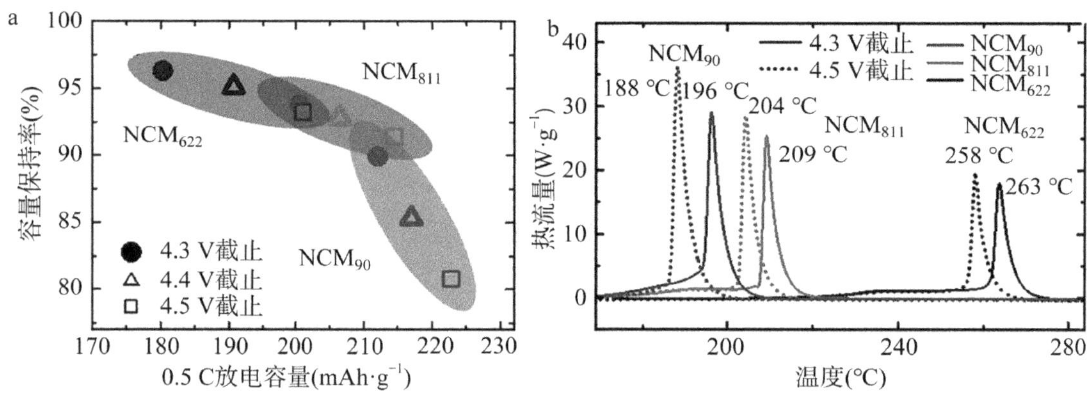

图 1 - 15 a. 富镍材料在 4.3/4.4/4.5 V 下容量保持率和放电容量之间的关系；b. 富镍材料在充电至 4.3/4.5 V 下 DSC 结果[102]

在镍钴锰酸锂正极材料中，尽管 NCM_{523}、NCM_{622} 和 NCM_{811} 等材料的过渡金属比例有所不同，但理论容量都较为接近，约为 280 mAh · g^{-1}。实际上，当有锂离子脱出时，材料整体的电荷平衡主要依靠的是过渡金属 $Ni^{2+/3+}$ 和 $Ni^{3+/4+}$ 的变价，而 Mn^{4+} 一般不发生变化，Co^{3+} 只有在高电压下才会有少量变价现象[61,110]。因此提高体系中活性镍含量可以提升材料的可逆容量。然而，图 1 - 11 所示，随着镍含量的提升，材料的循环保持率和热稳定性急剧下降，尤其是高镍材料（Ni≥0.6）[109]。如果进一步采取提高电压来提升容量的策略，在高镍和高电压的双重作用下，晶胞的体积膨胀核各向异性应力所导致的晶格坍塌现象则会更加明显，势必导致循环和安全性能的全面衰退[111-113]。

1.4.3 Co 的成本与环境问题

在过去几十年里，全球新能源汽车销量稳步增长，从 2011 年 8 159 辆到 2021 年已高达 649.85 万辆。按此推算，2050 年锂离子电池装机量高达 17 TWh。锂离子电池需求的激增给原材料供应链带来了巨大压力[114,115]。自 1991 年 $LCoO_2$(LCO)正极材料首次商业化以来，Co 就一直存在于目前商业上广泛存在的高能量型正极材料中，如 LCO 和它的衍生物 $LiNi_xCo_yMn_zO_2$（NCM，$x+y+z=1$）和 $LiNi_xCo_yAl_zO_2$（NCA，$x+y+z=1$）[116]。图 1－16a 所示，Co 作为锂离子电池除 Li 外最贵的金属元素，金属 Co 的价格近 2 年来更是上涨了 2 倍左右，同时也是 Ni 价格的 2 倍以上[117]。全球 Co 市场报告显示：将近 40%以上的 Co 资源直接用于锂离子电池行业，剩下的 60%则应用于催化剂、磁铁、超级合金和颜料等行业(图 1－16b)。除非无钴正极材料或者回收领域取得突破性进展，否则，预计在 2045 年钴资源将出现供应不足的状况(图 1－16c)。

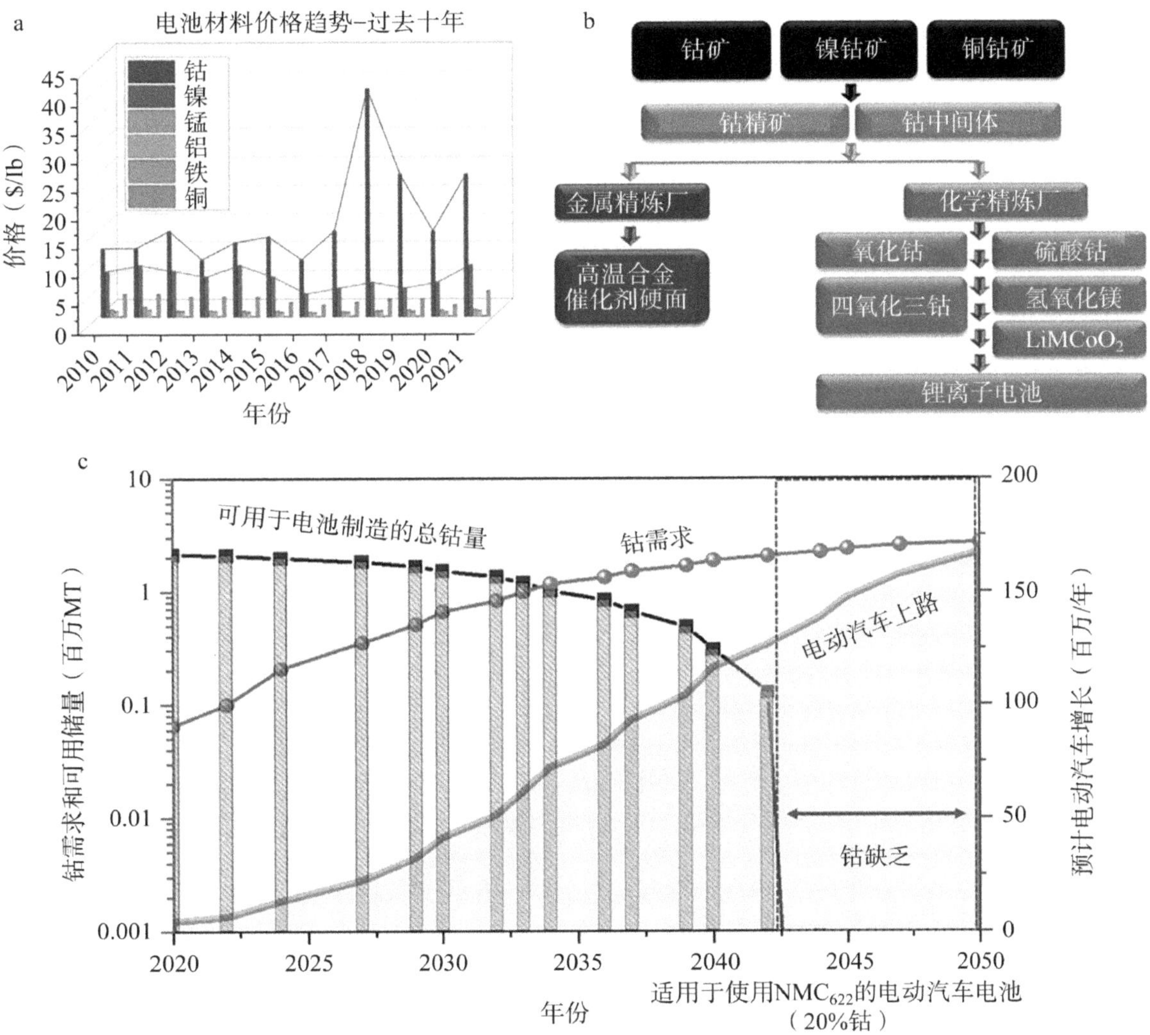

图 1－16　a. 电池材料价格趋势；b. 钴市场流程图；c. 钴需求量模型预测[91]

钴在地壳中的含量很低，地壳中钴的平均丰度仅为 0.002 5%。且 90%的钴呈分散状态，多为铜、镍和铁等矿种的伴生矿，基本没有独立的钴矿床产出。钴资源储量分布极不均匀，70%以上集中在刚果、澳大利亚和古巴三个国家[118]。地缘政治因素为钴的开采和利用增加了不确定性因素。同时美国国立卫生研究院已将钴和钴复合物增加到致癌物报告中，而在开采过程中部分国家和地区存在危险作业、虐待童工等现象，社会与伦理问题挑战了人们的道德底线，制约了行业的良性可持续发展。

1.4.4 材料本征问题

材料本征问题通常可分为物理和化学问题。物理问题主要与结构不稳定造成的有害相变和深度电荷态下微裂隙的形成等有关。化学问题主要有电解液与较高反应活性的正极材料表面的寄生反应，过渡金属（TMs）的偏析和晶格氧溢出等有关。

上文 1.4.2 中提到：提高电压可提升容量，但相对于中低镍材料（Ni≤0.5），高镍材料（Ni≥0.6）的循环及热稳定性较差。材料在电化学过程中的相变行为可以很好地解释这一现象，图 1-17a 展示了以 NCM_{333}、NCM_{622} 和 NCM_{811} 为正极，以石墨为负极的电池，其在第三圈循环过程中的微分容量（dQ/dV）曲线（电压范围为 3.0～4.8 V）。结果表明：三种材料经历充电过程一般经历六方相（H1）→单斜相（M）→六方相（H2）→六方相（H3）的相变过程，放电过程则刚好经历相反的相变过程。对称型从六方相到单斜相的降低可能是由于锂/空位有序的协同效应以及伴随的 Jahn-Teller 畸变引起的[119]。所有体系三元材料在此阶段都较为稳定，在 3.4 V 到 3.8 V 之间有两个阳极峰，这两个峰分别源于 Li 插入负极和 H1→M 的相变。而在 3.8 V 以上时，三种材料的容量微分曲线表现出不同的状态，NCM_{811} 材料在约 3.95 V 附近有一个较小的阳极峰，对应 M→H2 相变，此相变过程伴随着 c 轴晶格参数的小幅度变化。NCM_{811} 在约 4.15 V 附近有一个较大的阳极峰，对应 H2→H3 的变化，此相变过程伴随着晶胞参数 c 轴和晶胞体积的剧烈收缩，从而也成为材料结构坍塌的致命因素。

H2→H3 相变对材料结构的影响主要体现在两个方面：晶格参数的骤变；晶体持续处

a

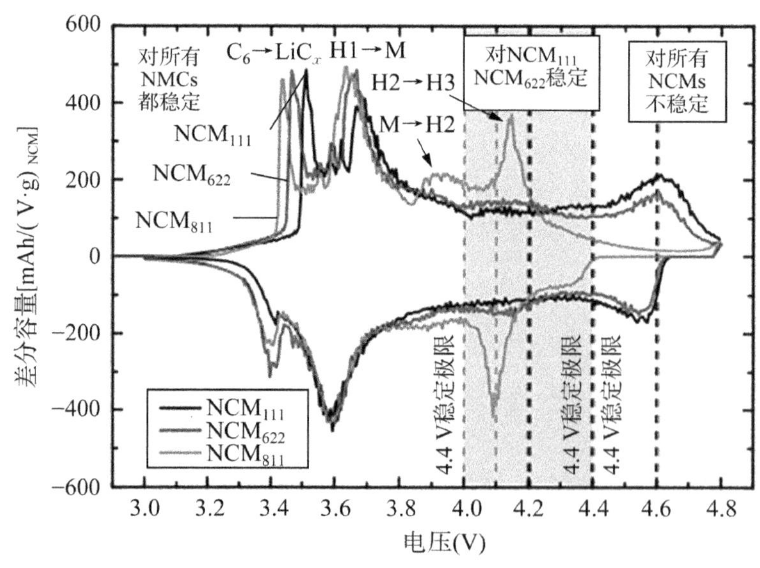

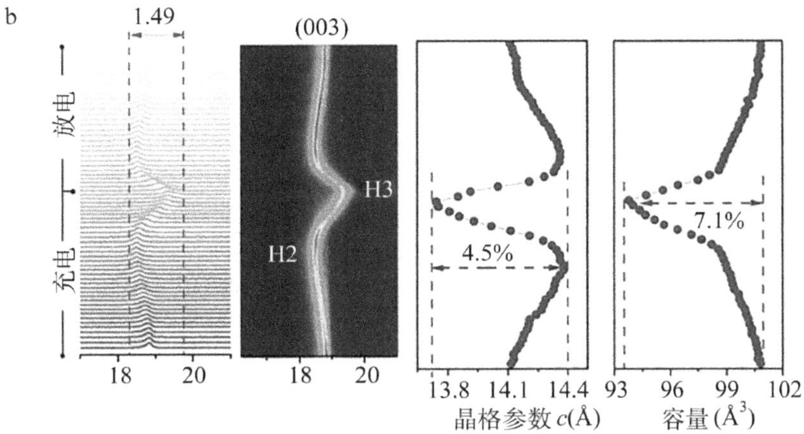

图 1-17 a. 不同比例的 NCM 正极材料的 dQ/dV 曲线[16]；b. NCM_{811} 材料首圈的原位 XRD 结果：(003)峰的变化曲线及二维彩图，晶胞参数 c 轴和晶胞体积的变化曲线[120]

于 H2＋H3 两相共存的状态，表现出较大程度的各向异性。图 1-17 所示，从起始到 H2 相，材料的结构变化用时较长且变化较小，而 H2 到 H3 相的变化则较为迅速，且幅度较大，角度偏移超过 1°以上[120]。这种不连续变化说明在颗粒内存在较大程度的晶格不匹配，被认为会在两个不同的晶体域之间引起很大的应变[121,122]。正极材料一般是由一次颗粒组成的球状二次颗粒。其中一次颗粒为不规则的多面体且排列无序，因此其因相变而产生的各向异性方向是随机的，一次颗粒之间膨胀收缩的相互作用应力也是随机的[123,124]。随着循环的进行，因为相变造成的晶格的应力不断累积，引发一系列连续效应，如微裂隙等[125,126]。而对于 NCM_{333} 和 NCM_{622} 来说，3.8 V 到 4.4 V 之间并未发现明显的阳极峰，直到 4.6 V 附近才发现较为清晰的阳极峰，可能对应着 H2→H3 的变化。而在放电过程中，NCM_{811} 的 H2→H3 相变对应的还原峰在 4.0 V 左右，而 NCM_{333} 和 NCM_{622} 则在 4.4 V 左右。由此说明相对于 NCM_{811} 材料，Ni 含量≤0.6 的 NCM 材料在 4.4 V 高电压下表现更稳定，而 NCM_{811} 则在 4.0 V 电压范围内相对更为稳定，在更高电压下则易出现颗粒内部应力分布不均的情况，并在循环过程中产生较多裂隙，导致电化学性能的衰减(图 1-18)。

除了充放电过程中的相变之外，层状正极材料在循环过程中也会发生相应的有害相变。在反复脱嵌过程中，结构发生退化，尤其是材料表面，层状结构逐渐消失，转为尖晶石结构，最后发展为不可逆的岩盐相。图 1-19 所示，循环后的正极材料表面通常为三种物相的一种或多种，且相变基本是由表及里发生的。反应方程式如下[128]：

$$3MO_2(\text{层状}) \longrightarrow M_3O_4(\text{尖晶石}) + 2[O] \quad (1-5a)$$

$$M_3O_4(\text{尖晶石}) \longrightarrow 3MO(\text{盐岩相}) + 2[O] \quad (1-5b)$$

形成的岩盐相具有较差的锂离子传输动力学，复杂的晶体内结构变化阻碍了 Li^+ 在材

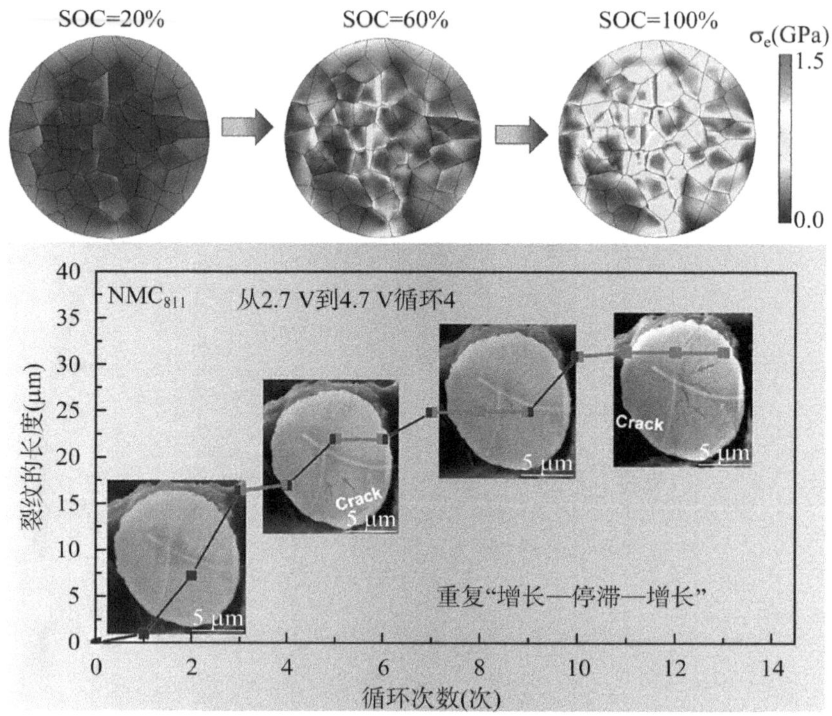

图 1-18 NCM811 二次球材料在不同 SOC 下的应力分布及在 2.7～4.7 V 电压范围内不同循环圈数的裂隙发展[127]

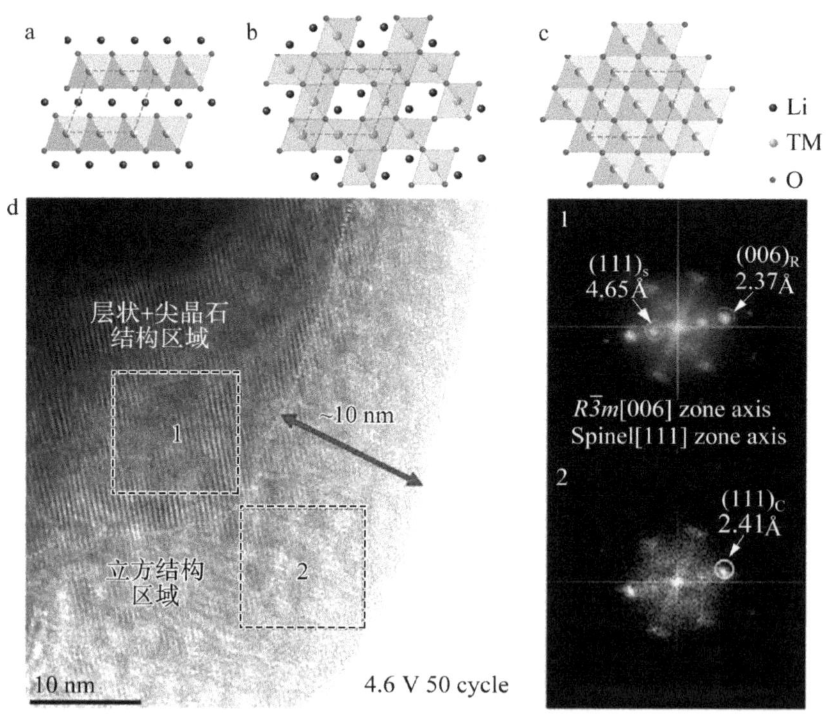

图 1-19 a～c. 层状、尖晶石状和岩盐相的结构[129]；d. 循环后高镍正极材料表面的结构变化[130]

料内部的扩散,导致较大的动力学限制及可逆容量损失[44,130]。同时由于表面岩盐相的存在导致材料界面晶格应变高,内部的主体结构被牢牢地钉住,活性 Li^+ 被困在晶格内。这种现象在高电荷状态下尤为显著,活性 Li^+ 无法参与脱嵌反应,进一步造成循环的衰减。而且该相变还伴随着不可逆的 O_2 的释放,给电芯造成致命的影响[131,132](图 1-20)。图 1-20a,带电荷的正极材料处于极度不稳定状态,加热后结构也出现了由层状到尖晶石相最后到岩盐相的变化,并伴随着氧气的释放。随着材料体系 Ni 含量的增加,相变的程度逐渐加深,尤其对于 NCM_{811} 材料,氧空位更容易在材料表面形成,并迅速扩散到体内,造成更大程度的氧溢出和晶体结构的严重坍塌,最终产生恶劣的热失控[133,134]。此外,大量氧气的释放容易引起电芯鼓包,甚至引发爆炸,造成不可挽回的损失。

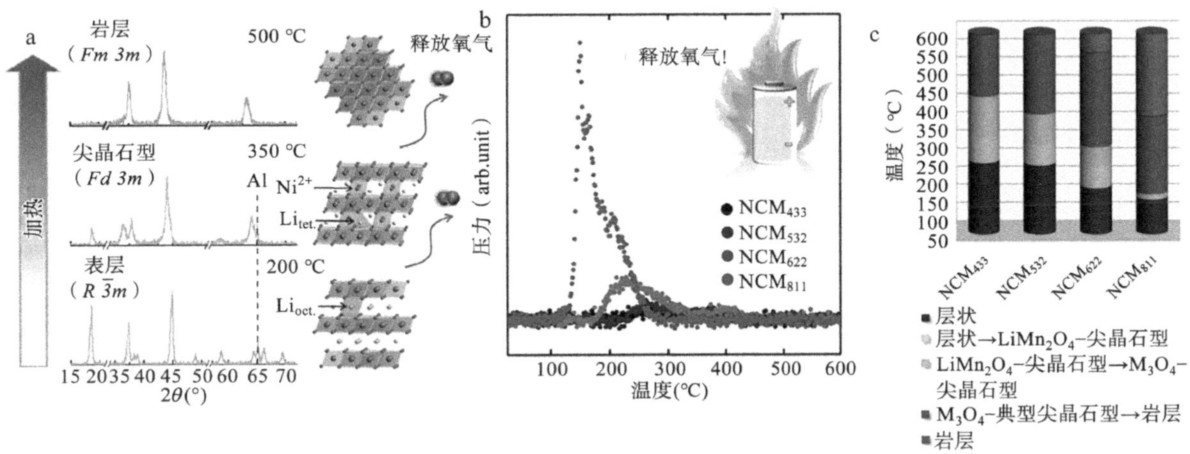

图 1-20 脱嵌状态下的 NCM 加热到 200、350 和 500℃后 XRD 数据和相应的晶体结构[135](a);NCM 原位时间-X 射线衍射(TR-XRD)测试过程中收集到的质谱数据(b)及相应温度下的物相[136](c)

另一个重要的材料物理问题是微裂隙的产生,这被认为是影响材料电化学性能的关键原因。理由有二:①裂隙的发生会加大与电解液的接触面积,为副反应的发生提供了适宜条件,从而加速了电池的降解;②微裂隙的产生会减少晶粒之间的连接,给锂离子传输提供了较大的阻力,导致材料的电导率较低,甚至在材料内部表现为锂离子浓度的不均匀,从而带来了更不均匀的电荷状态(SOC),降低材料的活性,加剧颗粒破碎。

除了有害相变导致应力积累从而产生裂隙之外,不同一次颗粒之间非均质 SOC 结构是微裂隙形成的另一重要诱因[139]。由于起电荷补偿作用的主要离子为镍离子,即相同颗粒不同区域的 Ni 的价态与锂离子含量有关,因此正极材料颗粒内部 Ni 的 K 边能量分布可以用来表示 SOC 的分布。图 1-21a 反映了正极材料颗粒表面化学成分的复杂性,即存在不同的 SOC 状态。非均质 SOC 下会产生氧空位和孔隙,并在两相之间产生作用力[137]。根据电荷补偿机制,在高电荷情况下,Ni^{2+} 被氧化成 Ni^{4+},极不稳定的 Ni^{4+} 易被电解液还原为非活性的 Ni^{2+},导致 O 失去电子演化形成氧空位,当 O 不断被氧化以达到氧气溢出条件时,随之产生了孔隙。随着循环的持续进行,纳米孔在颗粒中不断扩展,孔隙生长成更大的裂隙[140]。裂隙的发展又加剧了 SOC 的不均匀,如此恶性循环,严重恶化了材料的电化学性能(图 1-21b)。

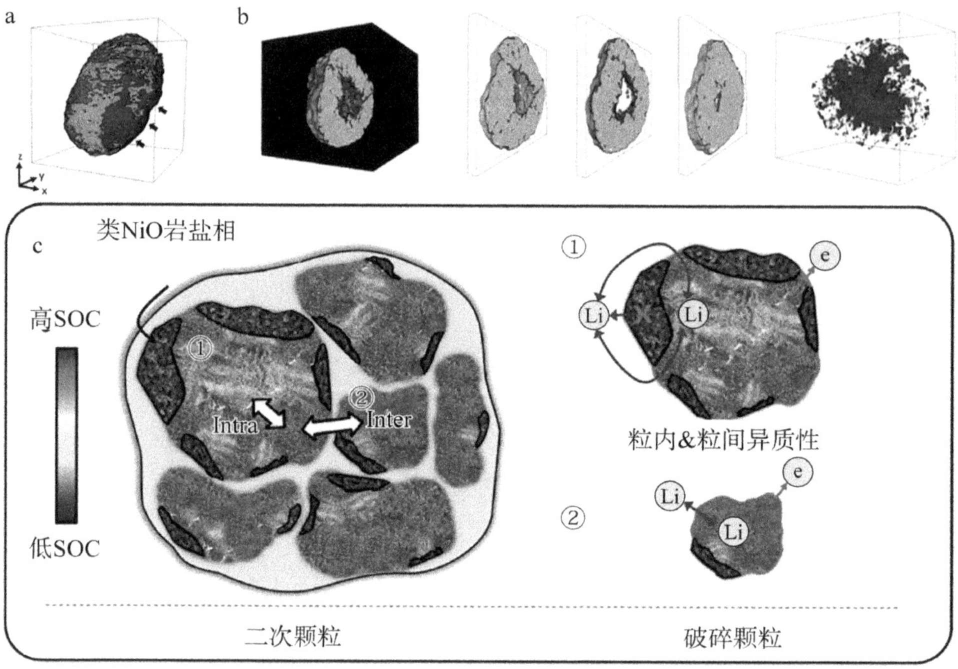

图 1-21 循环后 NCM 二次颗粒的 SOC 的 3D 分布图(a)和形貌演变过程(b)[137];c. 由岩盐相生长和微裂隙引起的反应不均匀性示意图[138]

此外,材料硬度对微裂隙的产生也有一定的影响[141]。烧结温度或烧结时间过低都会导致材料硬度变低,从而在电芯极片的涂布和碾压中容易产生裂隙[31]。同时材料的硬度与循环性能也呈现出一定的相关性(图 1-22a、b)[142]。此外,随着材料体系中 Ni 含量的提升,材料的微裂隙现象越严重(图 1-21c)[143],这可能也和烧结温度导致材料硬度不同有关(图 1-22c)。

材料表面与电解液与之间的寄生反应是正极材料失效的关键性化学问题之一。正如 1.4.1 中所述,材料表面不可避免存在残余锂化合物(LiOH 和 Li_2CO_3),会引起 PVDF 的絮凝,形成“果冻状”浆料,导致电极涂布不规整。浆料附着力差,不仅影响极片加工性能,更进一步影响材料的电化学性能。当电极材料与电解液接触时,材料表面与电解液发生副反应,与 EC、EMC 和 EA 等溶剂反应在材料表面生成聚碳酸酯,LiF、Li_xPF_y 和 $Li_xPF_yO_z$ 等化合物[144,145]。同时电解液中微量的水与 $LiPF_6$ 反应生成 HF,腐蚀 NCM 正极材料,从而造成过渡金属的溶出,严重影响材料的结构,造成不可逆的结构相变,如岩盐相[146,147]。溶出的过渡金属离子(TM^{n+})与电解液的某些成分发生反应产生如氟化物、氧化物或者金属,积聚在材料表面并粘附在 AC 上。随着循环的进行,材料结构持续恶化,最终甚至整个结构都会崩塌,同时伴随着容量的急剧下降[105,108]。此外,由于表面沉积物的不断累积,在正极材料表面形成复杂的界面膜(CEI),严重阻塞了 Li^+ 的传输,影响了材料的导电性,造成

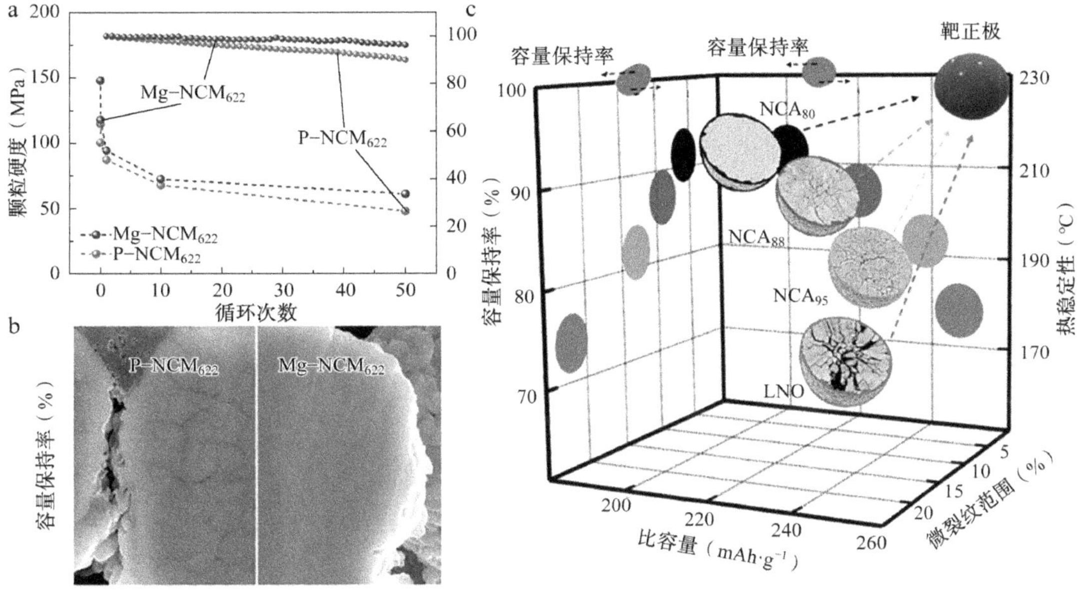

图 1-22 a. 材料颗粒硬度与循环性能的变化，b. 不同颗粒硬度的材料循环后的颗粒形貌[142]；c. 富镍 NCA 正极材料比容量-容量保持率-热稳定性和颗粒微裂隙的关系[143]

速率性能的恶化[107,148]。更糟糕的是，溶解的金属离子可能产生穿梭效应，迁移并沉积到负极表面，破坏 SEI 膜的结构，消耗有限的活性 Li，导致容量持续下降(图 1-23)[61,149,150]。

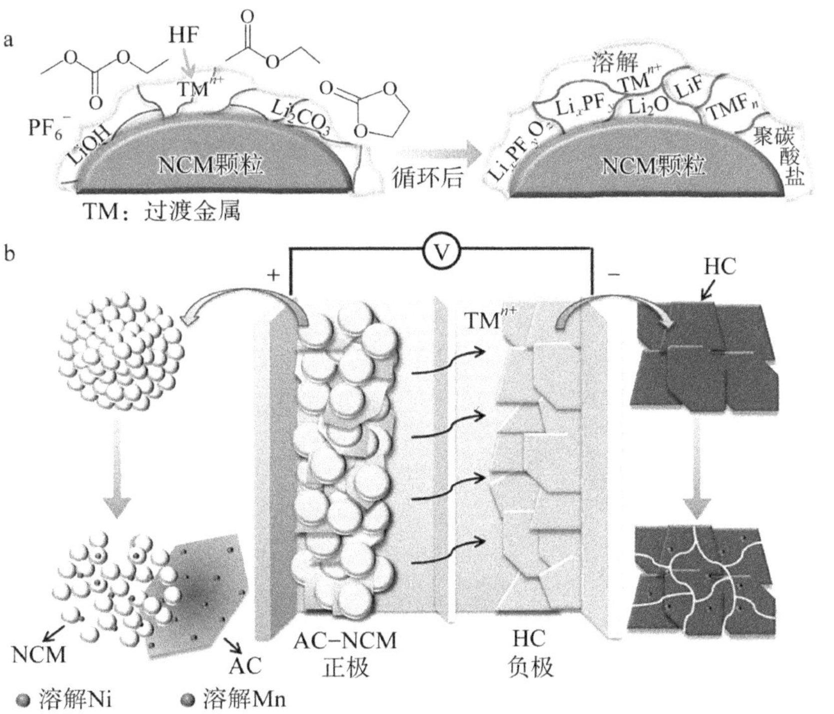

图 1-23 a. 循环前后 NCM 表面与电解质界面的变化，b. 锂离子电池循环过程中正负极材料的变化[107]

1.5 镍钴锰酸锂正极材料研究进展

1.5.1 材料合成研究

NCM 正极材料合成路线的选择不仅决定了其物相、形貌、粒径、比表面积和电化学性能,同时还决定了锂离子电池的制造成本。已报道的制备方法主要有溶胶-凝胶法、溶剂热法、喷雾热解法、全固相法和共沉淀法+固相烧结法等。其中共沉淀法+固相烧结法是目前商业上最为普遍的方法。

溶胶-凝胶法的首要步骤是使反应物的溶液均相,然后用合适的络合剂使混合物凝胶化。然后将凝胶加热干燥形成零凝胶,再经过高温煅烧得到最终产品。该方法的主要优点是粒径分布均匀小,成分变化可调,结块少[151,152]。然而可重复性低和昂贵的原材料使溶胶-凝胶工艺不太适合商业生产。

溶剂热法是合成形貌明确、粒度分布均匀、成分均匀的纳米材料的一种常用方法。在此过程中,将反应混合物放入内衬聚四氟乙烯的不锈钢高压反应器中,然后将高压反应器置于烘箱内,温度为 150~200 ℃。化学反应通常在恒温高压状态下发生,有助于形成明确且高度结晶的前驱体颗粒。与共沉淀过程类似,通过将前驱体与锂盐混合,然后将混合物在氧气气氛中进行高温煅烧,得到最终的锂离子正极材料[153-155]。然而溶剂热产品的收率也很大程度上取决于压力釜的容量,很难实现批量生产。设备依赖性限制了它的商业应用。

喷雾热解法是一种开发较好的工业规模过渡金属氧化物连续合成技术。该技术也被用于合成 NCM 正极材料。喷雾热解法合成 NCM 主要包括两个步骤:雾化器辅助生成过渡金属和锂盐溶液的微液滴;将微液滴置于高温反应器中,通过微液滴内部连续的化学反应生成均匀的 NCM 颗粒[156]。通过这种技术可以生产出具有均匀粒径分布的相纯材料,再现性好。合成材料的粒径和形态完全取决于雾化器的尺寸、停留时间、反应器温度、前驱体浓度等。且成本高而复杂,合成颗粒密度较低[157,158]。

全固态法通常用于固态煅烧(粉末烧结)生产正极材料,而无需前驱体[159]。这种方法工艺简单且非常易于规模化生产,缺点是原料中的金属元素很难在原子水平上均匀混合,合成的产品颗粒形态不规则,粒径从亚微米到微米不等,振实密度较低。此外,全固态法能耗普遍较高。

共沉淀法+固相烧结法是商业应用最为普遍的合成方法(图 1-24)。该方法允许元素均匀混合,产生颗粒致密且分布狭窄,适合批量生产,因此几乎成为工业上的唯一选择。

1.5.2 失效机理研究

存储性能是衡量材料好坏的关键性能之一,对材料电化学性能的至关重要。NCM 表

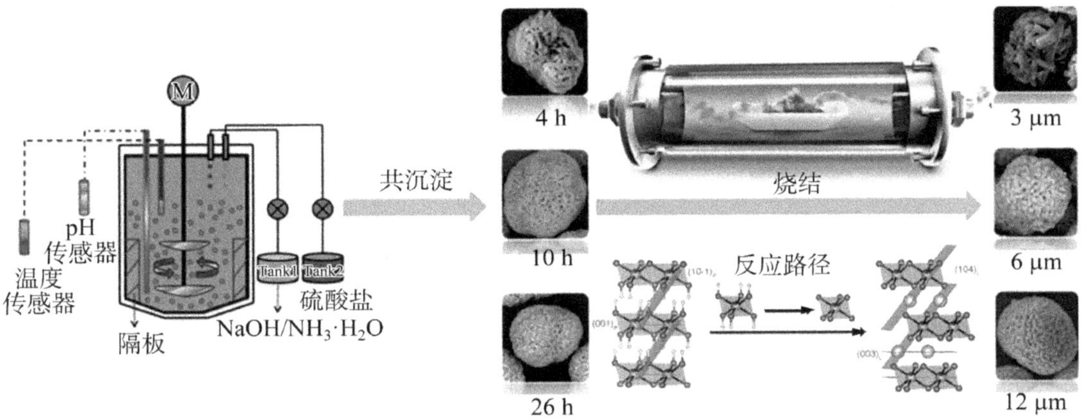

图 1-24 共沉淀法和固相烧结法合成 NCM 正极材料的工艺示意图[160-162]

面非均质 NiO 相和残余锂化合物是其存储后电化学性能较差的主要原因。图 1-25a 所示，理想的 NCM 材料表面是无任何杂质的，然而在实际制备过程中不可避免地会有锂化合物残余（LiOH 和 Li_2CO_3 的形成过程详见 1.4.1）。材料在空气中暴露的时间过长，会导致层状结构中的 Li 溶出并与空气中的 CO_2 和 H_2O 进行反应，生成更多的锂化合物。尤其是在高温存储过程中，反应更加明显，甚至可以造成过渡金属离子的溶出，从而产生不可逆的类 NiO 岩盐相[163]。过高的残碱造成材料表面 pH 过高，在匀浆时易与黏结剂 PVDF 发生反应，引起 PVDF 发生聚沉，形成"果冻状"胶体，不利于极片涂布，影响极片的加工性能。同时在电芯循环过程中易与电解液反应，产生的气体副产物不仅增加了电芯的产气和内部压力，而且也会增加电池的阻抗，从而造成严重的极化，降低电池的循环寿命[164]。而均质 NiO 相的产生造成材料内部成分分布不均和活性 Ni 的降低，从而导致循环性能严重恶化[138]。

图 1-25b 阐述了 NCM 正极材料几种主要的循环失效机制：相变、过渡金属离子溶出、正极与电解液的副反应、微裂隙等。Song 等[130]对不同电压下 NCM 材料的相变进行了研究，发现循环过程中 NCM 表面的相变演化过程主要为层状-尖晶石相-岩盐相，同时发现提升截止电压会加速相变。岩盐相的产生伴随着 Ni^{2+} 的还原，从而导致过渡金属离子从层状结构溶出[150]。M. Evertz 等[149]采用全反射 X 射线荧光分析（TXRF）对循环后的 NCM_{333} 材料全电池拆解后进行成分分析，发现正极表面、隔膜两侧及石墨负极上均有过渡金属元素，认为过渡金属元素的析出并在负极沉积是 NCM 材料失效的重要原因。Jing Li 等[165]对 NCM_{811} 材料失效机理进行了研究，发现材料循环过程中正极与电解液发生的寄生反应是 NCM_{811} 材料失效的主要原因之一。Sun 等[166]发现材料内部的应力不均导致材料出现裂隙并扩散到材料表面，增加了与电解液的接触面积，加剧了容量的衰减。此外，Nina Laszczynsk 等[167]研究了 NCM_{811}/石墨电池，发现当上限截止电压从 4.2 V 增加到 4.6 V 时，气体逸出量增加。且在循环过程中氧气的释放增加，当电池循环到较高电压时，在正极侧会观察到更多的电解质分解产物。

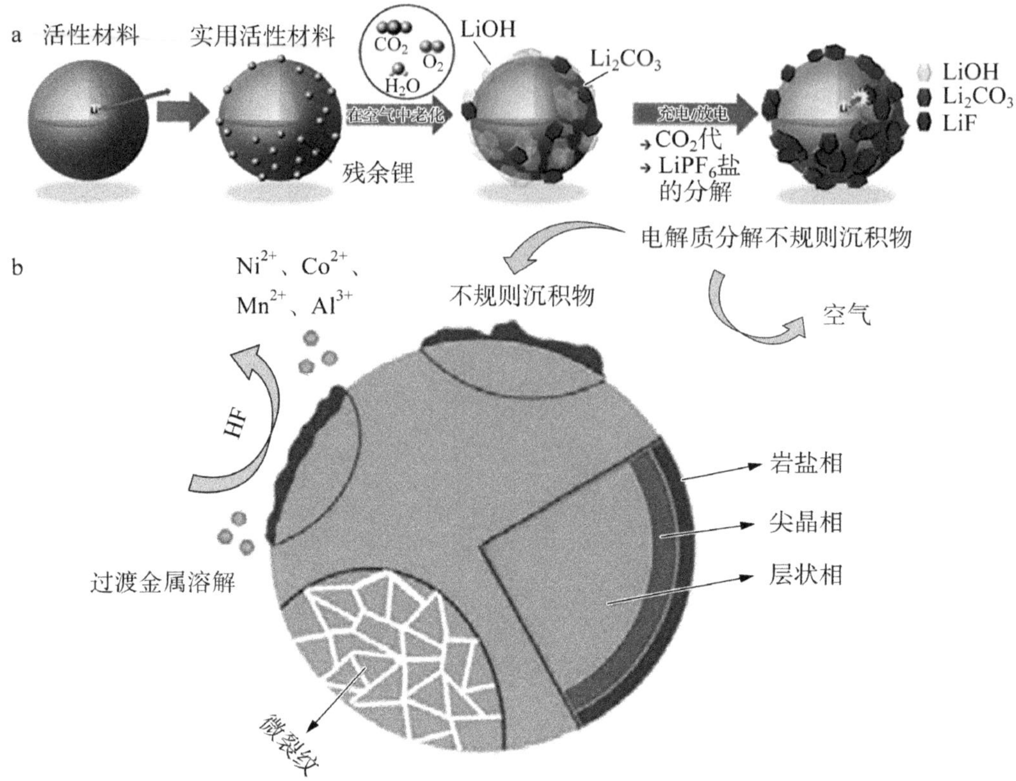

图 1-25 NCM 正极材料的存储失效机理(a)[16]和循环失效机制(b)[59]

1.5.3 结构调控研究

结构调控是解决 NCM 失效问题的重要手段，主要包括：核壳结构或全浓度梯度、微结构、异质结构和单晶结构(图 1-26)。

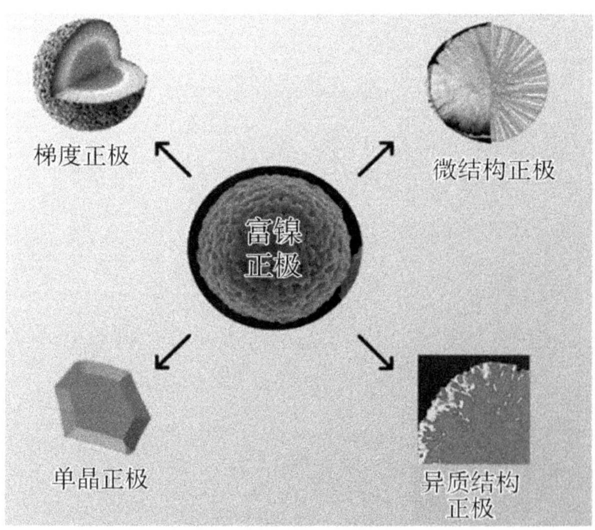

图 1-26 NCM 正极材料的结构调控[168]

核壳结构或全浓度梯度结构，主要是综合高镍 NCM 材料的高容量性能和低镍 NCM 材料的高稳定性，核壳结构的材料外壳为高镍材料，内核为低镍材料。Hoon-Hee Ryu 等[121]通过制备核壳结构的 $Li(Ni_{0.9}Co_{0.045}Mn_{0.045}Al_{0.01})O_2$，内核 $Li(Ni_{0.92}Co_{0.04}Mn_{0.03}Al_{0.01})O_2$，外壳 $Li(Ni_{0.845}Co_{0.067}Mn_{0.078}Al_{0.01})O_2$，改善了材料的微应变状况，提升了循环性能。全浓度梯度结构则是在核壳结构的基础上进一步拓展材料内部的元素的分布，使材料的元素由表及里呈现梯度变化。Sun 等[169]制备了 $Li(Ni_{0.65}Co_{0.13}Mn_{0.22})O_2$，$Li(Ni_{0.75}Co_{0.08}Mn_{0.17})O_2$ 和 $Li(Ni_{0.85}Co_{0.05}Mn_{0.10})O_2$ 浓度梯度材料（主要为 Ni 和 Mn 元素的变化），与同等容量的常规 NCM 材料相比，浓度梯度材料的循环保持率和热稳定性表现更佳。

微结构的改变主要指的是形成定向排列的一次颗粒或暴露更多的{010}活性晶面，从而降低不同颗粒间应力的各向异性，减少一次颗粒堆积过程中的微孔隙，提升压实密度，促进锂离子的脱嵌。主要方法有两种：一种是在共沉淀阶段，通过控制前驱体的合成参数来实现；另一种是在固相烧结阶段，通过掺杂定向添加剂来实现。Qiu 等[170]通过调节不同阶段的 pH 优化了前驱体生长环境，合成了一次颗粒定向排列的 $Ni_{0.8}Co_{0.1}Mn_{0.1}(OH)_2$ 前驱体，展现了优异的电化学性能。Su 等[171]通过调节氨浓度使一次颗粒沿{001}晶体轴堆叠组装，从而有利于烧结过程中{010}活性面的生长，更多活性晶面暴露降低了阳离子无序性，提供了更多的 Li^+ 扩散通道，改善了 NCM 材料的 Li^+ 传输动力学。Sun 等通过 B[172]、W[173]、Ta[174]、F[175]等元素掺杂使层状正极材料一次颗粒定向生长，提升了材料的电化学性能。

异质结构的正极材料主要指的是材料在结构上可分为两个结构迥异的核层和壳层组成，前者由层状相（$R\bar{3}m$）组成，后者由有序的尖晶石相（$Fd3m$）或岩盐相（$Fm\bar{3}m$）组成[176]。与核壳结构的区别在于，核壳结构强调的是成分上的不同，核和壳在结构上基本是相同的。而异质结构则主要强调的是结构上的区别。通常类尖晶石相和岩盐相均被认为是材料循环失效后的产物。而异质结构则主要充分利用其结构稳定性的特点，在材料合成阶段主动生成相关物相，使材料表面构筑了更加稳定的包覆层，降低了过渡金属的析出，缓解了正极与电解液的寄生反应[177-182]。

基于以上分析与讨论，层状正极材料存在有害相变、界面副反应、过渡金属离子的溶出及微裂纹的形成等问题。本文后续主要针对上述问题，结合作者在该研究领域对高镍单晶材料的合成研究、材料改性研究、适配电解液研究、回收研究等不同方面进行介绍。同时，结合反应机理，对常规的商业化高镍单晶材料的生产设备、厂商及发展趋势进行阐述，以丰富读者对高镍单晶三元材料的认识。

参考文献

[1] Xin F, Zhou H, Chen X, et al. Li-Nb-O coating/substitution enhances the electrochemical performance of $LiNi_{0.8}Mn_{0.1}Co_{0.1}O_2$(NCM811) cathode [J]. ACS Applied Materials & Interfaces, 2019, 11: 34889-

34994.
[2] Huang S F, Lv Y, Tie D, et al. Realizing simultaneously enhanced energy and power density full-cell construction using mixed hard carbon/$Li_4Ti_5O_{12}$ electrode [J]. Rare Metals, 2021, 40: 65-71.
[3] Ryu H H, Park N Y, Seo J H, et al. A highly stabilized Ni-rich NCA cathode for high-energy lithium-ion batteries [J]. Materials Today, 2020, 36: 73-82.
[4] 张杰男. 高电压钴酸锂的失效分析与改性研究[D]. 中国科学院大学(中国科学院物理研究所), 2018.
[5] Xie Q, Li W, Manthiram A. A Mg-doped high-nickel layered oxide cathode enabling safer, high-energy-density Li-ion batteries [J]. Chemistry of Materials, 2019, 31: 938-946.
[6] Schipper F, Bouzaglo H, Dixit M, et al. From surface ZrO_2 coating to bulk Zr doping by high temperature annealing of nickel-rich lithiated oxides and their enhanced electrochemical performance in lithium ion batteries [J]. Advanced Energy Materials, 2018, 8: 2-9.
[7] Manthiram A. Materials challenges and opportunities of lithium ion batteries [J]. The Journal of Physical Chemistry Letters, 2011, 2: 371-378.
[8] Xu J, Lin F, Doeff M, et al. A review of Ni-based layered oxides for rechargeable Li-ion batteries [J]. Journal of Materials Chemistry A, 2017, 5: 874-901.
[9] He P, Yu H, Li D, et al. Layered lithium transition metal oxide cathodes towards high energy lithium ion batteries [J]. Journal of Materials Chemistry, 2012, 22: 3680.
[10] Liu C F, Neale Z G, Cao G Z. Understanding electrochemical potentials of cathode materials in rechargeable batteries [J]. Mater Today, 2016, 19: 213-220.
[11] Feng X, Ouyang M, Liu X, et al. Thermal runaway mechanism of lithiumion battery for electric vehicles: A review [J]. Energy Storage Mater, 2018, 10: 246-267.
[12] Ahmed S, Nelson P A, Gallagher K G, et al. Cost and energy demand of producing nickel manganese cobalt cathode material for lithium ion batteries [J]. Journal of Power Sources, 2017, 342: 733-740.
[13] Liu Y, Zhu Y, Cui Y. Challenges and opportunities towards fast-charging battery materials [J]. Nature Energy, 2019, 4: 540-550.
[14] Kwade A, Haselrieder W, Leithoff R, et al. Current status and challenges for automotive battery production technologies [J]. Nature Energy, 2018, 3: 290-300.
[15] Zhang J, Xiang Y J, Yu Y, et al. Electrochemical evaluation and modification of commercial lithium cobalt oxide powders [J]. Journal of Power Sources, 2004, 132: 187-194.
[16] Liu Q, Su X, Lei D, et al. Approaching the capacity limit of lithium cobalt oxide in lithium ion batteries via lanthanum and aluminium doping [J]. Nature Energy, 2018, 3: 936-943.
[17] Caurant D, Baffier N, Garcia B, et al. Synthesis by a soft chemistry route and characterization of $LiNi_xCo_{1-x}O_2$ ($0\leqslant x\leqslant1$) cathode materials [J]. Solid State Ionics, 1996, 91: 45-54.
[18] Chen Y, Sun Y, Huang X. Origin of the Ni/Mn ordering in high-voltage spinel $LiNi_{0.5}Mn_{1.5}O_4$: The role of oxygen vacancies and cation doping [J]. Computational Materials Science, 2016, 9: 142-151.
[19] Padhi A K, Nanjundaswamy K S, Goodenough J B D. Phospho-olivines as positive-electrode materials for rechargeable lithium batteries [J]. Journal of the Electrochemical Society, 1997, 7: 8-4.
[20] Padhi A K, Nanjundaswamy K S, Masquelier C, et al. Effect of structure on the Fe^{3+}/Fe^{2+} redox couple in iron phosphates [J]. Journal of the Electrochemical Society, 1997, 7: 19-27.
[21] Padhi A K, Nanjundaswamy K S, Masquelier C, et al. Mapping of transition metal redox energies in phosphates with NASICON structure by lithium intercalation [J]. Journal of the Electrochemical Society, 1997, 7: 2581-2586.
[22] 张临超, 陈春华. 锂离子电池电极材料选择[J]. 化学进展, 2011, 23: 9.
[23] Ding Y, Jiang Y, Xu F, et al. Preparation of nano-structured $LiFePO_4$/graphene composites by co-precipitation method [J]. Electrochemistry Communications, 2010, 12: 10-13.
[24] Wang J, Sun X. Understanding and recent development of carbon coating on $LiFePO_4$ cathode materials for lithium-ion batteries [J]. Energy & Environmental Science, 2012, 5: 6-15.
[25] Zhang Y, Wang W, Li P, et al. A simple solvothermal route to synthesize graphene-modified $LiFePO_4$

cathode for high power lithium ion batteries [J]. Journal of Power Sources, 2012, 210: 47 - 53.
[26] Xie H M, Wang R S, Ying J R, et al. Optimized $LiFePO_4$-polyacene cathode material for lithium-ion batteries [J]. Advanced Materials, 2006, 18: 2609 - 2613.
[27] Wang B, Al Abdulla W, Wang D, et al. A three-dimensional porous $LiFePO_4$ cathode material modified with a nitrogen-doped graphene aerogel for high-power lithium ion batteries [J]. Energy & Environmental Science, 2015, 8: 869 - 875.
[28] Shi Y, Chou S L, Wang J Z, et al. Graphene wrapped $LiFePO_4/C$ composites as cathode materials for Li-ion batteries with enhanced rate capability [J]. Journal of Materials Chemistry, 2012, 22: 65 - 70.
[29] Mizushima K, Jones P C, Wiseman P J, et al. Li_xCoO_2 $(0<x<1)$: A new cathode material for batteries of high-energy density [J]. Materials Research Bulletin, 2020, 15: 783 - 789.
[30] Rossen E, Jones C D W, Dahn J R. Structure and electrochemistry of $Li_xMn_yNi_{1-y}O_2$ [J]. Solid State Ionics, 1992, 57: 311 - 318.
[31] 吴宇平，戴晓兵，马军旗，等. 锂离子电池——应用与实践[M]. 北京：化学工业出版社，2004.
[32] Yano A, Shikano M, Ueda A, et al. $LiCoO_2$ degradation behavior in the high-voltage phase transition region and improved reversibility with surface coating [J]. Journal of the Electrochemical Society, 2017, 8: 6 - 16.
[33] Taminato S, Hirayama M, Suzuki K, et al. Lithium intercalation and structural changes at the $LiCoO_2$ surface under high voltage battery operation [J]. Journal of Power Sources, 2016, 307: 599 - 603.
[34] Wang Z, Wang Z, Peng W, et al. Structure and electrochemical performance of $LiCoO_2$ cathode material in different voltage ranges [J]. Ionics, 2014, 20: 5 - 14.
[35] Croguennec L, Palacin M R. Recent achievements on inorganic electrode materials for lithium-ion batteries [J]. Journal of the American Chemical Society, 2015, 9: 3 - 13.
[36] He P, Yu H J, Li D, et al. Layered lithium transition metal oxide cathodes towards high energy lithium-ion batteries [J]. Journal of Materials Chemistry, 2012, 22: 3680 - 3695.
[37] Zhang Z, Liu F Y, Huang Z Y, et al. Tris(2-cyanoethyl) borate as a bifunctional electrolyte additive for enhancing the performance of a high-voltage $LiCoO_2$ cathode at high voltage [J]. ACS Applied Energy Materials, 2021, 4: 54 - 64.
[38] Dixit M, Markovsky B, Schipper F, et al. Origin of structural degradation during cycling and low thermal stability of Ni-rich layered transition metal-based electrode materials [J]. The Journal of Physical Chemistry C, 2017, 122: 22628 - 22636.
[39] Seong W M, Manthiram A. Complementary effects of Mg and Cu incorporation in stabilizing the cobalt-free $LiNiO_2$ cathode for lithium-ion batteries [J]. ACS Applied Materials & Interfaces, 2020, 12: 43653 - 43664.
[40] Fehse M, Bessas D, Mahmoud A, et al. The Fe^{4+}/Fe^{3+} redox mechanism in $NaFeO_2$: a simultaneous operando nuclear resonance and x-ray scattering study [J]. Batteries & Supercaps, 2020, 3: 1 - 9.
[41] Assat G, Tarascon J M. Fundamental understanding and practical challenges of anionic redox activity in Li-ion batteries [J]. Nature Energy, 2018, 3: 373 - 386.
[42] Li J, Zhang M, Zhang D, et al. An effective doping strategy to improve the cyclic stability and rate capability of Ni-rich $LiNi_{0.8}Co_{0.1}Mn_{0.1}O_2$ cathode [J]. Chemical Engineering Journal, 2020, 402: 23 - 31.
[43] Park M W, Park S, Choi N S. Unanticipated mechanism of the trimethylsilyl motif in electrolyte additives on nickel-rich cathodes in lithium-ion batteries [J]. ACS Applied Materials & Interfaces, 2020, 12: 43694 - 43704.
[44] Pedaballi S, Li C C. Effects of surface modification and organic binder type on cell performance of water-processed Ni-rich $Li(Ni_{0.8}Co_{0.1}Mn_{0.1})O_2$ cathodes [J]. Journal of Power Sources, 2020, 472: 228552 - 228561.
[45] Rao Q S, Liao S Y, Huang X W, et al. Assembly of MXene/PP separator and its enhancement for Ni-rich $LiNi_{0.8}Co_{0.1}Mn_{0.1}O_2$ electrochemical performance [J]. Polymers, 2020, 12: 2 - 12.
[46] Chen Y, Zhang Y, Chen B, et al. An approach to application for $LiNi_{0.6}Co_{0.2}Mn_{0.2}$ cathode material at high

cutoff voltage by TiO_2 coating [J]. Journal of Power Sources, 2014, 256: 20－27.

[47] Cho W, Kim S M, Song J H, et al. Improved electrochemical and thermal properties of nickel rich $LiNi_{0.6}Co_{0.2}Mn_{0.2}O_2$ cathode materials by SiO_2 coating [J]. Journal of Power Sources, 2015, 282: 45－50.

[48] Ran Q, Zhao H, Hu Y, et al. Enhanced electrochemical performance of dual conductive layers coated Ni-rich $LiNi_{0.6}Co_{0.2}Mn_{0.2}O_2$ cathode for Li-ion batteries at high cut-off voltage [J]. Electrochimica Acta, 2018, 289: 82－93.

[49] Zhang Y, Wang Z B, Yu F D, et al. Studies on stability and capacity for long-life cycle performance of $LiNi_{0.5}Co_{0.2}Mn_{0.3}O_2$ by Mo modification for lithium-ion battery [J]. Journal of Power Sources, 2017, 358: 1－12.

[50] Schipper F, Dixit M, Kovacheva D, et al. Stabilizing nickel-rich layered cathode materials by a high-charge cation doping strategy: Zirconium-doped $LiNi_{0.6}Co_{0.2}Mn_{0.2}O_2$ [J]. Journal of Materials Chemistry A, 2016, 4: 73－84.

[51] Liu H, Wolf M, Karki K, et al. Intergranular cracking as a major cause of long-term capacity fading of layered cathodes [J]. Nano letters, 2017, 17: 3452－3457.

[52] Wang L, Wu B, Mu D, et al. Single-crystal $LiNi_{0.6}Co_{0.2}Mn_{0.2}O_2$ as high performance cathode materials for Li-ion batteries [J]. Journal of Alloys and Compounds, 2016, 674: 360－367.

[53] Sicklinger J, Metzger M, Beyer H, et al. Ambient storage derived surface contamination of NCM811 and NCM : performance implications and mitigation strategies [J]. Journal of The Electrochemical Society, 2019, 145: A2322－A2335.

[54] Noh H J, Youn S, Yoon C S, et al. Comparison of the structural and electrochemical properties of layered $LiNi_xCo_yMn_zO_2$ (x =1/3, 0.5, 0.6, 0.7, 0.8 and 0.85) cathode material for lithium-ion batteries [J]. Journal of Power Sources, 2013, 233: 145－156.

[55] Li J, Cameron A R, Li H, et al. Comparison of single crystal and polycrystalline $LiNi_{0.5}Mn_{0.3}Co_{0.2}O_2$ positive electrode materials for high voltage Li-ion cells [J]. Journal of The Electrochemical Society, 2017, 45: A34－A45.

[56] Li H Y, Li J, Ma X W, et al. Synthesis of single crystal $LiNi_{0.6}Mn_{0.2}Co_{0.2}O_2$ with enhanced electrochemical performance for lithium ion batteries [J]. Journal of The Electrochemical Society, 2018, 45: A8－A15.

[57] Li H Y, Li J, Stone W, et al. Synthesis of single crystal $LiNi_{0.5}Mn_{0.3}Co_{0.2}O_2$ for lithium ion batteries [J]. Journal of the Electrochemical Society, 2017, 19: A3529－A3537.

[58] You B Z, Wang Z X, Shen F, et al. Research progress of single-crystal Nickel-rich cathode materials for lithium ion batteries [J]. Small, 2021, 5: 212－234.

[59] Langdon J, Manthiram A. A perspective on single-crystal layered oxide cathodes for lithium-ion Batteries [J]. Energy Storage Materials, 2021, 37: 17－25.

[60] Liu W, OH P, Liu X, et al. Nickel-rich layered lithium transition-metal oxide for high-energy lithium-ion batteries [J]. Angewandte Chemie International Edition, 2015, 54: 4440－4445.

[61] Kim J, Lee H, Cha H, et al. Prospect and reality of Ni-rich cathode for commercialization [J]. Advanced Energy Materials, 2017, 8: 2028.

[62] Tsai P C, Wen B, Wolfman M, et al. Single-particle measurements of electrochemical kinetics in NMC and NCA cathodes for Li-ion batteries [J]. Energy & Environmental Science, 2018, 11: 860.

[63] Wang L, Wu B, Mu D, et al. Single-crystal $LiNi_{0.6}Co_{0.2}Mn_{0.2}O_2$ as high performance cathode materials for Li-ion batteries [J]. The Journal of Alloys and Compounds, 2016, 674: 360－367.

[64] Fan X M, Liu Y, Ou X, et al. Unravelling the influence of quasi single-crystalline architecture on high-voltage and thermal stability of $LiNi_{0.5}Co_{0.2}Mn_{0.3}O_2$ cathode for lithium-ion batteries [J]. Chemical Engineering Journal, 2020, 393: 699－709.

[65] Han X, Meng Q, Sun T, et al. Preparation and electrochemical characterization of single-crystalline spherical $LiNi_{1/3}Co_{1/3}Mn_{1/3}O_2$ powders cathode material for Li-ion batteries [J]. Journal of Power Sources, 2010, 45: 3047－3052.

[66] Huang B, Wang M, Zhang X, et al. Synergistic coupling effect of single crystal morphology and precursor treatment of Ni-Rich cathode materials [J]. The Journal of Alloys and Compounds, 2020, 830: 610 - 619.
[67] Duan J, Wu C, Cao Y, et al. Enhanced compacting density and cycling performance of Ni-riched electrode via building mono dispersed micron scaled morphology [J]. Journal of Alloys and Compounds, 2017, 695: 91 - 99.
[68] Zeng X, Zhu J, Yang L, et al. Electrochemical stabilities of surface aluminum-doped $LiNi_{0.5}Co_{0.2}Mn_{0.3}O_2$ single crystals under different cutoff voltages [J]. Journal of Electroanalytical Chemistry, 2019, 838: 94 - 102.
[69] Huang B, Wang M, Zhang X, et al. Optimized preparation of $LiNi_{0.6}Mn_{0.2}Co_{0.2}O_2$ with single crystal morphology cathode material for lithium-ion batteries [J]. Ionics, 2020, 26: 1 - 10.
[70] Li F, Kong L, Sun Y, et al. Micron-sized monocrystalline $LiNi_{1/3}Co_{1/3}Mn_{1/3}O_2$ as high-volumetric-energy-density cathode for lithium-ion batteries [J]. Journal of Materials Chemistry A, 2018, 6: 44 - 52.
[71] Qian G, Zhang Y, Li L, et al. Single-crystal nickel-rich layered-oxide battery cathode materials: synthesis, electrochemistry, and intragranular fracture [J]. Energy Storage Materials, 2020, 27: 132 - 143.
[72] Yang Z, Lu J, Bian D, et al. Stepwise co-precipitation to synthesize $LiNi_{1/3}Co_{1/3}Mn_{1/3}O_2$ one-dimensional hierarchical structure for lithium ion batteries [J]. Journal of Power Sources, 2014, 272: 34 - 45.
[73] Hua W B, Wu Z G, Chen M, et al. Shape-controlled synthesis of hierarchically layered lithium transition-metal oxide cathode materials by shear exfoliation in continuous stirred-tank reactors [J]. Journal of Materials Chemistry A, 2017, 5: 25391 - 25400.
[74] Barai P, Feng Z, Kondo H, et al. Multiscale computational model for particle size evolution during coprecipitation of Li-ion battery cathode precursors [J]. Journal of Physical Chemistry B, 2019, 32: 3291 - 3303.
[75] Han X, Meng Q, Sun T, et al. Preparation and electrochemical characterization of single-crystalline spherical $LiNi_{1/3}Co_{1/3}Mn_{1/3}O_2$ powders cathode material cathode for Li-ion batteries [J]. Journal of Power Sources, 2010, 67: 3047 - 3052.
[76] Zhong Z, Chen L, Huang S, et al. Single-crystal $LiNi_{0.5}Co_{0.2}Mn_{0.3}O_2$: a high thermal and cycling stable cathodes for lithium-ion batteries [J]. Journal of Materials Science, 2020, 55: 1 - 10.
[77] Kalyani P, Kalaiselvi N. Various aspects of $LiNiO_2$ chemistry: A review [J]. Science and Technology of Advanced Materials, 2005, 6: 689 - 703.
[78] Renfrew S E, McCloskey B D. Residual lithium carbonate predominantly accounts for first cycle CO_2 and CO outgassing of Li-stoichiometric and Li-rich layered transition-metal oxides [J]. Journal of the American Chemical Society, 2017, 34: 53 - 60.
[79] Xie Q, Li W, Dolocan A, et al. Insights into boron-based polyanion-tuned high-nickel cathodes for high-energy-density lithium-ion batteries [J]. Chemistry of Materials, 2019, 31: 8886 - 8897.
[80] Park J H, Choi B, Kang Y S, et al. Effect of residual lithium rearrangement on Ni-rich layered oxide cathodes for lithium-ion batteries [J]. Energy Technology, 2018, 6: 1 - 9.
[81] Kimijima T, Zettsu N, Yubuta, et al. Molybdate flux growth of idiomorphic $Li(Ni_{1/3}Co_{1/3}Mn_{1/3})O_2$ single crystals and characterization of their capabilities as cathode materials for lithium-ion batteries [J]. Journal of Materials Chemistry A, 2016, 4: 7289 - 7296.
[82] Li H, Li J, Zaker N, et al. Synthesis of single crystal $LiNi_{0.88}Co_{0.09}Al_{0.03}O_2$ with a two-step lithiation method [J]. Journal of The Electrochemical Society, 2019, 34: A6 - A13.
[83] Li J, Cao C, Xu X, et al. $LiNi_{1/3}Co_{1/3}Mn_{1/3}O_2$ hollow nano-micro hierarchical microspheres with enhanced performances as cathodes for lithium-ion batteries [J]. Journal of Materials Chemistry A, 2013, 11: 48 - 52.
[84] Du K, Peng Z, Hu G, et al. Synthesis of $LiMn_{1/3}Ni_{1/3}Co_{1/3}O_2$ in molten KCl for rechargeable lithium-ion batteries [J]. Journal of Alloys & Compounds, 2009, 476: 329 - 334.
[85] Liang R, Wu Z Y, Yang W M, et al. A simple one-step molten salt method for synthesis of micron-sized single primary particle $LiNi_{0.8}Co_{0.1}Mn_{0.1}O_2$ cathode material for lithium-ion batteries [J]. Ionics, 2020, 26: 5 - 3.

[86] Kimijima T, Zettsu N, Teshima K. Growth manner of octahedral-shaped $Li(Ni_{1/3}Co_{1/3}Mn_{1/3})O_2$ Single Crystals in Molten Na_2SO_4 [J]. Crystal Growth & Design, 2016, 16: 2618 - 2623.
[87] Huang B, Wang M, Zuo Y, et al. The effects of reheating process on the electrochemical properties of single crystal $LiNi_{0.6}Mn_{0.2}Co_{0.2}O_2$ [J]. Solid State Ionics, 2020, 345: 200 - 209.
[88] Kim Y. Lithium nickel cobalt manganese oxide synthesized using alkali chloride flux: morphology and performance as a cathode material for lithium ion batteries [J]. ACS Applied Materials & Interfaces, 2012, 4: 2329 - 2333.
[89] Bi Y, Tao J, Wu Y, et al. Reversible planar gliding and microcracking in a single-crystalline Ni-rich cathode [J]. Science, 2020, 370: 3 - 7.
[90] Huang B, Yang X, Xu G, et al. Boron-doped single crystal $LiNi_{0.6}Mn_{0.2}Co_{0.2}O_2$ with improved electrochemical performance for lithium-ion batteries [J]. Ionics, 2019, 25: 5819 - 5827.
[91] Weber R, Fell C R, Dahn J R, et al. Operando X-ray diffraction study of polycrystalline and single-Crystal $LiNi_{0.5}Mn_{0.3}Co_{0.2}O_2$ [J]. Journal of The Electrochemical Society, 2017, 122: A2992 - A2999.
[92] You B, Wang Z, Shen F, et al. Research progress of single-crystal nickel-rich cathode materials for lithium ion batteries [J]. Small Methods, 2021, 5: 2 234.
[93] Cho E, Seo S W, Min K, et al. Theoretical prediction of surface stability and morphology of $LiNiO_2$ cathode for Li ion battery [J]. ACS Applied Materials & Interfaces, 2017, 9: 33257 - 33266.
[94] Fu F, Xu G L, Wang Q, et al. Synthesis of single crystalline hexagonal nanobricks of $LiNi_{1/3}Co_{1/3}Mn_{1/3}O_2$ with high percentage of exposed {010} active facets as high rate performance cathode material for lithium-ion battery [J]. Journal of Materials Chemistry A, 2013, 1: 3860 - 3864.
[95] Jung S K, Gwon H, Hong J, et al, Understanding the degradation mechanisms of $LiNi_{0.5}Co_{0.2}Mn_{0.3}O_2$ cathode material in lithium ion batteries [J]. Advanced Energy Materials, 2014, 4: 69 - 87.
[96] Qian G, Li Z, Meng D, et al. Temperature-swing synthesis of large-size single-crystal $LiNi_{0.6}Mn_{0.2}Co_{0.2}O_2$ cathode materials [J]. Journal of The Electrochemical Society, 2021, 7: 27 - 34.
[97] Shang S, Wang X, Jiang F. Effects of Li_2O_2 on structure and electrochemical properties of $LiNi_{0.88}Co_{0.09}Al_{0.03}O_2$ cathode materials [J]. Journal of Alloys and Compounds, 2020, 860: 262.
[98] Andersen H L, Cheung E A, Avdeev M, et al. Consequences of long-term water exposure for bulk crystal structure and surface composition/chemistry of nickel-rich layered oxide materials for Li-ion batteries [J]. Journal of Power Sources, 2020, 470: 228370.
[99] Pushnitsa K A, Kim A E, Popovich A A, et al. Structural transformation of $LiNi_{0.8}Co_{0.1}Mn_{0.1}O_2$ cathode material during cycling with overcharge investigated by in situ X-ray diffraction [J]. Journal of Electronic Materials, 2019, 48: 6694 - 6699.
[100] Zhang S S. Understanding of performance degradation of $LiNi_{0.80}Co_{0.10}Mn_{0.10}O_2$ cathode material operating at high potentials [J]. Journal of Energy Chemistry, 2020, 41: 193 - 207.
[101] Noh H J, Youn S, Yoon C S, et al. Comparison of the structural and electrochemical properties of layered $LiNi_xCo_yMn_zO_2$ ($x=1/3$, 0.5, 0.6, 0.7, 0.8 and 0.85) cathode material for lithium-ion batteries [J]. Journal of Power Sources, 2013, 233: 345 - 356.
[102] Jung R, Metzger M, Maglia F, et al. Oxygen release and its effect on the cycling stability of $LiNi_xMn_yCo_zO_2$ (NMC) cathode materials for Li-ion batteries [J]. Journal of The Electrochemical Society, 2017, 57: A61 - A72.
[103] Lee S, Jin W, Kim S H, et al. Oxygen vacancy diffusion and condensation in lithium-ion battery cathode materials [J]. Angewandte Chemie International Edition, 2019, 45: 88 - 95.
[104] Xu G L, Liu X, Daali A, et al. Pseudo-bonding and electric-field harmony for Li-rich Mn-based oxide cathode [J]. Advanced Functional Materials, 2020, 30: 2004748.
[105] Wolfenstine J. Critical grain size for microcracking during lithium insertion [J]. Journal of Power Sources, 1999, 79: 345 - 357.
[106] Lin Q, Guan W, Zhou J, et al. Ni-Li anti-site defect induced intragranular cracking in Ni-rich layer-structured cathode [J]. Nano Energy, 2020, 76: 10 - 21.

[107] Yan P, Zheng J, Chen T, et al. Coupling of electrochemically triggered thermal and mechanical effects to aggravate failure in a layered cathode [J]. Nature Communications, 2018, 9: 2437.

[108] Zhao Z Y, Huang B, Wang M, et al. Facile synthesis of fluorine doped single crystal Ni-rich cathode material for lithium-ion batteries [J]. Solid State Ionics, 2019, 342: 65.

[109] Lu Y, Zeng X, Wang J, et al. Ultrathin LiV_2O_4 layers modified $LiNi_{0.5}Co_{0.2}Mn_{0.3}O_2$ single crystal cathodes with enhanced activity and stability [J]. Advanced Materials Interfaces, 2019, 6: 34 - 48.

[110] Zeng X F, Jian T Z, Lu Y, et al. Enhancing high-temperature and high-voltage performances of single-crystal $LiNi_{0.5}Co_{0.2}Mn_{0.3}O_2$ cathodes through a $LiBO_2/LiAlO_2$ dual-modification strategy [J]. ACS Sustainable Chemistry & Engineering, 2020, 8: 6293 - 6304.

[111] Fan X M, Ou X, Zhao W G, et al. In situ inorganic conductive network formation in high-voltage single-crystal Ni-rich cathodes [J]. Nature Communications, 2021, 12: 5320.

[112] Lee S J, Han J G, Park I, et al. Effect of lithium bis(oxalato) borate additive on electrochemical performance of $Li_{1.17}Ni_{0.17}Mn_{0.5}Co_{0.17}O_2$ cathodes for lithium-ion batteries [J]. Journal of The Electrochemical Society, 2014, 46: A2012 - A2019.

[113] Zhao W, Zheng G, Lin M, et al. Toward a stable solid-electrolyte-interfaces on nickel-rich cathodes: $LiPO_2F_2$ salt-type additive and its working mechanism for $LiNi_{0.5}Mn_{0.25}Co_{0.25}O_2$ cathodes [J]. Journal of Power Sources, 2018, 380: 17 - 25.

[114] Hong P, Xu M, Liao B, et al. Enhancing the cycling performance of high voltage (4.5 V) Li/$LiNi_{0.5}Mn_{0.3}Co_{0.2}O_2$ cell by tailoring sulfur-derivative cathode passivation film [J]. Journal of the Electrochemical Society, 2017, 67: A2914 - A2921.

[115] Li J, Liu H, Xia J, et al. The impact of electrolyte additives and upper cut-off voltage on the formation of a rocksalt surface layer in $LiNi_{0.8}Mn_{0.1}Co_{0.1}O_2$ electrodes [J]. Journal of the Electrochemical Society, 2016, 87: 655 - 665.

[116] Li B, Wang Y, Rong H, et al. A novel electrolyte with the ability to form a solid electrolyte interface on the anode and cathode of a $LiMn_2O_4$/graphite battery [J]. Journal of Materials Chemistry A, 2013, 1: 54 - 61.

[117] Li J, Li H, Stone W, et al. Development of electrolytes for single crystal NMC532/artificial graphite cells with long lifetime [J]. Journal of The Electrochemical Society, 2018, 76: A626 - A635.

[118] Sathiya M, Abakumov A M, Foix D, et al. Origin of voltage decay in high-capacity layered oxide electrodes [J]. Nature Materials, 2015, 14: 230 - 238.

[119] Sun Y K. High-capacity layered cathodes for next-generation electric vehicles [J]. ACS Energy Letter, 2019, 4: 2 - 4.

[120] Konarov A, Myung, S T. Sun Y K. Cathode materials for future electric vehicles and energy storage systems [J]. ACS Energy Letter, 2017, 2: 703 - 708.

[121] Liao B, Li H, Xu M, et al. Designing low impedance interface films simultaneously on anode and cathode for high energy batteries [J]. Advanced Energy Materials, 2018, 8: 802.

[122] Voronina N, Sun Y K, Myung S T. Co-free layered cathode materials for high energy density lithium-ion batteries [J]. ACS Energy Letter, 2020, 5: 4 - 14.

[123] Wang X, Ding Y L, Deng Y P, et al. Ni-rich/Co-poor layered cathode for automotive Li-ion batteries: promises and challenges [J]. Advanced Energy Materials, 2020, 10: 3864.

[124] Liu H, Wolf M, Karki K, et al. Intergranular cracking as a major cause of long-term capacity fading of layered cathodes [J]. Nano Letter, 2017, 17: 3452 - 3457.

[125] Manthiram A, Knight J C, Myung S T, et al. Nickel-rich and lithium-rich layered oxide cathodes: progress and perspectives [J]. Advanced Energy Materials, 2016, 6: 10 - 21.

[126] Xu Z, Rahman M M, Mu L, et al. Chemomechanical behaviors of layered cathode materials in alkali metal ion batteries [J]. Journal of Materials Chemistry A, 2018, 6: 19 - 24.

[127] Kim J, Lee H, Cha H, et al. Prospect and reality of Ni-rich cathode for commercialization [J]. Advanced Energy Materials, 2018, 8: 2028.

[128] Yoon C S, Park K J, Kim U H, et al. High-energy Ni-rich $LiNi_xCo_yMn_{1-x-y}O_2$ cathodes via compositional partitioning for next-generation electric vehicles [J]. Chemistry of Materials, 2017, 29: 36-45.
[129] Ryu H H, Park G T, Yoon C S, et al. Microstructural degradation of Ni-rich $LiNi_xCo_yMn_{1-x-y}O_2$ cathodes during accelerated calendar aging [J]. Small, 2018, 14: 23308.
[130] Cha H, Kim J, Lee H, et al. Boosting reaction homogeneity in high-energy lithium-ion battery cathode materials [J]. Advanced Materials, 2020, 32: 2003040.
[131] Zheng L, Bennett J C, Obrovac M N, et al. All-dry synthesis of single crystal NMC cathode materials for Li-ion batteries [J]. Journal of The Electrochemical Society, 2021, 34: 536.
[132] Pang P, Tan X, Wang Z, et al. Crack-free single-crystal $LiNi_{0.83}Co_{0.10}Mn_{0.07}O_2$ as cycling/thermal stable cathode materials for high-voltage lithium-ion batteries [J]. Electrochimica Acta, 2021, 365: 380.
[133] Yang X, Tang Y, Shang G, et al. Enhanced cyclability and high-rate capability of $LiNi_{0.88}Co_{0.095}Mn_{0.025}O_2$ cathodes by homogeneous Al^{3+} doping [J]. ACS Applied Materials & Interfaces, 2019, 11: 32015-32024.
[134] Yang X, Tang Y, Qu Y, et al. Bifunctional nano-ZrO_2 modification of $LiNi_{0.92}Co_{0.08}O_2$ cathode enabling high-energy density lithium ion batteries [J]. Journal of Power Sources, 2019, 438: 226978.
[135] Rodrigues M T F, Babu G, Gullapalli H, et al. A materials perspective on Li-ion batteries at extreme temperatures [J]. Nature Energy, 2017, 2: 12-21.
[136] Hwang S, Kim D H, Chung K Y, et al. Understanding local degradation of cycled Ni-rich cathode materials at high operating temperature for Li-ion batteries [J]. Applied Physics Letters, 2014, 32: 359-367.
[137] Eftekhari A. Energy efficiency: a critically important but neglected factor in battery research [J]. Sustainable Energy & Fuels, 2017, 1: 2053-2060.
[138] Zhang Z, Mu S C, Zhang B W, et al. A novel synthesis of carbon nanotubes directly from an indecomposable solid carbon source for electrochemical applications [J]. Journal of Materials Chemistry A, 2016, 4: 2-12.
[139] Yoon C S, Kim U H, Park G T, et al. Self-passivation of a $LiNiO_2$ cathode for a lithium-ion battery through Zr Doping [J]. ACS Energy Letter, 2018, 3: 4-19.
[140] Zheng F, Yang C, Xiong X, et al. Nanoscale surface modification of lithium-rich layered-oxide composite cathodes for suppressing voltage fade [J]. Angewandte Chemie International Edition, 2015, 54: 58-62.
[141] Liu P, Zhang H, He W, et al. Lithium deficiencies engineering in Li-rich layered oxide $Li_{1.098}Mn_{0.533}Ni_{0.02}Co_{0.02}$ for high-stability cathode [J]. Journal of the American Chemical Society, 2019, 32: 76-82.
[142] Yan W, Jia X, Yang S, et al. Synthesis of single crystal $LiNi_{0.92}Co_{0.06}Mn_{0.01}Al_{0.01}O_2$ cathode materials with superior electrochemical performance for lithium ion batteries [J]. Journal of The Electrochemical Society, 2020, 45: 501-514.
[143] Zhu J, Chen G. Single-crystal based studies for correlating the properties and high-voltage performance of $LiNi_xMn_yCo_{1-x-y}O_2$ cathodes [J]. Journal of Materials Chemistry A, 2019, 7: 5463-5474.
[144] Sun Y K, Lee D J, Lee Y J, et al. Cobalt-free Nickel rich layered oxide cathodes for lithium-ion batteries [J]. ACS Applied Materials & Interfaces, 2013, 5: 34-40.
[145] Meyer C, Kosfeld M, Haselrieder W, et al. Process modeling of the electrode calendering of lithium-ion batteries regarding variation of cathode active materials and mass loadings [J]. Journal of Energy Storage, 2018, 18: 371-379.
[146] Ebner M, Geldmacher F, Marone F, et al. X-ray tomography of porous, transition metal oxide based lithium ion battery electrodes [J]. Advanced Energy Materials, 2013, 3: 845.
[147] Zhang W, Wang D, Zheng W, et al. A semiconductor-electrochemistry model for design of high-rate Li ion battery [J]. Journal of Energy Chemistry, 2020, 41: 356-364.
[148] Beltrop K, Klein S, Noelle R, et al. Triphenylphosphine oxide as highly effective electrolyte additive for graphite/NMC811 lithium ion cells [J]. Chemistry of Materials, 2018, 30: 2726-2741.

[149] Zhao W, Zheng B, Liu H, et al. Toward a durable solid electrolyte film on the electrodes for Li-ion batteries with high performance [J]. Nano Energy, 2019, 63: 815.
[150] Zheng Q, Xing L, Yang X, et al. N-Allyl-N, N-Bis (trimethylsilyl)amine as a novel electrolyte additive to enhance the interfacial stability of a Ni-rich electrode for lithium-ion batteries [J]. ACS Applied Materials & Interfaces, 2018, 10: 43 - 51.
[151] Sun H H, Manthiram A. Impact of microcrack generation and surface degradation on a nickel-rich layered $LiNi_{0.9}Co_{0.05}Mn_{0.05}O_2$ cathode for lithium-ion batteries [J]. Chemistry of Materials, 2017, 29: 8486 - 8493.
[152] Pan C, Zhu Y, Yang Y, et al. Influences of transition metal on structural and electrochemical properties of $LiNi_xCo_yMn_zO_2$ ($0.6 \leqslant x \leqslant 0.8$) cathode materials for lithium-ion batteries [J]. Transactions of Nonferrous Metals Society of China, 2016, 26: 6 - 12.
[153] Jung R, Metzger M, Maglia F, et al. Chemical versus electrochemical electrolyte oxidation on NMC, NMC622, NMC811, LNMO, and conductive carbon [J]. The Journal of Physical Chemistry Letters, 2017, 8: 4820 - 4825.
[154] Li H, Liu A, Zhang N, et al. An unavoidable challenge for Ni-rich positive electrode materials for lithium-ion batteries [J]. Chemistry of Materials, 2019, 31: 7574 - 7583.
[155] De Biasi L, Schiele A, Roca-Ayats M, et al. Phase transformation behavior and stability of $LiNiO_2$ cathode material for Li-ion batteries obtained from in situ gas analysis and operando x-ray diffraction [J]. ChemSusChem, 2019, 12: 2240 - 2250.
[156] Khan M S, Habib A, Basit I. Unilateral-external ophthalmoplegia: a rare presentation of myasthenia gravis [J]. Journal of College of Physicians and Surgeons Pakistan, 2016, 26: 143 - 154.
[157] Perdew J P, Burke K, Ernzerhof M. Generalized gradient approximation made simple [J]. Physical Review Letters, 1996, 77: 3865 - 3868.
[158] Zhang M J, Teng G, Chen-Wiegart Y K, et al. Cationic ordering coupled to reconstruction of basic building units during synthesis of high-Ni layered oxides [J]. Journal of the American Chemical Society, 2018, 46: 84 - 92.
[159] Kresse G, Furthmüller J. Efficient iterative schemes for ab initio total-energy calculations using a plane-wave basis set [J]. Physical Review B, 1994, 54: 54 - 69.
[160] Kresse G, Hafner J. Ab initio molecular dynamics for liquid metals [J]. Physical Review B, 1994, 47: 558 - 567.
[161] Kresse G, Hafner J. Ab initio molecular-dynamics simulation of the liquid-metal-amorphous-semiconductor transition in germanium [J]. Physical Review B, 1994, 49: 51 - 59.
[162] Henkelman G, Uberuaga B P, Jónsson H. A climbing image nudged elastic band method for finding saddle points and minimum energy paths [J]. The Journal of Chemical Physics, 2000, 67: 9901 - 9904.
[163] Grimme S. Semiempirical GGA-type density functional constructed with a long-range dispersion correction [J]. Journal of Computational Chemistry, 2006, 27: 7 - 9.
[164] Grimme S, Antony J, Ehrlich S, et al. A consistent and accurate ab initio parametrization of density functional dispersion correction (DFT-D) for the 94 elements H-Pu [J]. The Journal of Chemical Physics, 2010, 3: 45 - 57.
[165] Bao W, Qian G, Zhao L, et al. Simultaneous enhancement of interfacial stability and kinetics of single-crystal $LiNi_{0.6}Mn_{0.2}Co_{0.2}O_2$ through optimized surface coating and doping [J]. Nano Letters, 2020, 20: 8832 - 8840.
[166] Cho W, Kim S M, Song J H, et al. Improved electrochemical and thermal properties of nickel rich $LiNi_{0.6}Co_{0.2}Mn_{0.2}O_2$ cathode materials by SiO_2 coating [J]. Journal of Power Sources, 2015, 282: 45 - 50.
[167] Wang H, Ge W, Li W, et al. Facile fabrication of ethoxy-functional polysiloxane wrapped $LiNi_{0.6}Co_{0.2}Mn_{0.2}O_2$ cathode with improved cycling performance for rechargeable Li-ion battery [J]. ACS Applied Materials & Interfaces, 2016, 8: 39 - 49.

[168] Yang H, Wu H H, Ge M, et al. Simultaneously dual modification of Ni-rich layered oxide cathode for high-energy lithium-ion batteries [J]. Advanced Functional Materials, 2019, 29: 8825.

[169] Xu X, Huo H, Jian J, et al. Radially oriented single-crystal primary nanosheets enable ultrahigh rate and cycling properties of $LiNi_{0.8}Co_{0.1}Mn_{0.1}O_2$ cathode material for lithium-ion batteries [J]. Advanced Energy Materials, 2019, 9: 3963.

[170] Gao S, Wang L, Zhou C, et al. In-situ construction protective layer and phosphate doping synergistically improve the long-term cycle stability of $LiNi_{0.6}Co_{0.1}Mn_{0.3}O_2$ [J]. Chemical Engineering Journal, 2021, 426: 359.

[171] Ding G, Li Y, Gao Y, et al. Uniform coating of Se on selenophilic surfaces of nickel-rich layered oxide cathode materials for high performance Li-ion batteries [J]. ACS Sustainable Chemistry & Engineering, 2020, 8: 9632 - 9640.

[172] Yao L, Li Y, Gao X, et al. Microstructure boosting the cycling stability of $LiNi_{0.6}Co_{0.2}Mn_{0.2}O_2$ cathode through Zr-based dual modification [J]. Energy Storage Materials, 2021, 36: 134 - 146.

[173] Chen Y, Tang S, Deng S, et al. Chemical coupling constructs amorphous silica modified $LiNi_{0.6}Co_{0.2}Mn_{0.2}O_2$ cathode materials and its electrochemical performances [J]. Journal of Power Sources, 2019, 431: 8 - 16.

[174] Chu B, Liu S, You L, et al. Enhancing the cycling stability of Ni-rich $LiNi_{0.6}Co_{0.2}Mn_{0.2}O_2$ cathode at a high cutoff voltage with Ta doping [J]. ACS Sustainable Chemistry & Engineering, 2020, 8: 3082 - 3090.

[175] Zhang R, Meng Z, Ma X, et al. Understanding fundamental effects of Cu impurity in different forms for recovered $LiNi_{0.6}Co_{0.2}Mn_{0.2}O_2$ cathode materials [J]. Nano Energy, 2020, 78: 214.

[176] Ryu H H, Park N Y, Seo J H, et al. A highly stabilized Ni-rich NCA cathode for high-energy lithium-ion batteries [J]. Materials Today, 2020, 36: 73 - 82.

[177] Wu F, Liu N, Chen L, et al. Improving the reversibility of the H2-H3 phase transitions for layered Ni-rich oxide cathode towards retarded structural transition and enhanced cycle stability [J]. Nano Energy, 2019, 59: 50 - 57.

[178] Cheng X, Zheng J, Lu J, et al. Realizing superior cycling stability of Ni-rich layered cathode by combination of grain boundary engineering and surface coating [J]. Nano Energy, 2019, 62: 30 - 37.

[179] Li H H, Yabuuchi N, Meng Y S, et al. Changes in the cation ordering of layered O3 $Li_xNi_{0.5}Mn_{0.5}O_2$ during electrochemical cycling to high voltages: An electron diffraction study [J]. Chemistry of Materials, 2007, 19: 2551 - 2565.

[180] Croguennec L, Pouillerie C, Mansour A N, et al. Structural characterisation of the highly deintercalated $Li_xNi_{1.02}O_2$ phases (with $x \leqslant 0.30$) [J]. Journal of Materials Chemistry, 2001, 11: 167 - 177.

[181] Min K, Seo S W, Song Y Y, et al. A first-principles study of the preventive effects of Al and Mg doping on the degradation in $LiNi_{0.8}Co_{0.1}Mn_{0.1}O_2$ cathode materials [J]. Physical Chemistry Chemical Physics, 2017, 19: 2 - 9.

[182] Chen Y, Zhao W, Zhang Q, et al. Armoring $LiNi_{1/3}Co_{1/3}Mn_{1/3}O_2$ cathode with reliable fluorinated organic-inorganic hybrid interphase layer toward durable high rate battery [J]. Advanced Functional Materials, 2020, 30: 2000396.

第2章

单晶三元材料市场分析及生产工艺

本章将会探讨单晶富镍三元正极材料在电动汽车市场领域的应用前景，并针对其生产工艺及常用合成方法进行讨论。此外，本章将会重点介绍制备三元正极材料的影响因素。

2.1 三元材料发展历程

早期三元正极材料的发展主要受益于海外企业与科研机构的技术革新，NCM 三元材料的发现推动了锂离子电池性能的优化。中国三元正极材料行业迄今主要经历三个发展阶段：在 1991—2011 年的萌芽期，三元正极材料在中国发展较为迟缓，因相对于钴酸锂的低成本优势应用于国内的低端消费电子产品，未实现大规模应用。在 2012—2019 年的启动期，国家政策重视动力电池的能量密度性能，新能源车企在高额政策补贴的驱动下趋向选择三元锂电池，三元锂电池的市场渗透率不断提升，2019 年占据动力电池总销量的 70.0%，带动上游三元正极材料需求增长。在 2020 年至今的高速发展期，三元锂电池的市场渗透率受政策补贴退坡及新能源汽车安全问题的影响波动上升，随着政策规范及市场对动力电池的能量密度要求提升，三元正极材料高镍化发展趋势显著。

萌芽期 1991—2011 年

1991 年，日本索尼公司推出首批商业化的锂离子电池，该电池以钴酸锂为正极材料，以石油焦为负极材料，锂离子电池就此开启商业化历程，并在此后不断更新改进电池技术。1999 年，来自新加坡国立大学的 Zhaolin Liu 等首次提出三元 NCM 层状结构，NCM 分别代指镍(Ni)、钴(Co)、锰(Mn)三种金属元素，NCM 三元材料集合了钴酸锂循环性能好、镍酸锂高比容量和锰酸锂成本低且安全性能好的优势。2008 年左右，三元正极材料在中国开始逐步产业化，主要应用于低端消费电子领域。

启动期 2012—2019 年

2012 年，《关于组织申报 2012 年度新能源汽车产业技术创新工程项目的通知》提出 2015 年电池单体的能量密度达到 180 $Wh \cdot kg^{-1}$ 以上的目标。2013 年一季度，主要采用三元锂电池的新能源车企特斯拉宣布盈利，三元材料优势逐步受到市场关注。2017 年，

《促进汽车动力电池产业发展行动方案》提出“实现 2020 年单体比能量超过 300 瓦时/千克”“力争实现单体 350 瓦时/千克、系统 260 瓦时/千克的新型锂离子产品产业化和整车应用”的目标，高额政策补贴促使新能源车企更倾向于搭载具有能量密度优势的三元锂电池。

在此阶段，国家政策重视动力电池的能量密度，对电池性能提出较高目标，主流的磷酸铁锂电池产品难以满足其能量密度要求，新能源车企在高额政策补贴的驱动下趋向选择三元锂电池，带动上游三元正极材料需求增长，三元锂电池的市场渗透率不断提升，2019 年占据动力电池总销量的 70.0%。

高速发展期　2020—2022 年

2020 年 4 月，财政部等四部门发布通知，要求平缓新能源汽车政策补贴退坡力度和节奏，2020—2022 年补贴标准分别在上年基础上退坡 10%、20%、30%。新能源汽车行业由政策驱动转向市场驱动。政策补贴退坡使得三元锂电池的高成本缺陷不断凸显，同时，新能源汽车自燃、爆炸等安全事故频发，引发公众对三元锂电池的使用忧虑，2020 年中国三元锂电池出货量同比下降 16.7%。2021 年、2022 年三元锂电池受下游新能源汽车整体市场规模扩大的驱动，出货量逆势回升。随着市场对电池能量密度要求越来越高，国内外车型使用动力电池正极材料的高镍化趋势显著。目前，包括现代 Kona、奔驰 EQ 系列、蔚来 ES6、小鹏 P7、爱驰 U5、广汽 AionV 等上市车型均搭载高镍电池，受此带动，高镍三元材料出货量快速增长。新能源汽车政策补贴持续退坡使得三元锂电池高成本缺陷不断凸显，动力电池安全问题引发公众关注，三元锂电池的市场渗透率受此影响波动上升。随着政策规范及市场对动力电池的能量密度要求提升，三元正极材料高镍化发展趋势显著。

2.2　三元正极材料产业链分析

三元正极材料产业链上游包括金属盐供应商、三元前驱体供应商和辅助材料供应商，代表性金属盐供应商有格林美、天齐锂业、雅化实业等，代表性三元前驱体供应商有格林美、中伟股份、佳纳能源等，添加剂目前主要是赢创、江富等。产业链中游为三元正极材料生产商，代表性生产商有容百科技、厦钨新能、长远锂科等。产业链下游为三元锂电池制造商，代表性制造商有宁德时代、比亚迪、中创新航等。三元正极材料产业链价格传导能力较强，上游金属盐原材料价格受供需关系影响波动较大。受益于新能源汽车市场需求爆发，2022 年碳酸锂价格最高涨幅达 105%，此后由于市场预计供应量增幅较大，存在供过于求的预期，中下游企业开始观望，2022 年 11 月下旬至 2023 年 3 月锂盐价格下降近 60%，2024 年 1 月至 6 月电池级碳酸锂价格逐步降至 10 万元/吨左右。预计短期内金属盐价格下探空间有限，长期来看，金属盐价格取决于矿端产能释放情况，拥有自主可控金属矿资源的企业议价权较高。

三元前驱体对正极材料的性能指标具有决定性作用，行业定价主要以“材料成本＋加工费”模式收取，随着高镍、单晶化等前驱体技术的逐步成熟，未来行业技术迭代将逐步放缓，产品标准化后，企业在技术上的竞争优势减弱，下游正极材料企业可能对产品加工费进行挤压，三元前驱体企业不得不向资源端寻求新的利润空间，主动布局上游钴、镍、锂金属矿产。

由于三元前驱体和三元正极材料的原料相似，具备前驱体制备技术的三元正极材料企业在产能充足的情况下，通常仅采购镍、钴、锰、锂等金属盐，自行制备前驱体原料，节省前驱体委外加工费，降低整体生产成本。头部企业的一体化整合将带动行业成本的下行，未来三元正极材料企业的核心竞争力将从技术迭代能力转为资源一体化所带来的成本优势。一体化的高门槛及高盈利性将铸造更高的准入壁垒，三元正极材料行业的市场集中度也将持续提升。

下游三元锂电池市场需求广阔，2022 年装车量同比增长 48.6%。现阶段三元锂电池和磷酸铁锂电池各具优势，预计较长时间内两类主流动力电池仍将保持共存，受技术迭代及原材料价格影响，市场份额或存在阶段性的波动，但不存在大范围相互替代。随着高镍、超高镍以及无钴三元锂电池的技术突破以及在高端新能源汽车市场的竞争优势，高镍三元电池在 800 千米以上续航里程优势明显，若三元锂电池性价比进一步提升，有望争夺到更多的中等新能源车份额。

三元正极材料产业链上游包括金属盐供应商。三元正极材料使用的金属盐原材料包括硫酸钴、硫酸镍、硫酸锰、氢氧化锂和碳酸锂等，属大宗化学制品，由金属矿石冶炼而成，广泛应用于农业饲料、钢铁、化工、医药、电子、半导体等多个国民经济支柱行业。整体而言，金属盐市场供应较为充足，其中硫酸盐（硫酸镍、硫酸钴和硫酸锰）和锂盐（碳酸锂和氢氧化锂）的价格过去浮动较大。根据我的钢铁网数据，中国甘肃产地的电解镍价格已从 2022 年 6 月 13 日的 213 220 元/吨波动下跌至 2023 年 6 月 9 日的 170 810 元/吨；电池级硫酸钴（晶体）价格已从 2022 年 6 月 13 日的 80 500 元/吨波动下跌至 2023 年 6 月 9 日的 39 500 元/吨，跌幅超过 50%；电池级硫酸锰价格已从 2022 年 6 月 13 日的 7 400 元/吨波动下跌至 2023 年 6 月 9 日的 6 200 元/吨；电池级氢氧化锂价格一度从 2023 年 2 月 1 日的 494 500 元/吨迅速跌至 5 月 5 日的 195 500 元/吨，6 月 9 日已涨至 311 000 元/吨。电池级碳酸锂呈现同样的价格走势，受益于新能源汽车市场需求爆发，2022 年碳酸锂价格迅速增长，最高涨幅达 105%，11 月下旬电池级碳酸锂均价达到历史高点 59.5 万元/吨，2022 年 11 月下旬至 2023 年 3 月锂盐价格呈下跌态势，期间跌幅近 60%。2023 年 4 月 24 日至 6 月 9 日，电池级碳酸锂价格从 17.9 万元/吨上升至 31.5 万元/吨。展望未来锂盐价格走势，碳酸锂在新能源乘用车、电动重卡以及储能等领域均有旺盛需求，目前澳洲锂辉石供应商集中度较高，预计短期内矿石价格下探空间有限。长期来看，锂盐价格取决于矿端产能释放情况，而拥有自主可控锂资源的企业有望持续享受红利。

三元正极材料产业链上游厂商（前驱体）分析：代表企业有格林美股份有限公司、中伟新材料股份有限公司、广东佳纳能源科技有限公司等（表 2-1）。三元前驱体是一种经溶液过程制备出的多种元素高度均匀分布的中间产物，该产物经与锂盐化学反应可制成三元正极材料，主要分为NCM前驱体与NCA前驱体，前驱体对正极材料的性能指标具有决定性作用。从生产规模看，基于动力锂离子电池、储能锂离子电池出货量的快速增长以及部分三元锂电池在消费电子领域的替代效应，全球三元前驱体出货量快速增长，2023年全球三元前驱体总产量为100.6万吨，同比增长34.6%。从竞争格局看，近年来随着新能源汽车市场的快速发展，三元前驱体作为动力电池三元正极材料的关键原材料，吸引大量新企业的加入，同时现有三元前驱体企业纷纷扩充产能，行业竞争日益激烈，生产企业开始逐步分化，龙头企业的市场份额不断提升。中伟股份2023年年度报告显示，2023年度公司三元前驱体市场占有率为27%，连续三年保持行业第一。

表2-1 国内主要前驱体企业与其部分主要客户

公司	客　户
格林美	三星SDI供应链 ECOPRO 格林美 宁德时代供应链 容百科技 振华 厦钨
中伟新材料	三星SDI供应链 LG供应链 杉杉股份 厦钨 当升科技 天津巴莫
优美科长信	优美科
广东邦普	宁德时代供应链
华友钴业	LG供应链 比亚迪供应链 天津巴莫
金驰能源	松下 长远锂科
佳纳能源 (道氏技术)	厦钨 振华
芳源环保	松下 贝特瑞
客百科技	自用为主
兰州金通	当升科技
当升科技	自用

三元正极材料产业链中游厂商（三元正极成品）分析：代表企业有宁波容百新能源科技股份有限公司、厦门厦钨新能源材料股份有限公司、湖南长远锂科股份有限公司等。相较于磷酸铁锂、锰酸锂等正极材料，三元材料的能量密度更高、续航里程更长，是目前主流的动力电池正极材料之一，广泛应用于各种类型的新能源汽车。相较于常规二次颗粒团聚的多晶三元材料，单晶材料具有负载电压更高、循环寿命更长、安全性更高等性能，目前三元正极材料行业呈现两类单晶化技术路线：一是中低镍单晶路线。大单晶产品负载电压更高，国内部分中低镍单晶材料通过高电压可与多晶高镍能量密度相当，如 Ni_{55}、NCM_{613} 等产品贵金属含量更低，产品在满足能量密度同时具有更高性价比。二是高镍单晶路线。高镍环境下三元材料稳定性欠佳，单晶化学性质稳定，具有更好的循环性能，相应掺杂可提升高镍三元材料的安全性能。随着下游动力电池企业的逐步导入，单晶三元材料市场需求快速增长，市场占有率已从 2019 年的 20%左右上升至 2023 年前四个月的 42.7%。三元正极材料朝单晶化方向升级，在带来能量密度、安全性能提升和成本降低的同时，也增加了材料生产工艺难度，对相关企业在前驱体、掺杂、包覆以及材料体系理解等方面提出了更高要求。在此情形下，三元正极材料领域将加速洗牌，市场或将重构，具备相关技术储备的企业有望脱颖而出，行业竞争格局渐趋集中化。

三元正极材料产业链下游厂商（三元锂电池制造商）分析：代表企业包括宁德时代新能源科技股份有限公司、比亚迪股份有限公司、中创新航科技集团股份有限公司、国轩高科等。三元正极材料产业链下游为三元锂电池制造商。三元锂电池制造商主营业务呈现较为分散且多元化的局面，专注于单一三元锂电池赛道的厂商较少，大部分企业选择整体布局动力电池及相关产品、储能系统、消费类电子产品等多项业务。从生产规模看，2022 年中国动力电池产量 545.9 GWh，同比增长 148.5%，其中三元锂电池产量 212.5 GWh，占总产量 38.9%，同比增长 126.4%。从装车规模看，2022 年中国动力电池装车量 294.6 GWh，同比增长 90.7%，其中三元锂电池装车量 110.4 GWh，占总装车量 37.5%，同比增长 48.6%。

预计未来三元正极材料受益于下游新能源汽车需求拉动与电池技术革新，市场规模有望持续扩张。2022 年，中国新能源汽车产销分别完成 705.8 万辆和 688.7 万辆，同比分别增长 96.9%和 93.4%，市场占有率达 25.6%，高于上年 12.1%，创历史新高。随着新能源汽车产业的蓬勃发展，动力锂离子电池产业也迎来快速增长，2022 年中国动力锂离子电池销量达 465.5 GWh，同比增长超 150%，新能源汽车替代燃油汽车的趋势愈发明显，未来动力电池出货量将迈入“TWh”时代。2019 年以来磷酸铁锂的能量密度基本保持在 $160\ Wh \cdot kg^{-1}$ 以上，能量密度提升已接近天花板，而三元正极材料能量密度呈波动式发展，仍存在较大增长空间，长期来看，三元正极材料在动力电池领域的应用整体呈上升趋势。

2.3 富镍单晶三元正极材料的概念及趋势

富镍单晶三元材料可以认为是仅具有分散的微米级一次颗粒，且每个颗粒仅由少量晶粒组成[1-3]。因此，单晶三元材料与多晶三元材料的主要区别仅在于一次颗粒的尺寸大小、形貌以及颗粒分散情况。必须指出的是，从学术角度看，在此处的“单晶”定义并不精确，并不是严格意义上的单晶结构。

图 2-1 为近 10 年发表单晶三元材料相关研究论文数量图。由图可知，在 2017 年之前富镍单晶三元材料的研究属于比较迟缓阶段，只有少量论文[4]。直到 2017 年，Jeff Dahn 等[1]定义了单晶三元材料并成功大批量合成，单晶三元材料的研究才逐渐兴起。直到 2020 年，关于单晶三元材料的研究论文也仅发表了 25 篇左右，这说明单晶三元材料的研究相对较少。

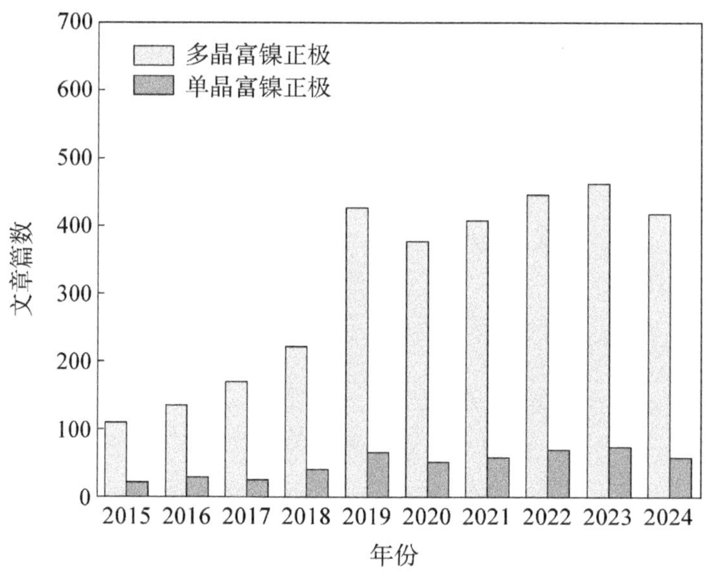

图 2-1 单晶和多晶 NCM 材料在近 10 年来发文情况[4]

2.3.1 富镍单晶三元正极材料的结构优势

不同于富镍多晶三元正极材料，富镍单晶三元材料拥有较少的晶界，因此单晶三元正极材料具有如下优势：①“单晶”形态从根本上限制了表面反应性和颗粒开裂，从而极大地提升了循环稳定性。表 2-2 对比了单晶三元和多晶三元材料容量保持率等电化学性能，单晶三元材料的容量保持率明显优于多晶三元材料；②高机械强度单晶三元材料也将获得更大的压实密度，因此，表现出更高的能量密度[5]；③单晶颗粒与电解液接触面积较小，降低了界面副反应发生可能性[6,7]。图 2-2 展示了单晶三元材料和多晶三元材料的延压过程和充放电循环过程的结构变化[8]。从图可以看出，单晶正极材料经过长循环或者较大压力后仍保持一次颗粒的完整性，有效抑制了电解液的侵蚀，减少了副反应的产生。而多晶三元正极材料在相同测试条件下，二次球颗粒有可能发生破裂以及正极/电解液界面副反应加剧，导致电化学性能衰减严重。

表 2-2　文献中单晶和多晶三元正极的电化学性能对比

材料	合成	颗粒大小（μm）	材料结构	电池类型	保留率（%）	倍率/次数	循环	电压（V）	参考文献
NCM_{523}	高温法	2～3	SC	软包	98.7	1 C	100	4.4	9
		8～15	PC	软包	87	1 C	100	4.4	
NCA_{880903}	高温法	2～4	SC	软包	94	C/2	680	4.2	10
		8～12	PC	软包	79.2	C/2	680	4.2	
NCM_{523}	高温法	1～3	SC	扣电	90.3	1 C	100	4.5	11
		8～15	PC	扣电	78.4	1C	100	4.5	
NCM_{831106}	高温法	3～6	SC	软包	84.5	1 C	600	4.2	12
		10～15	PC	软包	68.3	1 C	600	4.2	
NCM_{622}	高温法	2～5	SC	扣电	95	C/5	50	4.4	13
		5～15	PC	扣电	88	C/5	50	4.4	
NCA_{801505}	高温法	2～4	SC	软包	85.5	1 C	300	4.2	14
		10～20	PC	软包	62.5	1 C	300	4.2	
NCM_{811}	高温法	1～1.5	SC	扣电	95.7	1 C	50	4.4	15
		～5	PC	扣电	87.7	1 C	50	4.4	
NCA_{880903}	多步法	2～5	SC	扣电	84	C/5	100	4.3	16
		15～20	PC	扣电	83	C/5	100	4.3	
NCM_{111}	多步法	4～8	SC	软包	90.8	C/2	150	4.3	17
		4～6	PC	软包	71.1	C/2	150	4.3	
NCM_{622}	熔盐法	1～3	SC	软包	73	1 C	1 000	—	18
		10～15	PC	软包	59	1 C	1 000	4.3	

注：PC 代表多晶 NCM 三元，SC 代表单晶 NCM 三元。

2.3.2　富镍单晶三元正极材料合成方法

本小节将概述三元正极材料的制备方法及其工艺流程，包括原材料选择、配比控制、混合、烧结、球磨和筛分等关键步骤，并介绍各种制备方法的优缺点及适用范围。

富镍单晶三元正极材料的合成方法主要分为前驱体合成和固相煅烧（成品合成）两部分。前驱体的合成主要包括共沉淀法、模板法、溶胶-凝胶法、水热法等几种技术。固相煅烧主要有喷雾干燥法、球磨法、气相沉积法等。

溶胶-凝胶技术是一种先进的软化学方法，用于合成超细颗粒。广泛用于合成陶瓷粉

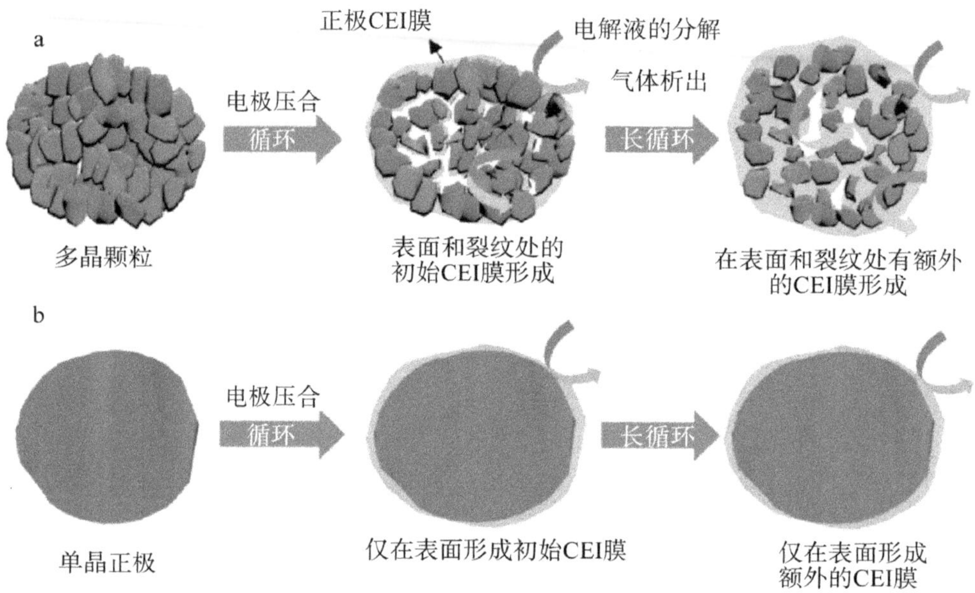

图 2-2 充放电循环过程中多晶三元正极(a)和单晶三元正极(b)的形貌演变过程图[7]

末、涂料、薄膜、纤维等产品。该方法是将低黏度前体均匀混合，制成均匀的溶胶，凝胶形成，干燥，然后在凝胶或凝胶过程后烧结或煅烧。与传统的高温固相反应方法相比，溶胶-凝胶法具有以下优点：原料成分可在原子水平上均匀混合。该产品化学均匀性好，纯度高，可以显著降低热处理温度，并且可以显著缩短热处理时间。适用于薄纳米粉末薄膜合成；通过控制溶胶-凝胶工艺参数，可以精确地定制材料的结构。此外，溶胶-凝胶技术需要简单的工艺和易于控制。然而，合成周期更长并且工业生产更加困难。

共沉淀法技术通常涉及将化学原料在溶液状态下混合并向溶液中加入适当的沉淀剂，使得溶液中均匀混合的所有组分可以以化学计量比共沉淀。或者，首先在溶液中沉淀中间产物，然后煅烧三元正极材料前驱体以此来达到分解以产生细粉末产物的目的。传统的固相合成技术使得材料难以实现分子或原子线性化学计量比混合，并且通常采用共沉淀法来解决该问题，从而达到生产高质量材料的目的，同时降低生产成本。液体共沉淀具有以下 4 个特征：①工艺设备简单；在沉淀过程中，可以一起完成合成和精制，这有利于工业生产；②可以精确控制每种组分的含量，以实现不同组分之间分子/原子水平的均匀混合；③在沉淀过程中，通过控制沉淀条件和下一步骤中沉淀物的煅烧程度，可以控制所得粉末的纯度、粒度、分散度和相组成；④与高温固相法相比，样品的煅烧温度较低，性能稳定，重现性好。

水热合成技术是指在高温高压过饱和水溶液中化学合成的方法。它属于一种湿化学合成。通过水热法合成的粉末通常具有高结晶度，并且通过优化合成条件可以不含任何结晶水，并且可以严格控制粉末的尺寸，均匀性，形状和组成。水热合成省略了煅烧过程并因此省略了研磨过程，因此粉末的纯度高并且晶体缺陷的密度降低。

高温固相法技术其中反应物仅进行固相反应的高温固相法是合成粉末材料的常用方法，也是制备正极材料的常用方法。为了使合成材料具有理想的电化学性能并满足 Li^+ 倾析结构的稳定性，必须保证其良好的结晶性。因此，其中反应物仅进行固相反应的高温固相法是合成粉末材料的常用方法，也是目前制备正极材料的常用方法。固相煅烧阶段主要包括高温煅烧反应、多步煅烧法和熔盐法（需添加助剂）。前者主要通过制备特殊形貌的前驱体控制单晶形貌，后者则着重于高温烧结过程控制单晶颗粒生长。因此，不同前驱体制备方法与后续的固相煅烧方法相互排列组合，以获得完整的单晶三元材料合成技术路线，具体工艺流程见图 2-3。

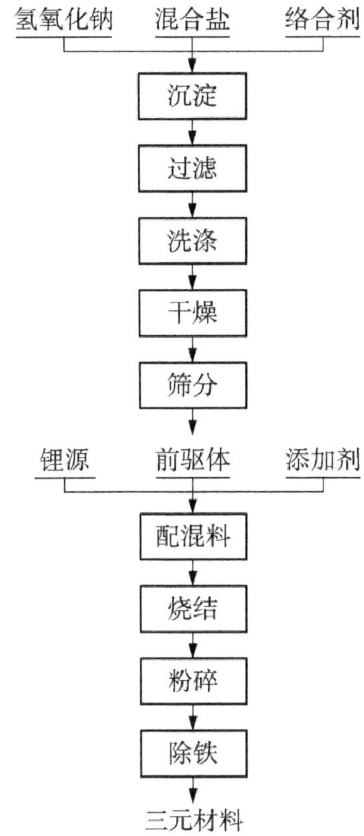

图 2-3　三元正极材料的合成流程图

首先，将一定化学计量比的镍、钴、锰的硫酸盐溶液与沉淀剂（氢氧化钠）和络合剂（氨水）倒入反应釜中。在反应过程需控制盐和碱的浓度、氨水的浓度、盐和碱溶液加入反应釜的速率、反应温度、反应过程 pH、搅拌速率、反应时间、反应的浆料固含量。然后，将反应釜内混合物过滤、洗涤、烘干处理，即最终获得的三元前驱体材料。三元正极材料制备的主要原料如表 2-3 所示。

表 2-3　三元正极材料制备主要原料

原料名称	化学式	纯度
碳酸锂	Li_2CO_3	电池级
氢氧化锂	$LiOH \cdot H_2O$	电池级
无水碳酸钠	Na_2CO_3	分析纯
纳米氧化铝	Al_2O_3	分析纯
纳米氧化锆	ZrO_2	分析纯
硫酸镍	$NiSO_4 \cdot 6H_2O$	工业级
硫酸锰	$MnSO_4 \cdot 5H_2O$	工业级
硫酸铁	$Fe_2(SO_4)_3$	分析纯
硫酸铝	$Al_2(SO_4)_3 \cdot 6H_2O$	工业级
氢氧化钠	NaOH	工业级
氨水	$NH_3 \cdot H_2O$	工业级
硫酸	H_2SO_4	98%

2.3.2.1　三元前驱体合成的具体步骤

(1) 初步处理：将所需的镍、钴、锰等金属盐等溶解于溶剂中，并进行搅拌或加热。通常可选择使用去离子水、稀硫酸或者有机溶剂。

（2）合成反应：将混合好的原料通过一个缓慢滴加的方式，滴入碳酸氢钠、氢氧化钠或者其他碱性化合物的溶液中，并进行搅拌。加入的时候，建议采用一些钝化措施来避免氧气进入反应的过程中，导致反应失效和产生金属氧化物颗粒。然后，不断地加入氢氧化钠、氨水等碱性的溶液，以保证反应液保持稳定碱性环境。

（3）沉淀分离：反应完成后，通过离心、过滤、沉淀等方式，分离出固体的前驱体，即所需的三元材料。碱洗及多次纯水清洗，减少残存离子对正极电化学性能的影响。

（4）进一步处理：得到三元前驱体后，通常需要进行烘干和过筛等后续处理，以得到更好的结晶性和更均匀的颗粒尺寸分布，并增强电化学性能。不同的后续处理方法有所不同，可以根据具体的情况进行选择。

以上就是三元前驱体制备的基本流程，需要注意的是，制备过程中需要保证反应的安全，并严格控制反应的条件和参数，以获得高质量的三元前驱体材料，反应过程需控制盐和碱的浓度、氨水的浓度、盐和碱溶液加入反应釜的速率、反应温度、反应过程 pH、搅拌速率、反应时间、反应的浆料固含量等，详细步骤参考图 2-4。

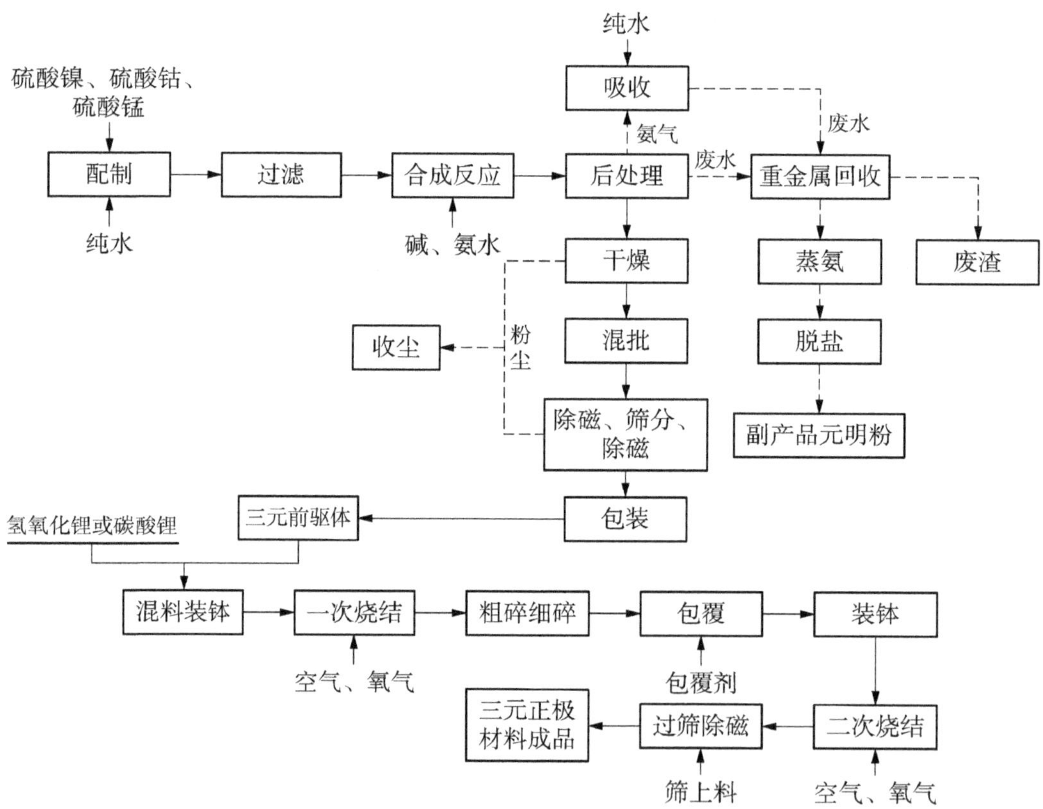

图 2-4　三元正极材料的合成流程图

前驱体制备及其影响因素

三元材料前驱体可以是镍钴锰的氢氧化物、氧化物或碳酸盐，因目前最常用的前驱体为氢氧化物，所以这里只简单介绍镍钴锰氢氧化物的制备工艺。

目前，在前驱体制备中最常用的镍盐为硫酸镍。从理论上来说，前驱体制备使用的镍盐可以是硫酸镍、氯化镍或硝酸镍，但氯化镍由于 Cl^- 的存在，对前驱体反应设备要求较高，容易腐蚀不锈钢材质。若 Cl^- 残留于前驱体中，带入后续烧结工段，也很容易腐蚀窑炉。而硝酸镍则由于价格高，且 NO_3^- 残留于前驱体中在烧结工序会产生 NO_2、NO 等有害气体，几乎没有厂家使用其制备前驱体。

目前，常见的三元前驱体合成方法包括溶液凝胶法、水热/溶剂热法、共沉淀法、固相法、氧化还原法等，工业中最广泛的、最常用的方法是共沉淀法，优势是精确的化学计量、工艺简单便于操作、易于控制的条件、较短的合成周期，劣势是添加沉淀剂可能导致生成的颗粒聚集。

共沉淀法是将过渡金属盐、络合剂(如 $NH_3 \cdot H_2O$)和沉淀剂(NaOH)在 N_2 气氛保护下加入恒温反应器(图 2 - 5a)[19,20]。在碱性环境下，通过控制络合剂的浓度、pH、操作温度、搅拌速度、反应时间等因素对氢氧化物前驱体的形态、尺寸分布和团聚度进行调控(图 2 - 5b、c)[21]。初级颗粒的平均尺寸随着络合剂(氨)浓度的降低而增加[4]。搅拌速度也会影响次级颗粒的尺寸分布和团聚。在较低的搅拌速度(500 rpm)下会产生大颗粒和团聚[4]。通常，中型和致密的纤维状前驱体是能够减轻初级粒子团聚[3]，并且有利于形成分散良好的单晶颗粒。

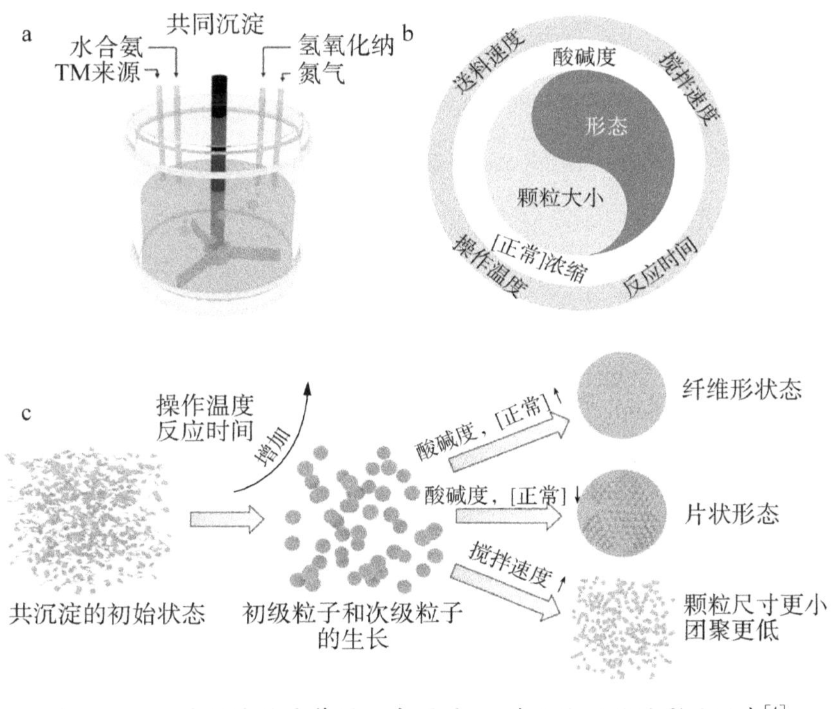

图 2 - 5　a. 共沉淀反应装置示意图；b、c. 前驱体形貌的影响因素[4]

水热法是在高温(120～250 ℃)和高压力(0.3～4 MPa)下，通过水热反应制备富镍单晶三元材料前驱体的一种方法。水热法合成的前驱体中元素分布较均匀性，致密度较高，容易团聚。

溶胶-凝胶法可以制备具有大比表面积和高化学反应性的多孔结构前驱体，为锂离子和过渡金属离子提供了快速的扩散通道。与共沉淀法和水热法类似，通过溶胶-凝胶法合成富镍单晶三元前驱体具有出色的尺寸分布和分散性特点。

与典型的共沉淀方法相比，喷雾干燥法在调节尺寸和元素分布方面具有突出优势。通过对溶液组成和工艺参数的甄选可以有效控制前驱体形态、粒度分布、致密程度等主要参数。使用该方法易于制备多孔疏松的前驱体，且无需较高的烧结温度即可制备分散均匀的单晶三元材料。

三元材前驱体制备：三元前驱体材料是镍钴锰氢氧化物，化学式为 $Ni_xCo_yMn_{1-x-y}(OH)_2$，是生产三元正极材料的重要上游材料，通过与锂源（NCM_{333}、NCM_{523}、NCM_{622} 用碳酸锂，NCM_{811}、NCA 用氢氧化锂）混合后烧结制得三元正极成品。三元正极材料是制作锂电池的关键性材料之一，其终端下游包括新能源汽车、电动工具以及 3C 电子产品等（图 2-6）。

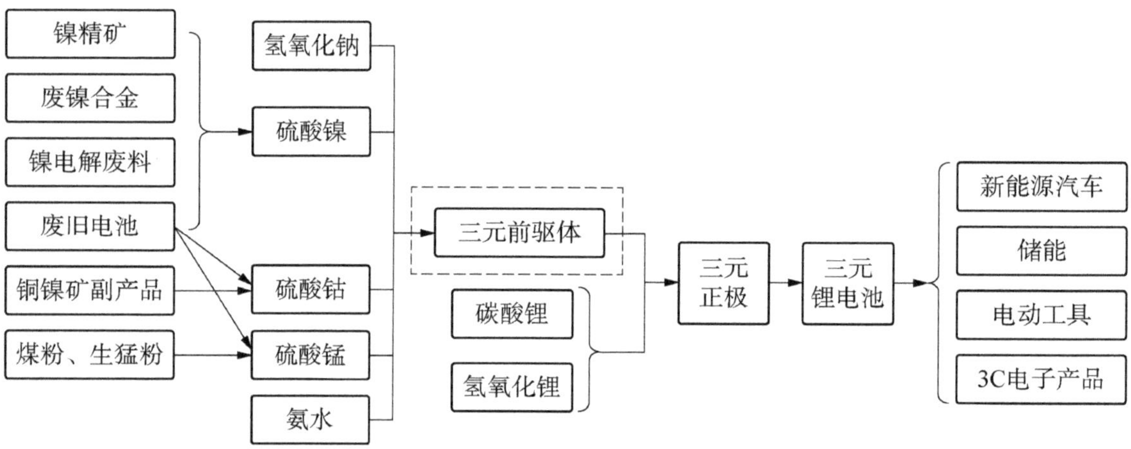

图 2-6　三元前驱体材料所在产业链示意图

前驱体的反应是湿法盐碱中和反应，前驱体与锂源反应是火法固相反应，以低镍正极为例，全流程反应方程式如下（图 2-7）：

$$xNiSO_4 \cdot 6H_2O + yCoSO_4 \cdot 7H_2O + zMnSO_4 \cdot 7H_2O + 2NaOH \longrightarrow$$
$$Ni_xCo_yMn_z(OH)_2 + Na_2SO_4 + (6x+7y+z)H_2O \qquad \text{(前驱体反应)}$$
$$Ni_xCo_yMn_z(OH)_2 + 0.5Li_2CO_3 + 0.25O_2 \longrightarrow$$
$$LiNi_xCo_yMn_zO_2 + 0.5CO_2 + H_2O \qquad \text{(正极反应)}$$

三元前驱体的生产具有高度定制化的特点，其元素配比、形貌、粒径等组合不一。按粒径大小分，前驱体可分为小颗粒前驱体、中颗粒前驱体、大颗粒前驱体。一般小颗粒前驱体粒径分布在 3～5 μm，由于其在混锂烧结步骤所需温度相对较低，出于成本角度考虑

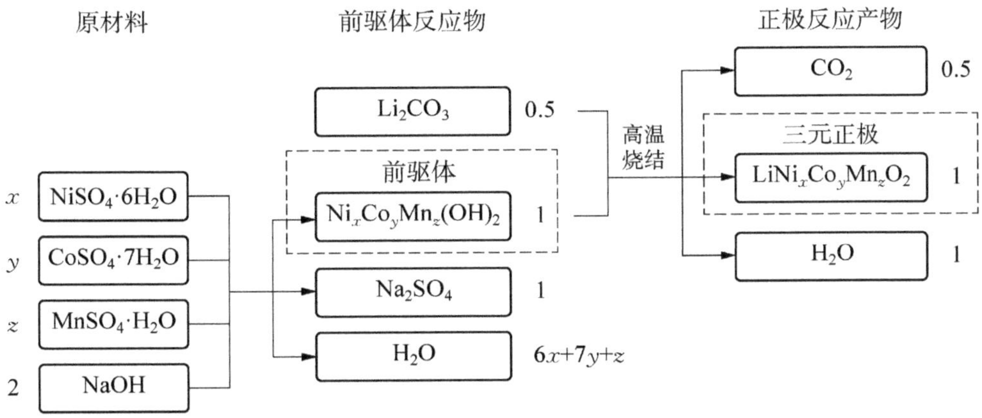

图 2-7　前驱体及正极反应方程式

多用于制作需要烧结温度更高的单晶型三元正极材料(相同元素配比、粒径大小,单晶三元正极烧结温度比普通型要高 100～200 ℃);中颗粒前驱体一般在 6～8 μm;大颗粒前驱体粒径一般在 10 μm 以上,其混锂烧结步骤所需温度更高,出于成本角度考虑一般用于制作多晶/二次球三元正极材料。按元素摩尔比分,前驱体可分为 111 型、523 型、622 型、811 型以及 NCA 型,或高镍型、低镍型(图 2-8)。

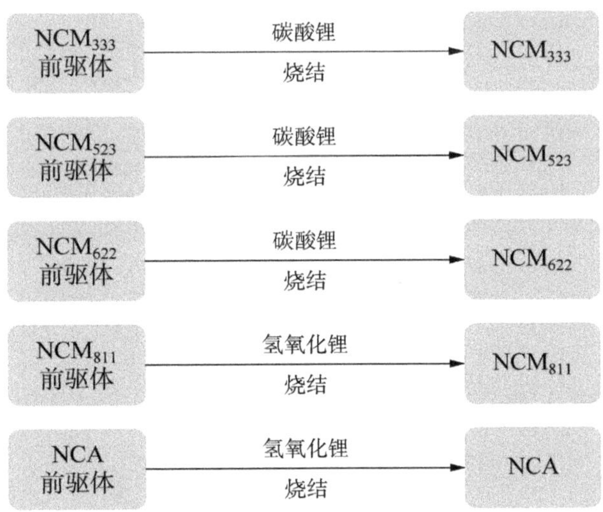

图 2-8　按元素摩尔比分前驱体种类

三元前驱体生产的主要流程如图 2-9 所示,主要原料包含硫酸镍、硫酸钴、硫酸锰和氢氧化钠,为了避免金属离子被氧化,整个前驱体制备过程需要在惰性气体氮气的保护下进行。主要流程包括以下步骤。

前处理:将盐配制成一定浓度的混合盐溶液,将氢氧化钠配制成一定摩尔浓度的碱液,并使用一定浓度的氨水作为络合剂;

反应:将过滤除杂后的盐溶液、碱溶液、络合剂以一定的流量加入反应釜,在合适的反

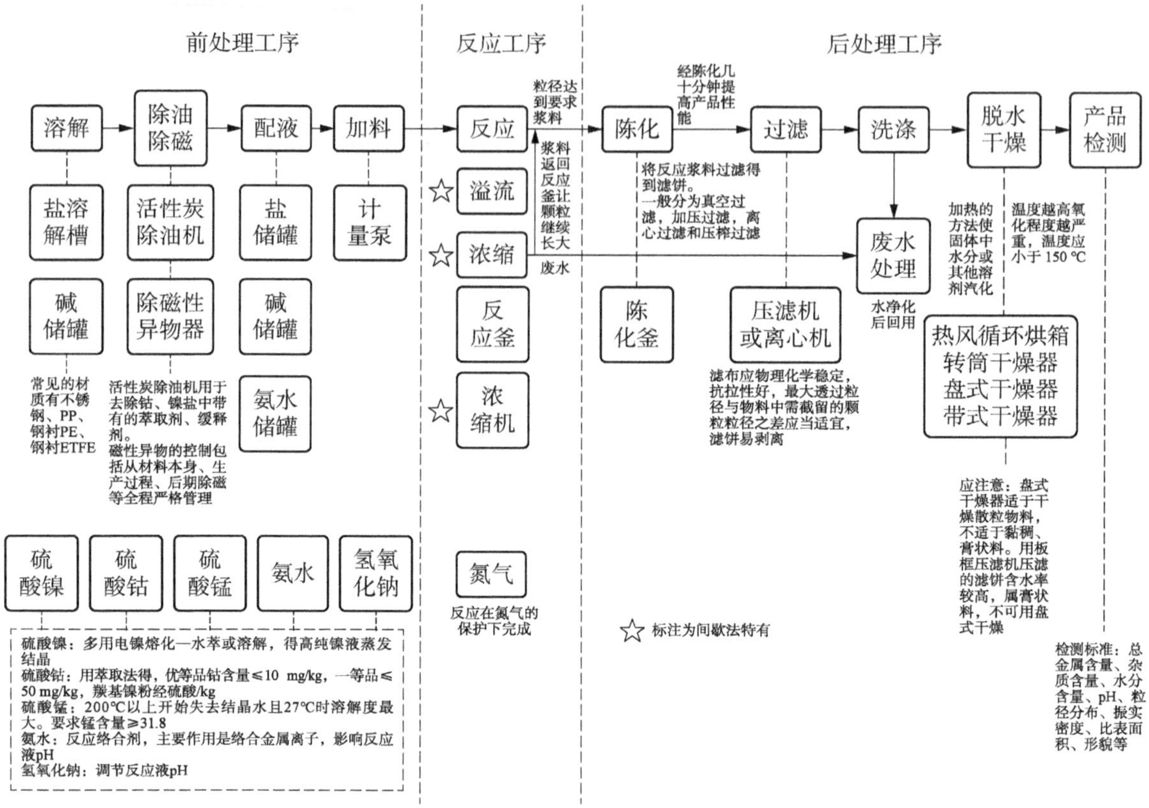

图 2-9　常见氢氧化物前驱体制备工艺流程图(间歇法)

应条件下进行反应生成三元前驱体晶核并逐渐长大。

后处理：当粒度到达预定值后，将反应浆料过滤、洗涤、干燥，得到三元前驱体。

前驱体生产工艺可分为间歇法和连续法两种。间歇法在反应过程中，反应浆料通过溢流管不断溢出到浓缩机进行浓缩，清液滤掉进行废水处理，物料则返回反应釜让晶体继续长大，直至反应釜内前驱体粒径达到要求，然后转去陈化釜静置一段时间，以完善前驱体晶体结构形貌，然后进入后道过滤、洗涤、干燥、包装流程。连续法则在反应过程中，同时进料和出料，反应浆料通过溢流管不断溢出到陈化釜，经过陈化静置，然后进入后道过滤、洗涤、干燥、包装流程。

间歇法生产的前驱体粒径分布极窄，连续法生产产能更高。间歇法生产物料在反应釜内停留时间较为均一，生产出的前驱体粒径分布更窄，适用于生产高端型如高镍、单晶型前驱体产品，但存在生产连续性差，批次稳定性差缺点。连续法生产率更高，相同容积反应釜连续法生产产能约为间歇法产能两倍，并且批次稳定性好；但由于一边进料一边出料，物料在反应釜内停留时间分布较宽，生产出的前驱体粒径分布也更宽，尤其是存在的一些粒径过小颗粒，在正极烧结过程中会导致过烧，从而影响正极品质，目前主要用于生产中低端前驱体产品。

反应过程中需要控制的工艺参数主要有：盐和碱的浓度、氨水浓度、盐溶液和碱溶液加入反应釜的速率、反应温度、反应过程 pH、搅拌速率、反应时间、反应浆料固含量等。以下就以上提到的工艺参数分别展开讨论(图 2-10,图 2-11)。

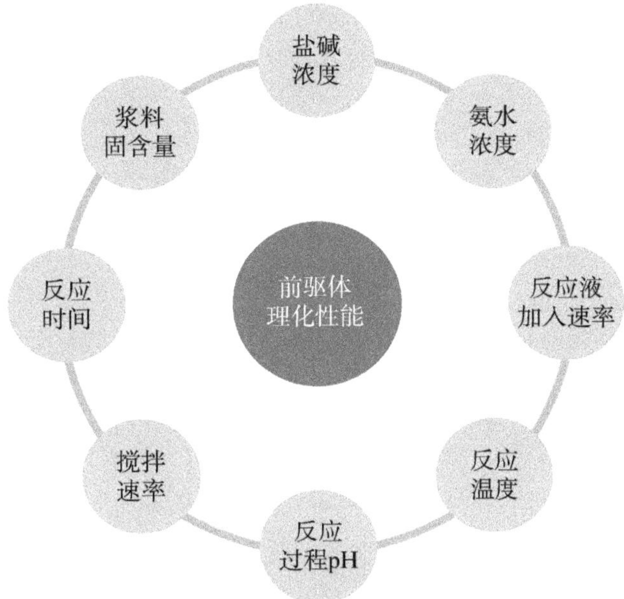

图 2-10　影响前驱体理化性能的工艺参数

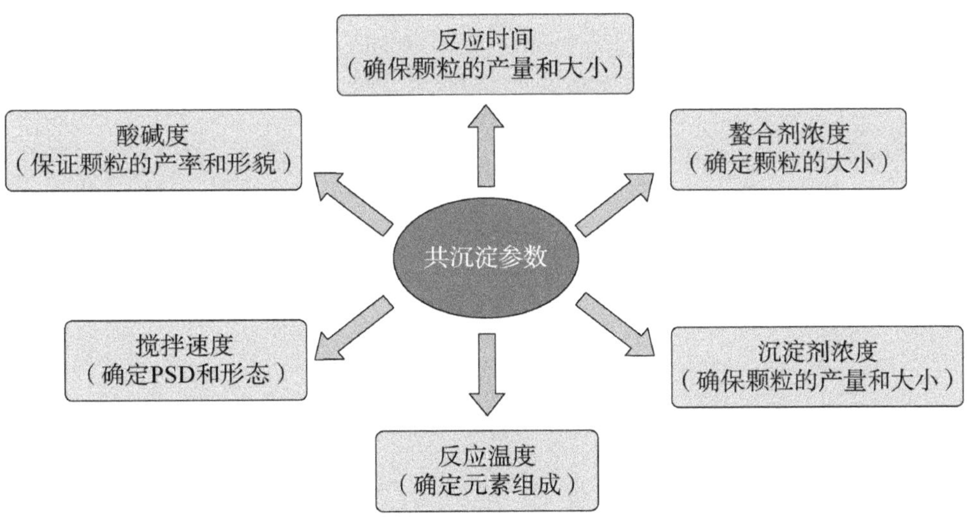

图 2-11　影响共沉淀的工艺参数

2.3.2.2　氨浓度在三元前驱体中的作用

当不含有氨水等络合剂时,加入沉淀剂后会导致成核与生长剧烈,形成疏松、振实密度低的二次颗粒。这样很难生长出粒度均一、振实密度高的前驱体。而氨作为络合剂,可以有效地络合加入的金属离子,既减缓原料加入对沉淀平衡的扰动,控制溶液中沉淀物的过饱和度,又能降低成核与生长的速度,让晶体缓慢生长,便于调控。氨水浓度并非越高越好，排除成本和污染因素外，比表面积和振实密度都会随着氨水浓度的变化而呈现抛物线变化规律(图 2-12,图 2-13)：①氨水浓度低时，络合的金属离子少，带来更高的过饱和度，生长速度过快，导致了一次颗粒尺寸小，缝隙多，颗粒形貌疏松多孔，致密性

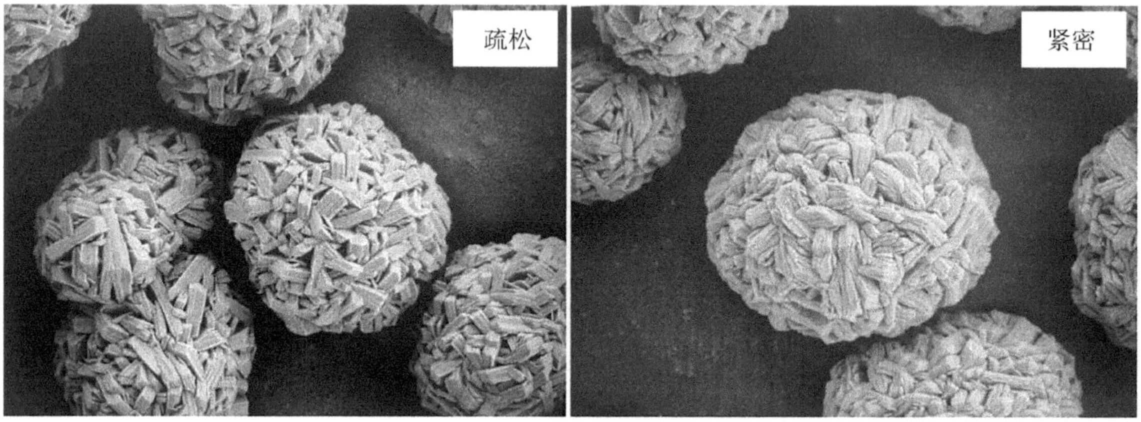

图 2-12 不同氨浓度高镍前驱体产品的 SEM 图(左：氨含量 2 g/L，右：氨含量 7 g/L)

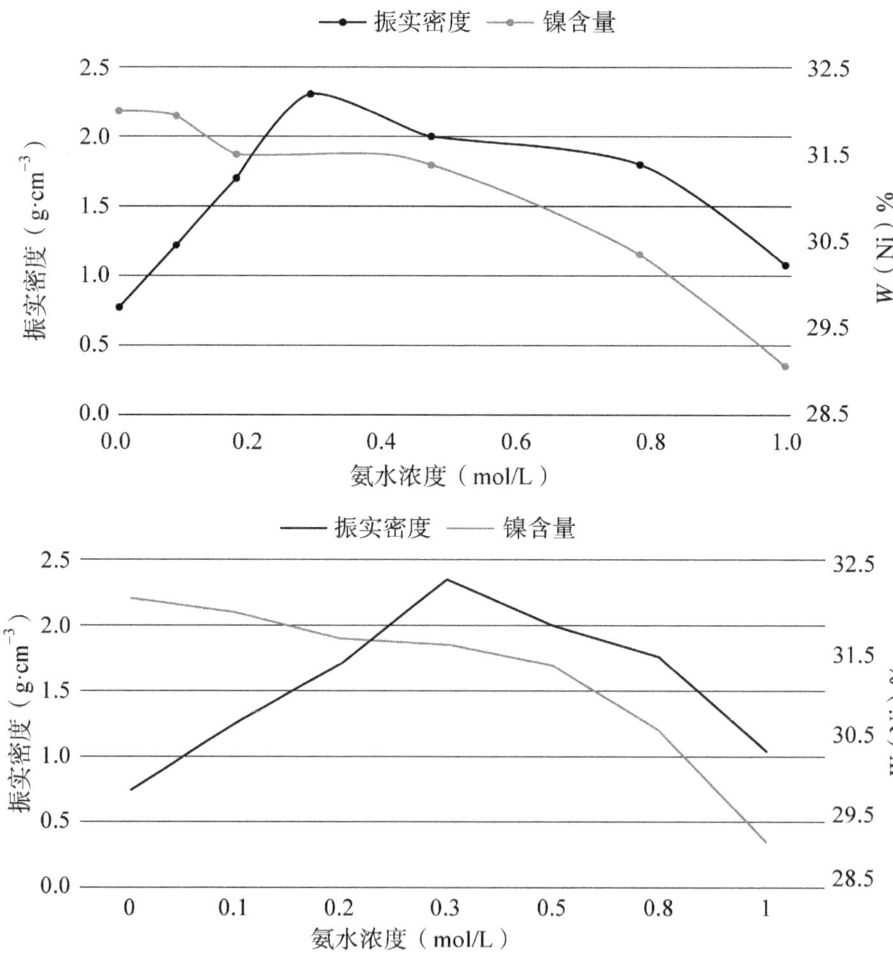

图 2-13 提升氨水浓度导致镍含量下降

差。②氨水浓度高时，一次颗粒生长粗大，这些粗大的晶粒会再次导致缝隙增多，比表面积变大。

此外，氨水作为反应络合剂，主要作用是通过络合金属离子，达到控制游离金属离子目的。络合剂用量过多或过低，会使前驱体的镍、钴、锰的比例偏离设计值，而且被络合的金属离子会随上清液排走，造成浪费，给后续废水处理造成更大的困难。所以制备不同组成的三元前驱体，所需的氨水浓度也不同。

氨水主要通过影响元素配比和颗粒形貌来对前驱体、正极以及锂电池的性能产生影响(图 2-14)：①氨水浓度过高会导致前驱体团聚体中的一次颗粒过大，造成材料间空隙变多，从而导致前驱体比表面积过大；氨水浓度过低会导致前驱体晶体生长过快，球形度变差，材料间空隙变多，从而导致前驱体比表面积过大。②前驱体比表面过大，导致经烧结后生成的正极比表面积过大，一方面导致正极振实、压实密度下降，锂电池能量密度下降，同时正极材料与电解液界面反应加剧，电池循环寿命下降；另一方面由于空隙变多，锂离子传输通道变多，电池倍率性能提升。③此外，氨水浓度偏离，会造成前驱体中元素配比失衡，镍元素含量变化会继承到正极材料中，进而影响锂电池能量密度。

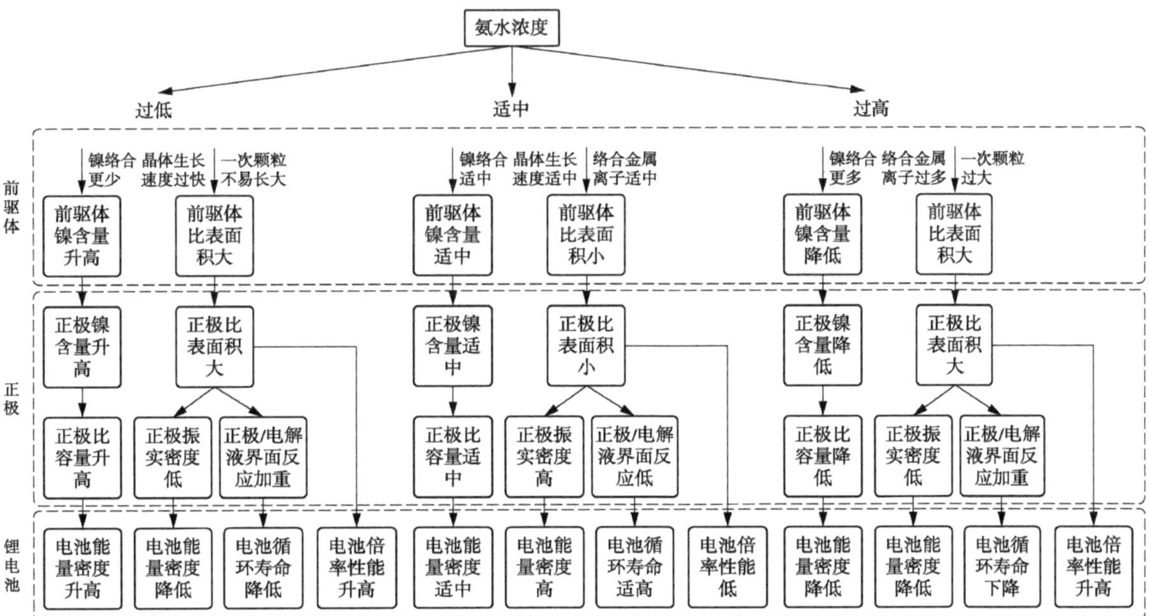

图 2-14　氨水浓度对前驱体、正极、锂电池性能影响示意图

2.3.2.3　pH 在三元前驱体中的作用

沉淀过程中的 pH 直接影响晶体颗粒的成核和生长。不同 pH 条件下得到不同形貌的前驱体颗粒，这是因为沉淀 pH 条件会对晶体的成核速度和生长速度产生影响。当 pH 偏低时，由于溶液中过饱和度较小，前驱体颗粒生长速度大于其成核速度，易于得到形貌较好的颗粒。而在高 pH 条件下，溶液体系中过饱和度较大，晶核的形成速率较快，而前驱

体颗粒的生长速度较慢，因而形成颗粒较小的微晶结构。

反应过程的 pH 直接影响前驱体的形貌和粒度分布(图 2-15)。通过调节 pH，可以控制一次晶粒和二次颗粒的形貌。

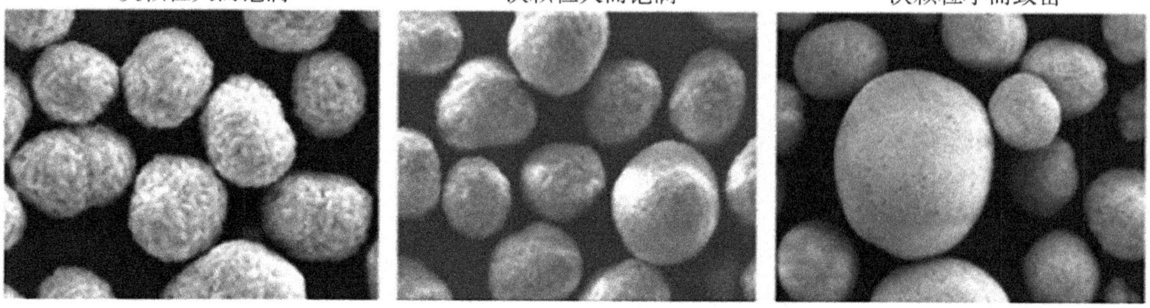

图 2-15 不同 pH 下反应制得前驱体形貌(左，中，右 pH 分别为 11.2，11.6，12.2)

pH 偏低：利于晶核长大，一次晶粒偏厚偏大；二次颗粒易发生团聚，导致二次球成异形。

pH 偏高：利于晶核形成，一次晶粒成薄片状，显得很细小；二次颗粒多成圆球形。

同时，也可以在反应过程中适当调节 pH 使同一个二次球颗粒拥有不同形貌的一次晶粒。后长的一次晶粒团聚而成的二次球体表面有一些细小的晶粒，这些细小晶粒是在反应末期将 pH 调高所形成的。

pH 对前驱体、正极、锂电池性能影响传导主要通过影响元素配比、颗粒形貌：①pH 过高会导致前驱体晶体成核速度过快，一次颗粒小而致密，但二次颗粒粒径分布会变宽；pH 过低会导致成核速度过慢，晶核生长占主导，导致前驱体团聚体中的一次颗粒过大，二次颗粒间团聚体增多，造成材料间空隙变多，从而导致前驱体比表面积过大。②前驱体比表面积过大，将导致正极振实、压实密度下降，锂电池能量密度下降，同时正极材料与电解液界面反应加剧，电池循环寿命下降；另一方面由于空隙变多，锂离子传输通道变多，电池倍率性能提升。前驱体粒径分布变宽，会导致混锂烧结步骤部分小颗粒前驱体过烧，使得正极成品品质下降。③此外，pH 偏离，会造成前驱体中元素配比失衡，镍元素含量变化会继承到正极材料中，进而影响锂电池能量密度(图 2-16)。

2.3.2.4 反应温度在三元前驱体中的作用

温度主要影响化学反应速率。在前驱体的反应中，温度升高成核和生长速度都变快，但是温度过高会造成前驱体氧化，以及造成反应过程无法控制、前驱体结构改变等问题，所以在不影响反应的前提下温度尽量高一点。

沉淀温度对前驱体的影响，主要体现如下：①温度的提升会导致沉淀生长的速度发生改变，对于成核和生长速率，都随着反应温度的升高而增大，即反应温度的升高会导致反应速率的提升，从而引发生长速度加快。②反应体系中，难溶晶体的溶解与离子的沉淀是

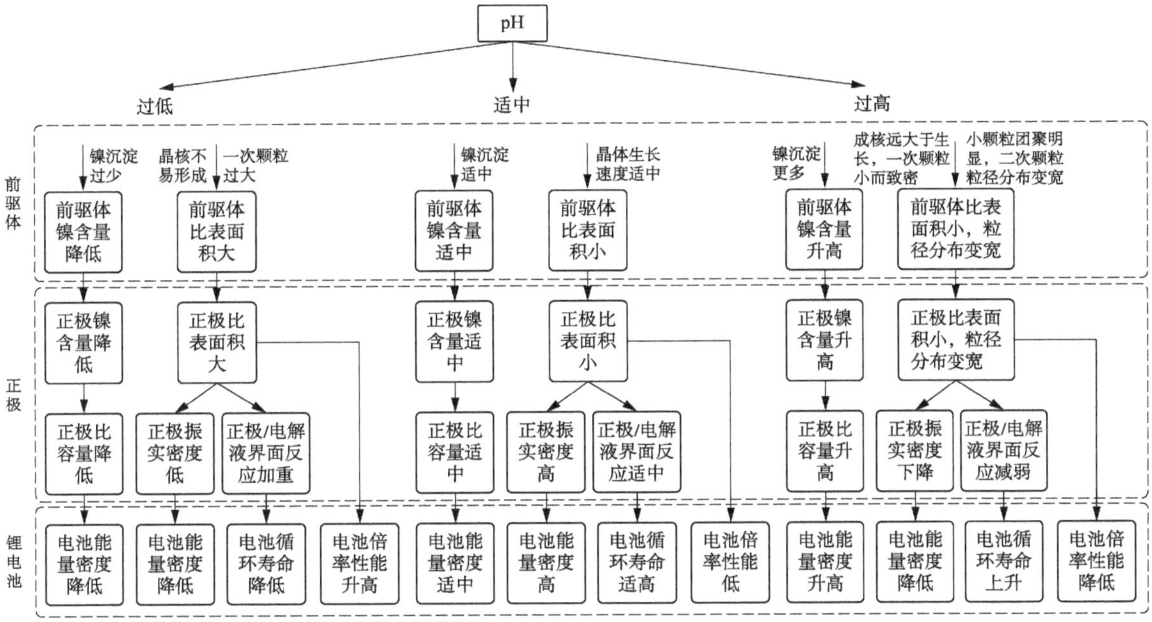

图 2 - 16　pH 对前驱体、正极、锂电池性能影响示意图

同时存在的，其平衡点可用溶度积(K_{sp})表示，而溶度积随着温度的提升而增加，即温度越高，反应将向固体溶解方向偏移，导致沉淀变难，加上氢氧化物前驱体的结晶过程是放热过程，因此温度升高成核反应将受到抑制，晶体生长占主导。③温度过高，会加剧体系中氨的挥发，使体系的氨浓度降低，结果同氨的浓度降低一致，使得体系金属络合量降低，不利于生长。④当温度过低，溶度积低，使反应偏向于成核，同时离子及分子扩散速率低，会减缓前驱体的生长，此时若搅拌不够充分，还会导致进料口的局部金属离子浓度过高，造成局部爆发式成核(图 2 - 17)。

温度过高或过低对成核和生长均不利，只有在一定的温度下才最有利于成核和生长。

温度主要通过影响颗粒形貌和晶体结构来对前驱体、正极以及锂电池的性能产生影响(图 2 - 18)：①温度过高会导致前驱体晶体生长占主导，成核变次要，导致一次颗粒过大，球形度变差，材料间空隙变多，从而导致前驱体比表面积过大；温度过低会导致晶核形

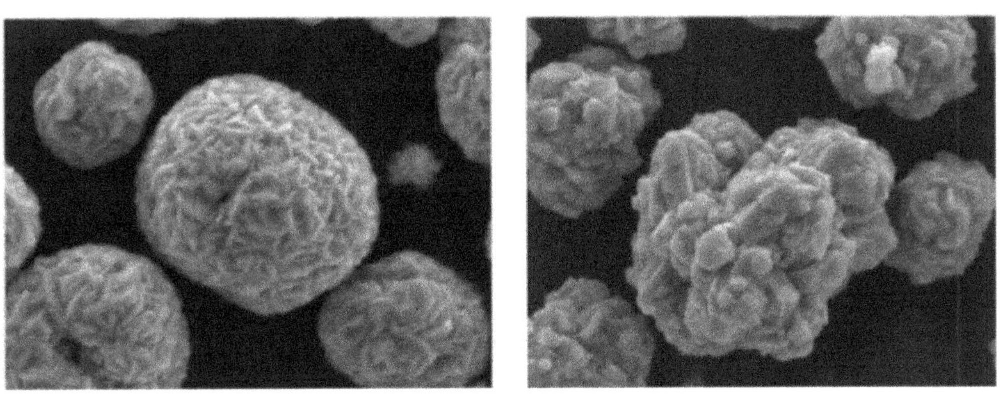

图 2 - 17　低温下一次颗粒细小而致密，高温下一次颗粒粗大(左边为 50℃，右边为 60℃)

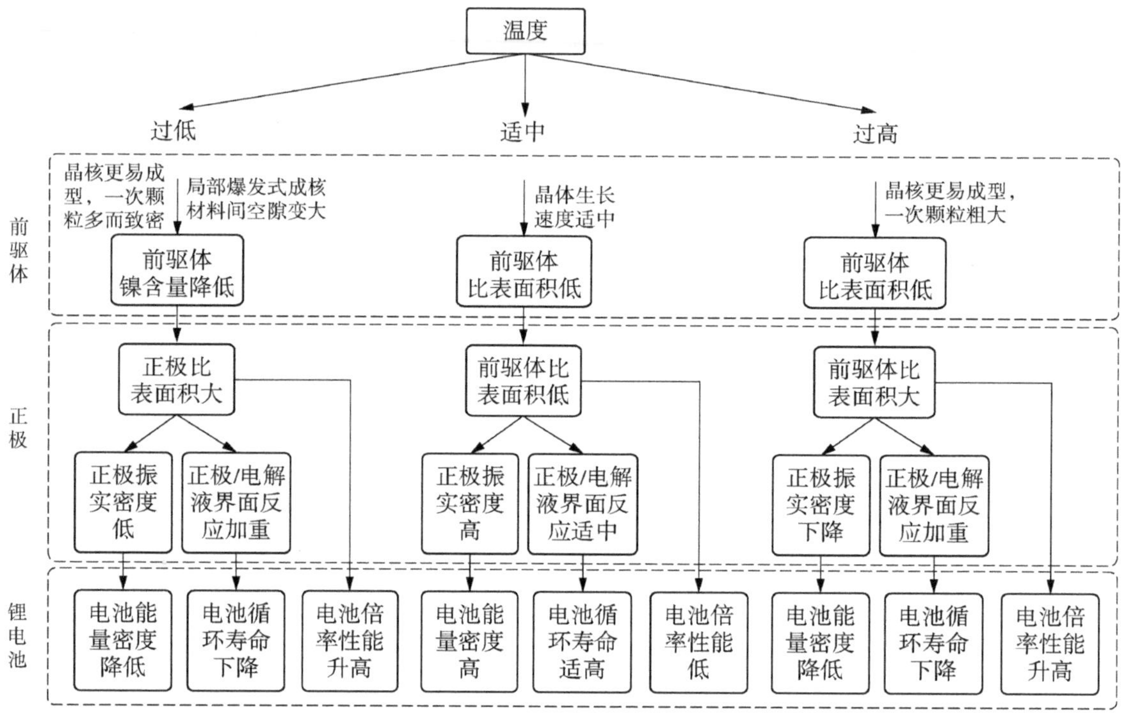

图 2-18　温度对前驱体、正极、锂电池性能影响示意图

成占主导，晶体生长变次要，易造成爆发式成核，导致球形度变差，前驱体比表面积过大。②前驱体比表面过大，将导致正极振实、压实密度下降，锂电池能量密度下降，同时正极材料与电解液界面反应加剧，电池循环寿命下降；另一方面由于空隙变多，锂离子传输通道变多，电池倍率性能提升。③此外，温度过高还会造成前驱体氧化。

2.3.2.5　不同组分前驱体的反应控制在三元前驱体中的作用

由于镍、钴、锰三元素的沉淀 pH 不同，故不同组分三元材料前驱体的最佳反应 pH 不同；络合剂主要的作用是络合镍和钴，对锰的络合要低 2 个数量级，故不同组分三元材料前驱体的所需络合剂浓度也不相同。

图 2-19 为镍钴锰比例分别为 111、424、523、622、701515、811 时，制备出振实密度在

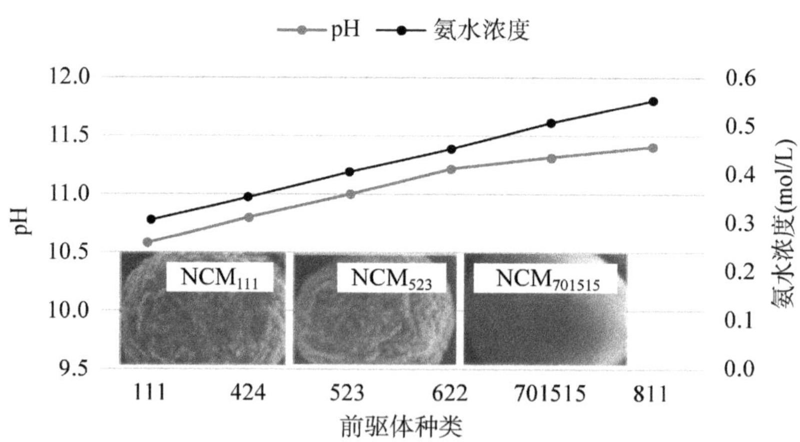

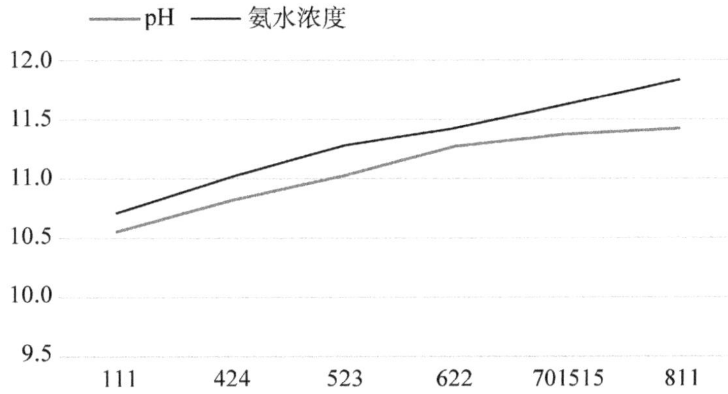

图 2-19　不同 pH 和氨水浓度对前驱体的影响

2.2～2.3 g·cm^{-3}，粒度分布相近的前驱体所需要的氨水浓度和反应 pH。从图中可以看出，随着前驱体镍含量的增加，所需的氨水和反应 pH 都相应提高。同时，不同 pH 下制备出来的前驱体形貌也是不同的。从图中可以看出，所需氨水浓度和反应 pH 较低的 NCM_{111} 的一次晶粒是厚片状，随着材料镍含量的增加，一次晶粒也越来越细小。图 2-19 所示，高镍型前驱体需要 pH 和氨水浓度更高。

2.3.2.6　反应时间和反应气氛在三元前驱体中的作用

前驱体的粒度和振实密度达到预定值需要一定的时间。正常情况下，要得到 D50 大于 10 μm 且振实密度大于 2.0 g/cm^3 的前驱体，反应时间至少需大于 20 h。在一定时间内，前驱体的粒度、振实密度和反应时间成正比关系。但反应时间也不能太长，过长的反应时间会使前驱体粒度过大，对前驱体的品质产生不良影响。且超过一定时间后，前驱体的振实密度增长也趋于平缓(图 2-20)。

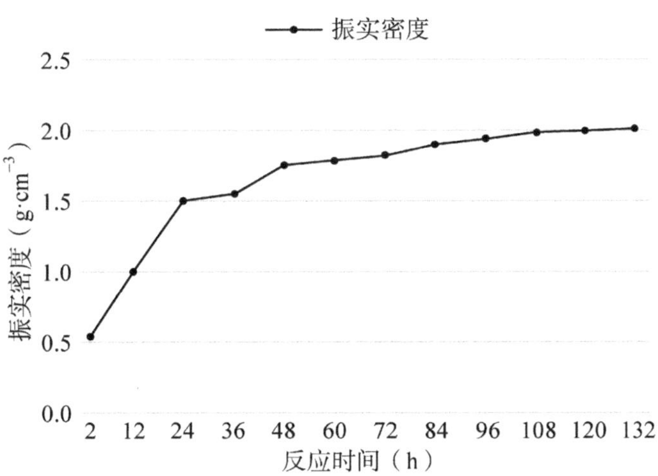

图 2-20　振实密度随反应时间变长逐渐提升

前驱体反应气氛的控制对前驱体产品品质的影响较大，其中包括对前驱体的形貌、晶体结构、杂质含量的影响。二价锰的氢氧化物化学式为 $Mn(OH)_2$ 是白色或浅粉色晶体。$Mn(OH)_2$ 曝置在空气中会很快被氧化成棕色的化合物：$2Mn(OH)_2 + O_2 \longrightarrow 2MnO(OH)$，即便是水中溶解的微量氧，也能将 $Mn(OH)_2$ 氧化。若前驱体反应使用的纯水中有溶解氧未除去，或反应过程中让反应浆料与空气直接接触，都会导致前驱体浆料严重氧化，其颜色为深棕或黑色。

2.3.2.7　其他影响前驱体反应过程的变量

除氨水浓度、pH、温度、反应气氛和时间外，固含量、流量、杂质、生产工艺等也均会对前驱体形貌、理化性能产生直接影响。

固含量：在前驱体反应过程中，前驱体浆料的固体质量和液体质量的比值(图 2－21)。目前大部分厂家反应釜中前驱体的固含量在 5%～10%。不同的固含量对产品性能行有一定影响，适当提高固含量能优化产品形貌、提高产品的振实密度。相比较于 10%固含量的情况，20%固含量下产品的形貌较为规整，二次颗粒表面较为致密。

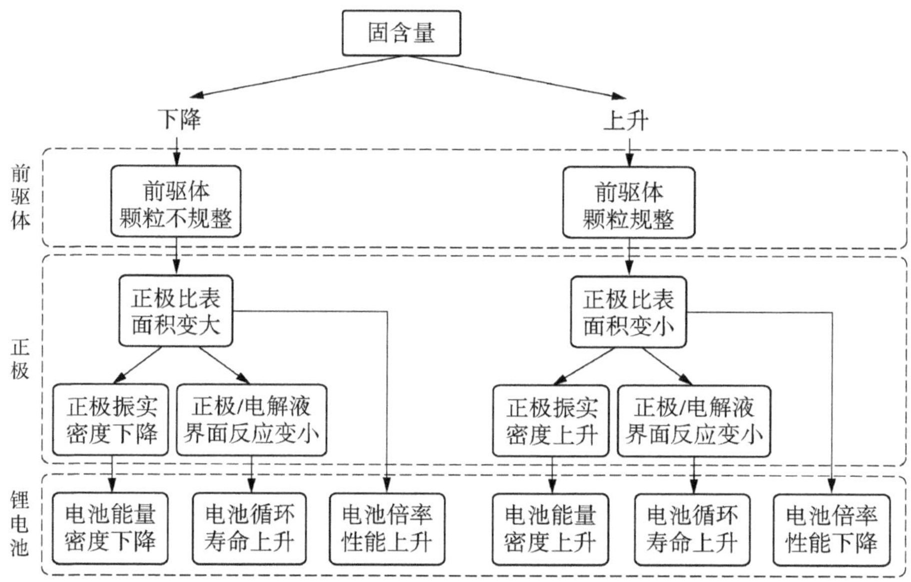

图 2－21　固含量对前驱体、正极、锂电池性能影响传导示意图

搅拌速度：转速越小，平均粒径越大，振实密度也越大，这是由于搅拌桨转速越大，边缘速度越大，导致了对二次颗粒的流体剪应力越强，从而让新的晶粒难以在原二次颗粒上继续生长，而转速的降低减弱了这一作用，出现颗粒的生长。高转速条件下的颗粒尺寸明显要小于低转速的尺寸，低转速下小尺寸的二次颗粒团聚现象更加严重(图 2－22，图 2－23)。

搅拌速度主要通过影响颗粒形貌，对前驱体、正极、延迟性能的传导产生影响。搅拌速度过低会导致前驱体晶体生长过快，球形度变差，材料间空隙变多，从而导致前驱体比表面积过大；搅拌速度过高会导致前驱体团聚体中的一次颗粒过大，造成材料间空隙变多，从而导致前驱体比表面积过大。前驱体比表面过大，将导致正极振实、压实密度下降，

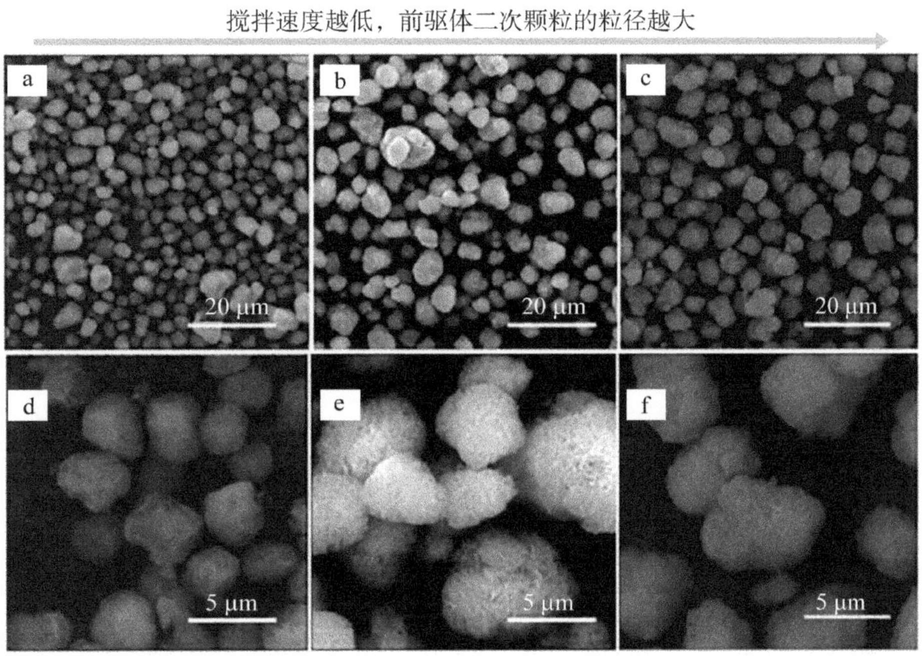

图 2 - 22　搅拌速度对前驱体颗粒粒径的影响。a、d. 330 r/min；b、c. 240 r/min；e、f. 195 r/min

锂电池能量密度下降，同时正极材料与电解液界面反应加剧，电池循环寿命下降；另一方面由于空隙变多，锂离子传输通道变多，电池倍率性能提升。

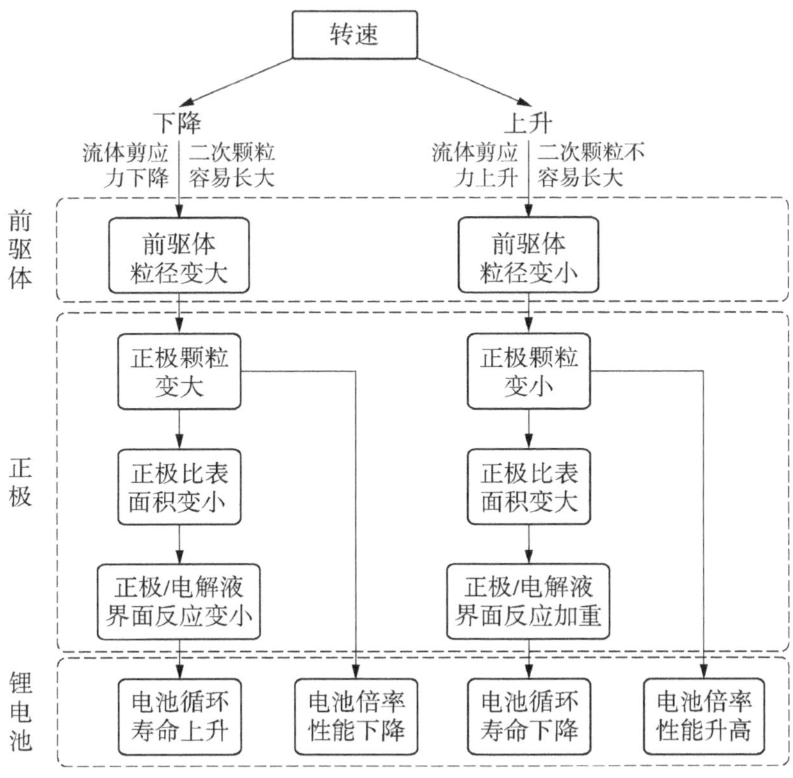

图 2 - 23　搅拌转速对前驱体、正极、锂电池性能影响规律图

流量：主要是指金属盐溶液的流量。流量直接和产量相关联，在保证前驱体品质的前提下，流量越大越好。一个反应釜所能达到的最大流量不仅和反应工艺有关，还和反应釜体积、反应釜内部结构、反应釜电机功率有关。

杂质：硫酸镍和硫酸钴的制备过程中会用到有机萃取剂，若有机萃取剂残留其中，会带入反应体系，造成前驱体颗粒无法生长、D50 和振实密度无法达到预期值，形貌为非球形等情况。原材料会带入的另一类杂质是 Ca^{2+}、Mg^{2+} 等，其沉淀 pH、沉淀系数和镍钴锰相差较大，对反应造成较多负面影响，如前驱体形貌不成球形，振实密度很低等。

生产工艺：前驱体制备方法包括间歇法和连续合成法两类，连续合成法不可避免会造成前驱体材料中存在一定数量的粒度大小在 1 微米以下的小颗粒，而且还会导致粒径分布较宽，致使大颗粒和小颗粒结晶性不同，一次颗粒有差别；间歇法可以有效控制小颗粒数量，缩小粒径分布，但工艺条件苛刻，调控手段复杂，并且间歇法工艺在粒子生长到目标粒径后必须停止反应，分批式生产会影响生产效率和批次间的一致性。

反应条件控制精度。三元材料前驱体生产是盐与碱在一定 pH 及温度下的共沉淀反应，pH 是该反应最重要的参数，各阶段 pH 控制波动范围小于±0.05，pH 的稳定又依赖于温度的稳定以及氨水浓度的稳定；氨水浓度、搅拌速度以及温度的波动也会对前驱体形貌、粒径、元素配比等造成直接影响，几种因素的稳定与否对反应产物的性能有决定性的作用，因此生产过程中反应条件的控制精度可以体现各家企业技术水平。

在三元前驱体湿法反应中，一般采用自动控制工艺来达到对反应过程中关键参数的控制与调节。其主要表现在以下几个方面：①pH 控制；②温度控制；③搅拌控制；④数据采集。

pH 控制：实现 pH 自动控制采用闭环控制系统。按照 PID 调节器控制原理，结合调节阀门的作用，得到控制 pH 的流量自动调节控制方法。假定固定盐溶液的流量，反应釜的 pH 经传感器来样送至 pH 分析仪，分析仪根据来样信号显示成 pH 并转换成电流模拟信号传送给 PID 调节器，经 PID 调节器按照控制规律处理偏差后输出电流信号传送给调节电动控制阀门，调节阀门按照控制信号增大或减小碱的流量，从而控制 pH。

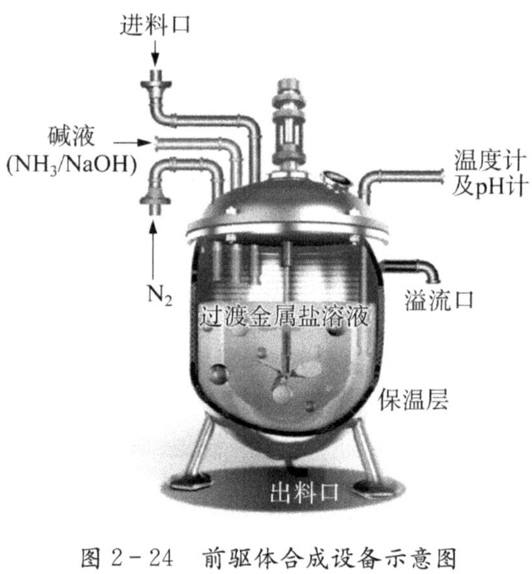

图 2-24　前驱体合成设备示意图

温度控制：前驱体反应中的温度控制主要有反应前底水加热和反应过程中恒温（图 2-24）。多数反应釜只配备加热，要使反应系统保持稳定的温度，光有加热是不够的。可在反应釜外壁设置夹套，夹套分成两段，上面段夹套通冷却水，下面段夹套通入高温热媒。反应前需要加热底水，因此在下夹套通入高温热媒加热。反应中由于存在反应热，热的聚集使温度升高，大于反应温度时，通入冷却水降温。图 2 - 25 所示，由一只调节器分别控制两个执行器工作，每个执行器必须全程工作，因此需要把调节器的信号分成两部分，每部分的信号使执行器在全程范围工作。反应开始，底水加热，调节阀门 b 动作。反应中段温度升高，系统需要冷却，调节阀门 a 动作。反应后陈化阶段无反应热，或外界温度原因，温度降低，加热，调节阀门 b 动作。

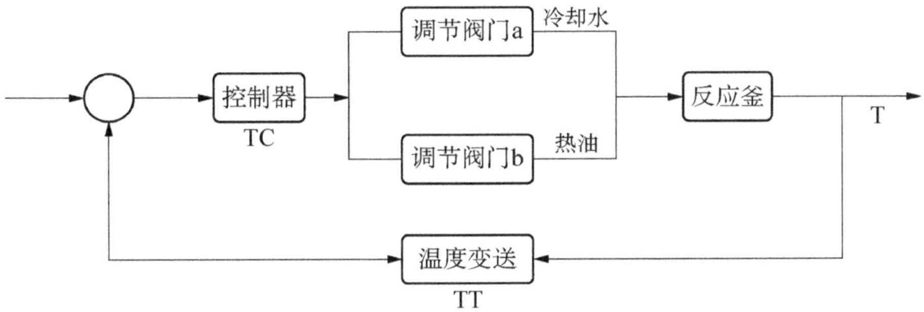

图 2 - 25　分程温度控制方法

前驱体核心检测指标。前驱体的品质主要从以下方面判断：①总金属含量、②杂质含量（磁性异物是重点）、③水分含量、④pH、⑤粒径分布、⑥振实密度、⑦比表面积、⑧形貌等。其中杂质的检测主要为铁、钙、钠、镁、锌、铜、硫酸根、氯根等。另还需分别检测钴、镍、锰三种金属的含量。这些指标都会对三元成品性能产生影响，进而影响电池的性能。

除了三元前驱体制备之外，三元正极材料成品煅烧合成过程所需要的材料还有锂源。常见的锂源有碳酸锂（Li_2CO_3）、一水氢氧化锂（$LiOH \cdot H_2O$）、硝酸锂（$LiNO_3$）等，硝酸锂因使用中会产生有害气体，一般不被选择作为锂源。三元材料制备过程中常用的锂源是碳酸锂，其次是一水氢氧化锂。虽然从反应活性和反应温度上来看，一水氢氧化锂优于碳酸锂，但是由于一水氢氧化锂的锂含量波动比碳酸锂大，且氢氧化锂腐蚀性强于碳酸理，如无殊情况，三元材料生产厂家都倾向于使用含量稳定且腐蚀性弱的碳酸锂。

图 2 - 26 所示，富镍单晶三元材料的固相烧结方法主要包括高温煅烧法、多步煅烧法和熔盐法。

在实际生产过程中，影响三元材料容量最主要的两个因素是锂化配比和煅烧，下面简单总结一下生产过程中控制产品容量稳定一致的关键点。

锂化配比：最合适的锂化配比值很容易在实验室中找出，但在生产过程中，我们需要控制每个批次的产品都达到相同的容量值，这就需要做到以下几点：①严格控制三元材料前驱体和锂源供应商的产品品质和批次稳定性；②准确检测出三元材料前驱体的总金属含量和锂源的锂含量；③采用混合效果好的混合设备，保证混合物料每个点的锂化值都基本一致。

煅烧工艺：三元材料煅烧工艺中最重要的是煅烧温度、煅烧时间、煅烧气氛。

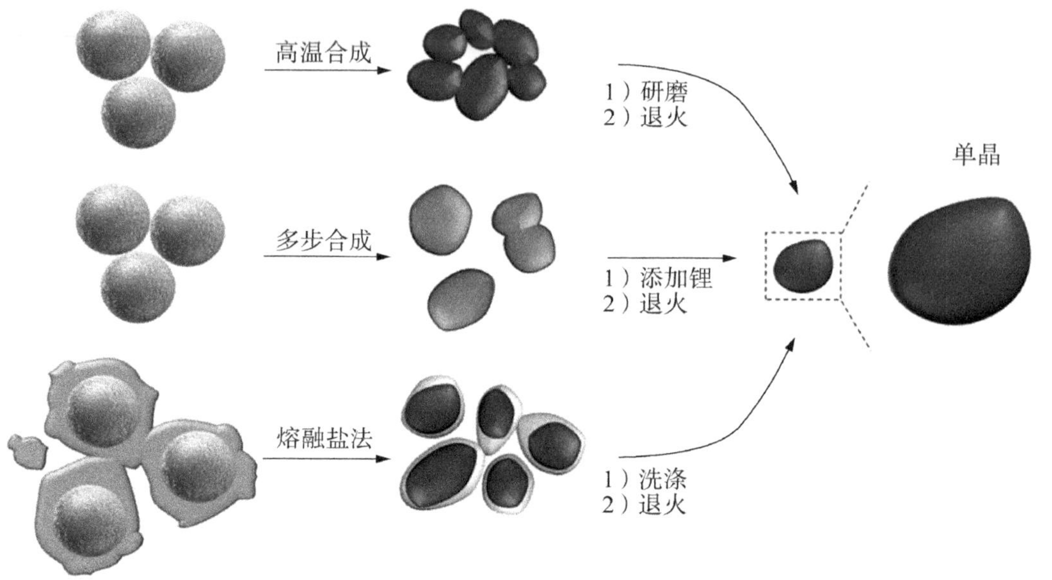

图 2-26 单晶三元材料的三种主要合成方法[5]

煅烧温度和煅烧时间：煅烧温度和煅烧时间是影响三元材料性能的重要因素。但两者不是完全独立的，当煅烧温度略高时，可适当缩短煅烧时间；若煅烧时间过长，可适当调低煅烧温度。

煅烧温度：在晶体中晶格能越大，离子结合也越牢固，离子扩散也越困难，所需煅烧温度也越高。各种晶体由于键合情况不同，煅烧温度相差也很大，因此不同比例的三元材料煅烧温度具有较大的差异性，这跟镍氧、锰氧、钴氧的键合情况具有很大的关联性。即使对于同一种晶体的结晶度也不是一个固定不变的值，所以采用不同厂家或不同工艺路线所生产出的三元前驱体生产三元材料时，确认的较佳煅烧温度各不相同。

煅烧温度对材料性能的影响很大，一般来说随着煅烧温度的升高，物料的扩散系数增大，从而促进了离子和空位的扩散、颗粒重排等物质传递过程，使得煅烧速度加快，温度升高对材料的松装密度影响不大，而对产物的振实密度影响较大。温度升高，一方面促使产物中的一次颗粒生长得粗大、致密，提高振实密度。另外原料中许多未成球的团聚小颗粒也由于固相反应而重新生长成结构致密的产物，因此适当提高煅烧温度对反应是有利的，但是温度过高，容易生成缺氧型化合物而且还会促使二次再结晶，同时材料的晶粒变大，比表面积变小，不利于锂离子在材料中的脱出和嵌入；温度过低，反应不完全，容易生成无定形材料，材料的结晶性能不好，且易含有杂相，对材料的电化学性能影响也较大。所以只有当煅烧温度适中，才能使材料的加工性和电化学性能达到最佳状态。不同比例的产品煅烧温度必须配合差热和热重分析，仔细分析来确定。不同组分的三元材料煅烧温度也不同。一般情况下，镍含量越高，煅烧温度越低。

煅烧温度直接影响材料的容量、效率和循环性能，对材料表面碳酸锂和材料 pH 影响较为明显，对材料的振实密度、比表面积也有一定影响。

在一定范围内，煅烧时间对材料容量、比表面积、振实密度、pH 的影响不太明显，但对材料表面锂残留量和产品单晶颗粒大小影响较大。

烧失率和煅烧气氛：烧失率是指物质经过某些反应后损失的质量与之前的质量的比值。本书中的烧失率指物料经过窑炉煅烧后损失的质量与物料进入煅烧炉之前质量的比值，得到的百分数就是本书所述的烧失率。数据显示采用碳酸锂为锂源时，三元材料烧失率约为 25%，采用氢氧化锂为锂源时，三元材料烧失率约为 28%。这部分质量的损失主要是废气产生造成的。三元材料煅烧过程中，吸收了一定量的氧气参加反应，同时也排出了大量的气体，锂源不同时，排出的废气不同。用碳酸锂为锂源时，废气是二氧化碳和水蒸气；用氢氧化锂为锂源时，废气主要是水蒸气。

因为前驱体和锂源一般都含有一定量的水分，且不同工艺采用的锂化配比不一样，一般情况下是锂源稍多，所以从反应方程式计算的烧失率一般都比实际生产过程中的烧失率偏低。

煅烧气氛：将前驱体和锂源混合后的材料进行差热分析，得到合成过程中要确保有足够多的氧分压。增加氧分压的方法有：①增加进气量和增加排气量，稀释反应产生的气体浓度；②减少煅烧量从而减少废气的量；③纯氧气煅烧。综合生产成本来考虑，在提高产能的同时，厂家一般会选择增加进气量和排气量的方法来增加氧气分压。

使用碳酸锂为锂源时，煅烧反应过程中会有二氧化碳和水蒸气产生；使用单水氢氧化锂为锂源时，则只产生水蒸气。

匣钵层数和装料量：在实验室中得到的最佳煅烧温度和时间，或者根据材料 DSC 分析出的温度，应用在实际生产过程中并不能得到最优的三元材料，因为煅烧量越大，影响因素越多。使用辊道窑煅烧三元材料的过程中，影响最大的是匣钵的层数和匣钵的装料量。

前面已经介绍过，目前最常用的三元材料辊道窑为四列和六列辊道窑，不同厂家使用辊道窑煅烧三元材料时，匣钵堆放层数不同，一般有单层双列、双层双列、三层双列。随着层数的增加，不同位置物料的实际升温曲线和设定的升温曲线有所偏差。匣钵层数除了对温度有影响，还对煅烧气氛有影响。摆放层数太多，会造成窑炉中气体流通受阻，且位于下层的匣钵也不能和空气充分接触，这不仅不能得到充分的氧气，而且产生的废气也不能及时排走，对产品品质产生很大影响。

综上所述，层数不同时，不同层数之间传热速率不同，不同层数物料周围的气氛也不同，物料的反应和煅烧条件有一定的差异，导致不同层数的物料煅烧完毕后的物化性能也不相同，随着匣钵层数的增多，上层物料和下层物料的物化性能上也表现出一定的差异，主要表现在材料表面游离锂含量、材料的 pH 和比表面积。

匣钵的装料量和匣钵层数对材料产生的影响类似，装料量越多，处于内部的物料升温越慢，氧气的进入和废气的排出也越慢，最直接的就是导致材料表面游离锂残余量增加、比表面积增加。采用每个匣钵少装料但匣钵层数较多的方法，优于每个匣钵多装料以降低匣钵层数的方法。虽然匣钵堆叠起来后匣钵之间的空隙很小，但仍然比物料直接堆积起来的情况要好。

下面对各种煅烧工艺分类介绍。

(1) 高温煅烧法制备单晶三元正极材料：高温煅烧法不仅增加了离子迁移速率，也增加了晶粒生长速度[12-14]。因此，可以使用与多晶合成相同的共沉淀前驱体，目的是将尽可能多的初级粒子融合在一起。值得注意的是，升高煅烧温度会导致更多锂源挥发，所以高温煅烧法需要较高的过锂量。图 2-27 为单晶 NCM_{523} 高温煅烧的优化结果[3]。每一个样品都使用碳酸锂与相同共沉淀前驱体研磨混合均匀，使用单一变量并在空气炉中保温 12 小时。实验表明，单晶合成的最佳温度为 970 ℃，将过量锂含量从 15%增加到 20%或 25%会使晶粒尺寸从～500 nm 增加到 2～6 μm 或 4～8 μm。在较低温度下，很难形成大颗粒单晶材料。在更高的温度下，只有在高过锂量下才能找到大颗粒，这可能是因为高温下更严重的锂蒸发阻碍了颗粒的长大，形成的单晶颗粒表面富集大量残留锂。这些残留锂通常以氢氧化锂和碳酸锂的形式存在，这些物质对材料的电化学性能有负面影响[15,16]。解决此问题的一种常用方法是煅烧后洗涤步骤。虽然水可以用来清洗低镍材料，但高镍材料对湿气敏感，水会造成三元材料结构损坏[17-18]。烧结和投料过程为连续生产过程，采用自动传送带将混合物置于辊道窑里进行固相热处理(辊道窑采用电加热)。一次烧结阶段分为 3 个工段(图 2-28)：升温段、烧结段和降温段。将装钵后的物料自动送到辊道窑中加热至 500～1 000 ℃，粉状原料在加热过程中聚结成块状，设备自动翻转将物料块倒在烧炉内，空匣钵由传送带送出烧炉。523 型正极材料煅烧在空气气氛下进行，622 型正极材料煅烧需要在氧气气氛下进行，要求炉内氧气浓度不低于 95%，其余气体成分为空气。通入氧气，炉内压力为微正压(高于外界 7～9 Pa)，并控制温度在 800～900 ℃。一次烧结窑炉总加热时间约 24 h。使各物料反应得到稳定的块状三元锂电材料。

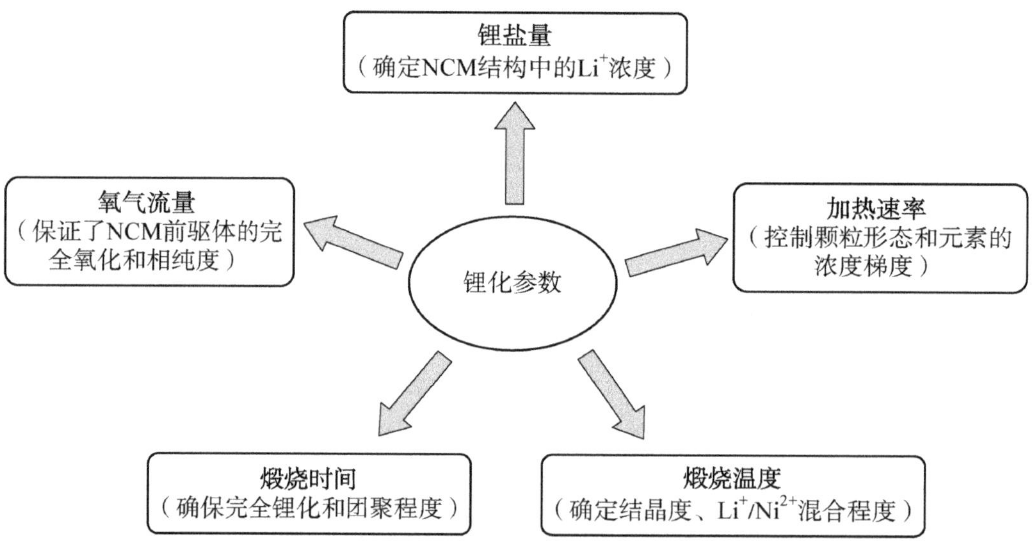

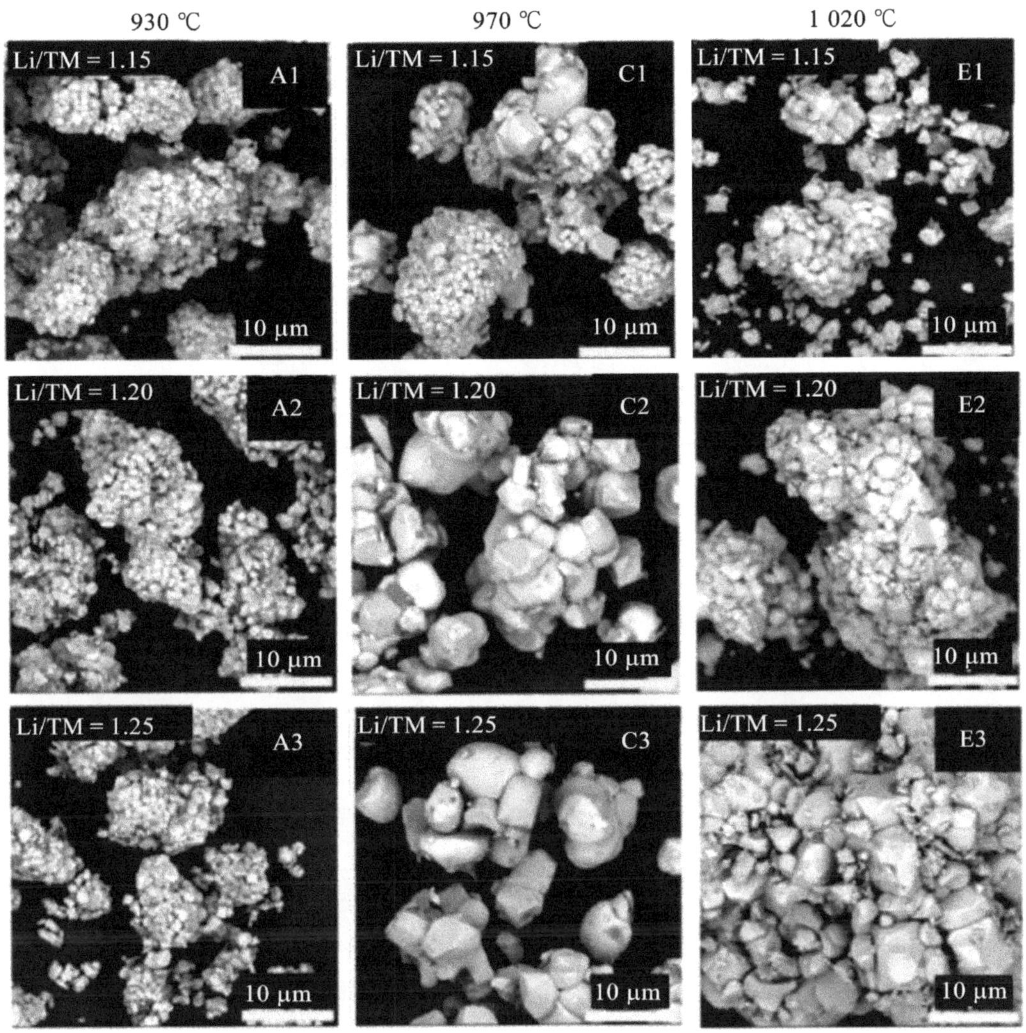

图 2-27　在不同煅烧温度和锂含量下通过高温煅烧法合成单晶 NCM_{523} 的 SEM 图

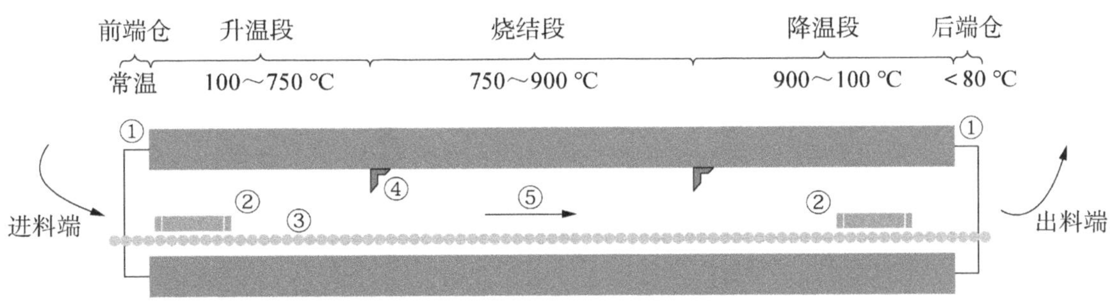

图 2-28　正极材料烧结工序示意图

(2) 多步煅烧法制备单晶三元正极材料：研磨或洗涤（或两者）后退火是减轻高温煅烧合成单晶三元材料缺陷的有效方法。然而，这并不是唯一可用的煅烧方案。Li 等[19]报道了多步煅烧法合成单晶 $LiNi_{0.88}Co_{0.09}Al_{0.03}O_2$（SC - NCA_{880903}）。他们认为高温和过量的锂含量都会促进形成 NCM，但合成过程中会出现 Li_5AlO_4 杂质，因此无法采用简单的高温合成方法(图 2-28)。首先,将前驱体与亚化学计量氢氧化锂(80%至 97.5%)一起研磨,并在 485 ℃氧气气氛中煅烧 3 小时。然后,将其研磨并在 485 ℃下再加热 2 小时。随后,进行高温煅烧处理(850 至 950 ℃),较高的温度与较低的锂含量相匹配,以防止形成 Li_5AlO_4。该材料与锂源一起研磨,最多过量 1%或 2%,然后在 735 ℃下再次煅烧 12 小时。令人惊喜的是,没有一个样品显示出在一步高温煅烧合成中所见的颗粒团聚。Li 等[20]给出了多步煅烧合成单晶三元材料的另一个例子。首先,将 SC-NMC_{111} 前驱体与仅 35%的碳酸锂混合,并在 1 000 ℃下煅烧 10 小时。然后,混合剩余的 65%碳酸锂并在 900 ℃下煅烧 12 小时,使用了总过量锂为 5%。图 2-29 所示,将多步煅烧合成的材料形貌与在 900 ℃和 1 000 ℃下一步全锂煅烧的结果进行了比较。显然,这种多步煅烧方法形成的晶体颗粒大小比仅使用一步高温煅烧形成的颗粒大得多。值得注意的是,需要研磨过程来减少第一次煅烧步骤后样品中出现的团聚现象。

图 2-29 多步煅烧合成单晶 NMC_{111} 的 SEM 图:共沉淀前驱体(a);在 1 000 ℃与 35%的过量锂经过一个煅烧步骤合成(b);在 900 ℃两步煅烧(c);在 900 ℃(d)和 1 000 ℃(e)一步煅烧条件下合成的单晶形貌

(3) 熔盐法制备单晶三元正极材料:熔盐法是指在煅烧时,将大量盐助剂添加到前驱体中控制单晶形貌的方法,通常盐助剂的质量高达前驱体质量的数倍[21-25]。因此所选择的盐助剂需具有一定流动性,易于合适温度下溶解使用,为一次颗粒长大提供额外的途径。Sun 等[26]报道了使用熔盐法合成单晶 NMC_{622}。首先,将前驱体与 50%过量的氢氧化锂和 25 mol%硫酸锂(Li_2SO_4)混合。在空气中,900 ℃煅烧 10 小时,并以 2 ℃ · min^{-1} 的速度冷却,自然冷却会产生不均匀的尺寸分布。将煅烧过的材料进一步研磨、洗涤,在 700 ℃下退火 6 小时,然后再次研磨并过筛。我们注意到仅需要 900 ℃就可以形成 NCM_{622} 的大单晶颗粒,而对于含盐量较低的煅烧温度则需要 940～960 ℃[2,24]。图 2-30 所示,前驱体中的初级粒子没有融合在一起，而是分裂并几乎独立生长，这归因于溶解-重结晶机制。

图 2-30　熔融盐法合成单晶 NCM_{622} 过程中一次粒子的溶解和再结晶的 SEM 图像[26]

熔盐合成法的潜在好处之一是单晶颗粒形貌可以有效调控。Kim 等[25]报道了利用 NaCl 和 KCl 用于熔盐合成单晶 NCM_{811}。图 2-31 所示，使用 KCl 熔盐煅烧获得的颗粒为圆形，而使用 NaCl 煅烧得到的单晶颗粒为八面体。这种方法的缺点是在煅烧后去除熔盐工艺复杂且难处理干净过量的熔盐。

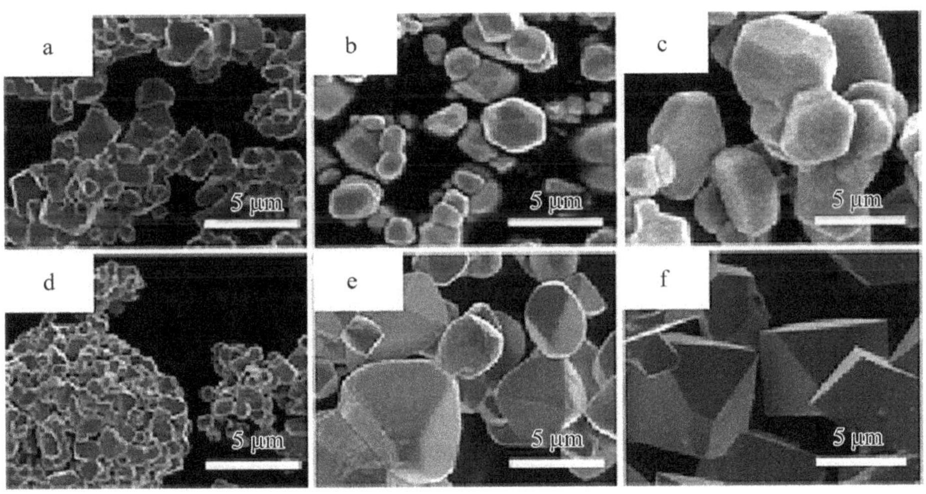

图 2-31　熔盐合成单晶 NCM_{811} 的 SEM 图像：在 800 ℃(a)、900 ℃(b)和 1 000 ℃(c)下使用 KCl 盐合成的多面晶体；在 800 ℃(d)、900 ℃(e)和 1 000 ℃(f)[25]

表 2-4 所示，多步煅烧法和熔盐技术都需要复杂且昂贵的后处理和退火过程，而喷雾干燥法对合成设备要求较高，这都需要大量的劳动力、时间和能源成本[25,35]。例如，在熔盐合成中需要大量的熔盐(NaCl、KCl 等，其重量是前驱体的几倍)。最后，需要进行洗涤过程以去除这些多余的熔盐助剂。因此，共沉淀法-高温煅烧法相结合(即共沉淀-高温烧结法)是富镍单晶三元正极材料合成无论是商业应用还是实验研究中最常用的方法。

表 2-5 展示了 NCM_{622} 型主要性能指标，表 2-6 为各三元材料制造企业产品性能对比。

表 2-4 单晶 NCM 材料制备方法对比

合成方法		形貌	操作难度	成本	元素分布
前驱体合成	共沉淀法	球形	一般	一般	一般
	水热法	多变	一般	一般	一般
	溶胶凝胶法	多孔	复杂	昂贵	均匀
	喷雾干燥	多变	简单	便宜	均匀
后续高温固相反应	熔盐法	规则	复制	昂贵	一般
	高温煅烧	不规则	简单	便宜	一般

表 2-5 NCM_{622} 型主要性能指标

序号	项目	指标	特征值
1	镍 Ni+锰 Mn+钴 Co	56.7%～62.7%	58.50%
2	锂 Li	7.00%～7.30%	7.21%
3	铁 Fe	<0.008%	0.000 7%
4	钠 Na	≤0.04%	0.029%
5	磁性杂质(ppd)	≤35	33
6	钙 Ca	≤0.006%	0.005 2%
7	水分	<0.08%	0.07%
8	pH	<11.7	11.66
9	D10(μm)	>5.0	7.87
10	D50(μm)	9～14	11.57
11	D90(μm)	<30	20.32
12	比表面积 BET(m^2/g)	0.20～0.50	0.36
13	振实密度(g/cm^3)	>2.4	2.5
14	压实密度(g/cm^3)	3.60～3.80	3.65
15	首放效率(%)	>80%	86%
16	比容量(mAh/g)	>160(2.75～4.2 V,1C,AA 电池)	165.0
17	平台时间(min)	>27	28
18	外观	黑色系粉末	黑色粉末

表 2-6 各三元材料制造企业产品性能对比

项目	指标名称	振华新材	长远锂科	当升科技	容百科技	厦钨新能
镍 5 系	代表产品镍含量(mol%)	50.00%	50%～58%	未披露	50.00%	0.55
	比容量(mAh/g)	≥180(扣式电池,4.35 V,0.1C)	155(全电池,2.8～4.2 V,1C)	164～174(扣式电池,3.0～4.3 V,0.2C)	≥150(全电池,2.8～4.2 V,1C)	≥186(扣式电池,4.4V,0.1C)
	首次效率	≥88%	0.885	未披露	≥87%	≥87%

（续表）

项目	指标名称	振华新材	长远锂科	当升科技	容百科技	厦钨新能
镍 6 系	代表产品镍含量(mol%)	60.00%	60%～65%	未披露	60.00%	0.65
	比容量(mAh/g)	≥190(扣式电池,4.35 V,0.1C)	171(全电池,2.5～4.3 V,1C)	177～187(扣式电池,3.0～4.3 V,0.2C)	≥170(全电池,3.0～4.2 V,1C)	≥190(扣式电池,4.35 V,0.1C)
	首次效率	≥88%	≥88%	未披露	≥87%	≥88%
镍 8 系	代表产品镍含量(mol%)	83.00%	未披露	未披露	80.00%	83.00%
	比容量(mAh/g)	≥210(扣式电池,4.35 V,0.1C)	≥210(扣式电池,3.0～4.3 V,0.1C)	203～218(扣式电池,3.0～4.3 V,0.2C)	≥202(扣式电池,2.5～4.25 V,0.2C)	≥210(扣式电池,4.3 V,0.1C)
	首次效率	≥90%	≥90%	未披露	≥90%	≥90%
4.4～4.5 V 钴酸锂	比容量(mAh/g)	0.1C,(扣式电池)	未披露	3.0～4.45 V,0.2C	不适合	≥176～184(扣式电池)
	首次效率	≥95%	未披露	未披露	不适合	≥95%

本章小结：总而言之，三元正极材料的制备需要进行多个环节的控制和调控，需要在不断优化工艺和工程技术的基础上不断完善和提升制备水平。同时，新材料和新型工艺的引入也将进一步改进三元正极材料的制备工艺，为其发展和应用打下更加坚实的基础。

参考文献

[1] Li J, Cameron A R, Li H, et al. Comparison of single crystal and polycrystalline $LiNi_{0.5}Mn_{0.3}Co_{0.2}O_2$ positive electrode materials for high voltage Li-ion cells [J]. Journal of The Electrochemical Society, 2017, 164: A1534 - A1544.

[2] Li H Y, Li J, Ma X W, et al. Synthesis of single crystal $LiNi_{0.6}Mn_{0.2}Co_{0.2}O_2$ with enhanced electrochemical performance for lithium ion batteries [J]. Journal of The Electrochemical Society, 2018, 165: A1038 - A1045.

[3] Li H Y, Li J, Stone W, et al. Synthesis of single crystal $LiNi_{0.5}Mn_{0.3}Co_{0.2}O_2$ for lithium ion batteries [J]. Journal of The Electrochemical Society, 2017, 164: A3529 - A3537.

[4] You B Z, Wang Z X, Shen F, et al. Research progress of single-crystal Nickel-rich cathode materials for lithium ion batteries [J]. Small, 2021, 5: 2100234.

[5] Langdon J, Manthiram A. A perspective on single-crystal layered oxide cathodes for lithium-ion Batteries [J]. Energy Storage Materials, 2021, 37: 143 - 160.

[6] Liu W, Oh P, Liu X, et al. Nickel-rich layered lithium transition-metal oxide for high-energy lithium-ion batteries [J]. Angewandte Chemie International Edition, 2015, 54: 4440 - 4445.

[7] Kim J, Lee H, Cha H, et al. Prospect and reality of Ni-rich cathode for commercialization [J]. Advanced Energy Materials, 2017, 8: 1702028.

[8] Tsai P C, Wen B, Wolfman M, et al. Single-particle measurements of electrochemical kinetics in NMC and NCA cathodes for Li-ion batteries [J]. Energy & Environmental Science, 2018, 11: 860.

[9] Yang Z, Lu J, Bian D, et al. Stepwise co-precipitation to synthesize $LiNi_{1/3}Co_{1/3}Mn_{1/3}O_2$ one-dimensional

hierarchical structure for lithium ion batteries [J]. Journal of Power Sources, 2014, 272:144 - 151.

[10] Hua W B, Wu Z G, Chen M, et al. Shape-controlled synthesis of hierarchically layered lithium transition-metal oxide cathode materials by shear exfoliation in continuous stirred-tank reactors [J]. Journal of Materials Chemistry A, 2017, 5: 25391 - 25400.

[11] Barai P, Feng Z, Kondo H, et al. Multiscale computational model for particle size evolution during coprecipitation of Li-ion battery cathode precursors [J]. Journal of Physical Chemistry B, 2019, 123: 3291 - 3303.

[12] Han X, Meng Q, Sun T, et al. Preparation and electrochemical characterization of single-crystalline spherical $LiNi_{1/3}Co_{1/3}Mn_{1/3}O_2$ powders cathode material cathode for Li-ion batteries [J]. Journal of Power Sources, 2010, 195: 3047 - 3052.

[13] Zhong Z, Chen L, Huang S, et al. Single-crystal $LiNi_{0.5}Co_{0.2}Mn_{0.3}O_2$: a high thermal and cycling stable cathodes for lithium-ion batteries [J]. Journal of Materials Science, 2020, 55: 1 - 10.

[14] Kalyani P, Kalaiselvi N. Various aspects of $LiNiO_2$ chemistry: A review [J]. Science and Technology of Advanced Materials, 2005, 6: 689 - 703.

[15] Renfrew S E, McCloskey B D. Residual lithium carbonate predominantly accounts for first cycle CO_2 and CO outgassing of Li-stoichiometric and Li-rich layered transition-metal oxides [J]. Journal of the American Chemical Society, 2017, 139: 17853 - 17860.

[16] Xie Q, Li W, Dolocan A, et al. Insights into boron-based polyanion-tuned high-nickel cathodes for high-energy-density lithium-ion batteries [J]. Chemistry of Materials, 2019, 31: 8886 - 8897.

[17] Park J H, Choi B, Kang Y S, et al. Effect of residual lithium rearrangement on Ni-rich layered oxide cathodes for lithium-ion batteries [J]. Energy Technology, 2018, 6: 1361 - 1369.

[18] Kimijima T, Zettsu N, Yubuta, et al. Molybdate flux growth of idiomorphic $Li(Ni_{1/3}Co_{1/3}Mn_{1/3})O_2$ single crystals and characterization of their capabilities as cathode materials for lithium-ion batteries [J]. Journal of Materials Chemistry A, 2016, 4: 7289 - 7296.

[19] Li H, Li J, Zaker N, et al. Synthesis of single crystal $LiNi_{0.88}Co_{0.09}Al_{0.03}O_2$ with a two-step lithiation method [J]. Journal of The Electrochemical Society, 2019, 166: A1956 - A1963.

[20] Li J, Cao C, Xu X, et al. $LiNi_{1/3}Co_{1/3}Mn_{1/3}O_2$ hollow nano-micro hierarchical microspheres with enhanced performances as cathodes for lithium-ion batteries [J]. Journal of Materials Chemistry A, 2013, 1: 11848 - 11852.

[21] Du K, Peng Z, Hu G, et al. Synthesis of $LiMn_{1/3}Ni_{1/3}Co_{1/3}O_2$ in molten KCl for rechargeable lithium-ion batteries [J]. Journal of Alloys & Compounds, 2009, 476: 329 - 334.

[22] Liang R, Wu Z Y, Yang W M, et al. A simple one-step molten salt method for synthesis of micron-sized single primary particle $LiNi_{0.8}Co_{0.1}Mn_{0.1}O_2$ cathode material for lithium-ion batteries [J]. Ionics, 2020, 26: 1635 - 1643.

[23] Kimijima T, Zettsu N, Teshima K. Growth manner of octahedral-shaped $Li(Ni_{1/3}Co_{1/3}Mn_{1/3})O_2$ Single Crystals in Molten Na_2SO_4 [J]. Crystal Growth & Design, 2016, 16: 2618 - 2623.

[24] Huang B, Wang M, Zuo Y, et al. The effects of reheating process on the electrochemical properties of single crystal $LiNi_{0.6}Mn_{0.2}Co_{0.2}O_2$ [J]. Solid State Ionics, 2020, 345: 115200.

[25] Kim Y. Lithium nickel cobalt manganese oxide synthesized using alkali chloride flux: morphology and performance as a cathode material for lithium ion batteries [J]. ACS Applied Materials & Interfaces, 2012, 4: 2329 - 2333.

[26] Qian G, Zhang Y, Li L, et al. Single-crystal nickel-rich layered-oxide battery cathode materials: synthesis, electrochemistry, and intragranular fracture [J]. Energy Storage Materials, 2020, 27: 140 - 149.

[27] Wang L, Wu B, Mu D, et al. Single-crystal $LiNi_{0.6}Co_{0.2}Mn_{0.2}O_2$ as high performance cathode materials for Li-ion batteries [J]. The Journal of Alloys and Compounds, 2016, 674: 360 - 367.

[28] Fan X M, Liu Y, Ou X, et al. Unravelling the influence of quasi single-crystalline architecture on high-voltage and thermal stability of $LiNi_{0.5}Co_{0.2}Mn_{0.3}O_2$ cathode for lithium-ion batteries [J]. Chemical Engineering Journal, 2020, 393: 124709.

[29] Han X, Meng Q, Sun T, et al. Preparation and electrochemical characterization of single-crystalline spherical $LiNi_{1/3}Co_{1/3}Mn_{1/3}O_2$ powders cathode material for Li-ion batteries [J]. Journal of Power Sources, 2010, 195: 3047 - 3052.

[30] Huang B, Wang M, Zhang X, et al. Synergistic coupling effect of single crystal morphology and precursor treatment of Ni-Rich cathode materials [J]. The Journal of Alloys and Compounds, 2020, 830: 154619.

[31] Duan J, Wu C, Cao Y, et al. Enhanced compacting density and cycling performance of Ni-riched electrode via building mono dispersed micron scaled morphology [J]. Journal of Alloys and Compounds, 2017, 695: 91 - 99.

[32] Zeng X, Zhu J, Yang L, et al. Electrochemical stabilities of surface aluminum-doped $LiNi_{0.5}Co_{0.2}Mn_{0.3}O_2$ single crystals under different cutoff voltages [J]. Journal of Electroanalytical Chemistry, 2019, 838: 94 - 100.

[33] Huang B, Wang M, Zhang X, et al. Optimized preparation of $LiNi_{0.6}Mn_{0.2}Co_{0.2}O_2$ with single crystal morphology cathode material for lithium-ion batteries [J]. Ionics, 2020, 26: 1 - 10.

[34] Li F, Kong L, Sun Y, et al. Micron-sized monocrystalline $LiNi_{1/3}Co_{1/3}Mn_{1/3}O_2$ as high-volumetric-energy-density cathode for lithium-ion batteries [J]. Journal of Materials Chemistry A, 2018, 6: 12344 - 12352.

[35] Qian G, Zhang Y, Li L, et al. Single-crystal nickel-rich layered-oxide battery cathode materials: synthesis, electrochemistry, and intragranular fracture [J]. Energy Storage Materials, 2020, 27: 140 - 149.

第3章

三元材料表征与测试

先进的表征技术和测试方法是目前三元正极材料的研究热点之一。材料结构决定了电池电化学性能的优劣。通过多种测试表征手段，可以全面了解三元材料的结构、组成、性能以及它们之间的关系，为材料的设计、优化和应用提供重要的依据和指导，有助于推动三元材料的研究和发展，提高其在锂离子电池等领域的应用性能。结构表征方法主要包括以下几个方面(图 3-1)。

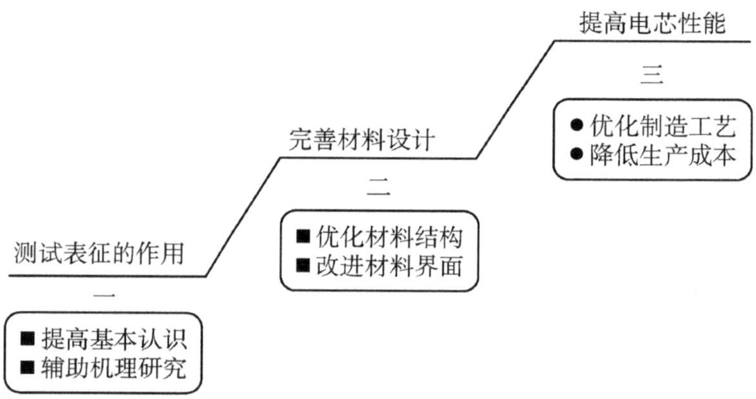

图 3-1　材料表征与材料合成关系图

3.1　正极粉末的常规测试表征介绍

在三元材料合成与机理研究中，测试表征具有非常重要的作用，主要体现在以下几个方面。

3.1.1　材料结构分析

原位 X 射线分析(In-situ XRD)(图 3-2)：X 射线衍射(XRD)可以确定三元材料的晶体结构、晶格参数以及相组成，了解材料的结晶度和结构稳定性。利用原位 X 射线衍射技术(In-situ XRD)，在充放电过程中对电极材料结构演化进行分析，具有独特的优势。辅助

图 3-2 X 射线衍射(XRD)仪器图

研究三元材料的结构、相变及晶胞参数等在不同充放电状态下的演变情况,对分析材料失效机制及电化学反应机理具有重要意义。

中子衍射分析(NRD):中子衍射(neutron diffraction)通常指德布罗意波长为约 1 埃左右的中子(热中子)通过晶态物质时发生的布拉格衍射。在目前,中子衍射方法是研究物质结构的重要手段之一。中子衍射对分析三元材料中不同阳离子占位、阳离子混排等具有极高的精确度,是对材料机理分析的重要表征方法。与 XRD 相比,中子粉末衍射(NPD)具有众多独特优势。能够分辨像 Li、Na 这一类的轻质元素,这对于理解可充电电池在充放电过程中的变化具有相当重要的意义。与此同时,由于每个原子的相干中子衍射长度不同,中子粉末衍射也可以用来探测相邻的过渡族金属元素的信息。中子粉末衍射另一个巨大的优势便是其高穿透能力,结合目前先进的探测仪器,中子粉末衍射可以实时探测工作电池中活性材料体相的结构变化。

红外光谱分析(图 3-3):红外光谱分析指的是利用红外光谱对物质分子进行的分析和鉴定。将一束不同波长的红外射线照射到物质的分子上,某些特定波长的红外射线被吸收,形成这一分子的红外吸收光谱。

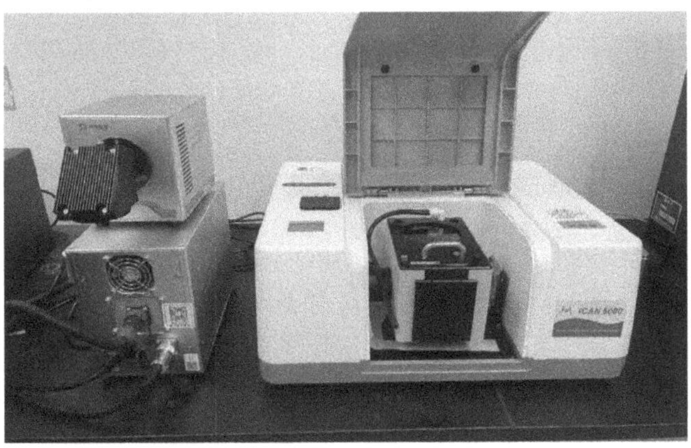

图 3-3 红外光谱分析仪器图

3.1.2 原子性质分析方法

同步辐射 X 射线分析(XANES):XANES (X-ray absorption near edge structure)是一种 X 射线吸收近边结构(XANES),又称近边 X 射线吸收精细结构(NEXAFS),是吸收光谱的一种射线结构。通过对三元材料进行同步辐射表征,可以确定其各类原子在不同充放电状态下的电子结构、氧化还原能力等情况，从而确定各类原子稳定性强弱。

X 射线光电子能谱分析(XPS)(图 3-4)：XPS 是一种表面元素价态表征方法，通过对三元材料进行 XPS 表征，能确定材料表面各元素价态分布情况，对材料的开发和改性具有重要意义。用 X 射线去辐射样品，使原子或分子的内层电子或价电子受激发射出来；不但为化学研究提供分子结构和原子价态方面的信息，还能为电子材料研究提供各种化合物的元素组成和含量、化学状态、分子结构、化学键方面的信息：是一种高灵敏超微量表面分析技术。

图 3-4　X 射线光电子能谱分析(XPS)仪器图

共振非弹性 X 射线散射测试分析(RIXS)：指具有一定能量的电子与物体发生非弹性碰撞的过程。被散射电子的波长改变，损失的能量导致物体内部的某些激发效应，其表现形式可以是背散射电子、二次电子、俄歇电子、标识和连续 X 射线、热辐射紫外线和可见光区域的光子等测试材料中的原子状态。

3.1.3　形貌和微结构表征分析方法

扫描电子显微镜分析(SEM)(图 3-5)：SEM 可用来观察样品表面的观察和分析；它具有制样简单、放大倍数可调范围宽、图像的分辨率高、景深大等特点。其利用聚焦的很窄的高能电子束来扫描样品，通过光束与物质间的相互作用，来激发各种物理信息，对这些信息收集、放大、再成像以达到对物质微观形貌表征的目的。它可以直接观察材料表面形貌，有利于研究材料性能与形貌之间的关系。

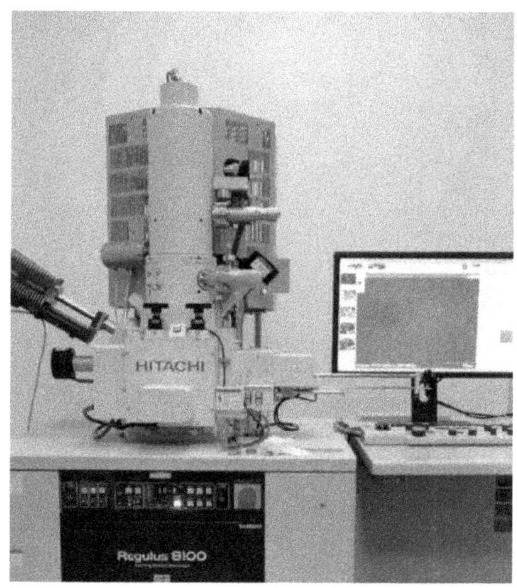

图 3-5　扫描电子显微镜(SEM)仪器图

透射电子显微镜分析(TEM)(图 3-6)：TEM 是把经加速和聚集的电子束投射到非常薄的样品

上，电子与样品中的原子碰撞而改变方向，从而产生立体角散射。散射角的大小与样品的密度、厚度相关，因此可以形成明暗不同的影像，影像将在放大、聚焦后在成像器件上显示出来。直接观察材料微观表面形貌，包括材料表面结晶程度、晶格暴露程度及晶面间距分别情况等，是研究三元材料结构与性能之间的构效关系的基本方法。

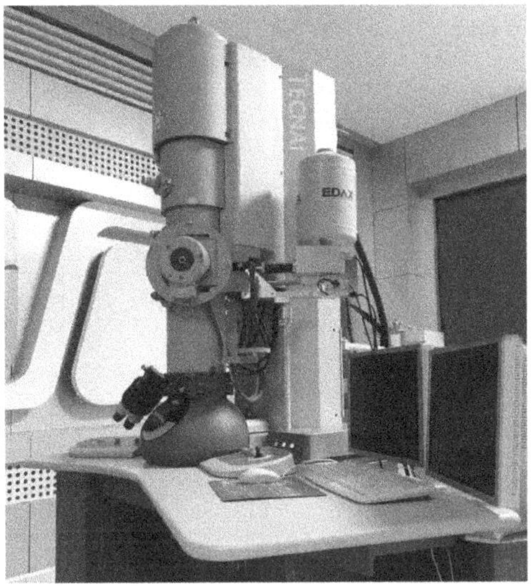

图 3-6　透射电子显微镜(TEM)仪器图

图 3-7　球差矫正透射电镜分析(AC-TEM)仪器图

球差矫正透射电镜分析(AC-TEM)(图 3-7)：球差电镜安装了物镜矫正器或者聚光镜矫正器，消除了一些透镜系统中存在的球面像差，将透射电镜的分辨率提高到了亚埃级(0.06 nm)优势：超高分辨率，可以观测材料显微结构的原子尺度征；研究材料物相、化学成分和价键状态等精细化学结构；研究材料微观形貌和物质化学成分分布。能观察到材料的原子排列、占位、晶错是三元材料中一种极其高端和重要的表征方法。

原子力显微镜分析(AFM)(图 3-8)：AFM是在扫描隧道显微镜(STM)基础上发展起来的，是通过测量样品表面分子(原子)与 AFM 微悬臂探针之间的相互作用力，来观测样品表面的形貌。

原子力显微镜的工作原理：针尖和样品之间的力 F 与微悬激光臂的形变 ΔZ，$F=k*\Delta Z$。主要应用于正极材料表面形貌测量和研究 SEI 膜的形成和变化。原子力显微镜分析技术对分析材料表面形貌和电极界面具有独特的优势，如进行统计分析。

图 3-8　原子力显微镜分析(AFM)仪器图

聚焦离子束测试分析(FIB)(图 3-9)：FIB 技术是利用静电透镜将离子束聚焦成极小尺寸的显

微切割技术;常与 SEM 连用,可提供指定区域的材料去除、切割,并通过 SEM 实现暴露后亚表面特征的无损成像(图 3-10)。通过 FIB-SEM 联用表征,可以直接观察到三元材料内部形貌、结晶性、原子排列等信息,提升研究人员对材料内部结构的认识。电子显微镜技术(如扫描电子显微镜 SEM 和透射电子显微镜 TEM)可以用于观察材料的微观形貌、颗粒大小和分布,以及颗粒的表面形态和结构。

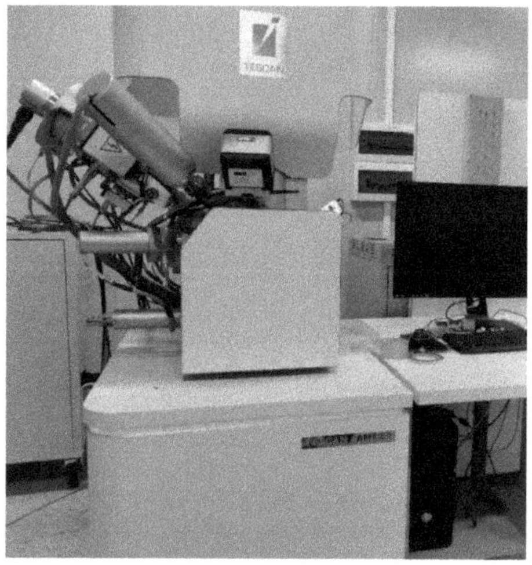

图 3-9　聚焦离子束测试分析(FIB)仪器图

图 3-10　利用 SEM-FIB 技术切割 Z/T@SC-$NCM_{0.2}$ 颗粒剖面过程示意图

3.1.4　元素成分、分子结构分析方法

飞行时间二次离子质谱测试分析(TOF-SIMS)(图 3-11):TOF-SIMS 使用一次脉冲离子轰击固体材料表面,通过表面激发出的次离子的飞行时间测量其质量,以表征材料表面的元素成分、分子结构分子键接等信息。通过 TOF-SIMS,可以直接观察到材料表面各元素的分布情况及含量多少。TOF-SIMS 也可以对各元素在三维尺度上进行探测

和成像。

能谱分析 EDS：EDS 可以得出三元材料中各元素的质量比，从而判断出材料的种类。此外，EDS 技术也可以进行元素的面分布分析。在材料的掺杂、包覆均一性的研究上得到了广泛的应用。以外，还有 XRF(X 射线荧光光谱仪)，EDX(指的是能量散射型 X 射线荧光光谱仪)，所分析结果也是大同小异。

气相色谱和气相/质谱联用(GC，GC/MS)：GC－MS 测试可用于分析电池内部气体成分及含量的定量分析。它可以收集电池失效过程中气体生成的基础数据，给电池的设计、制造提供反馈。基于安全性实验的异常(发烟、发火)发生时产气成分分析，使解析发烟，发火的机理成为可能。根据不同的目标成分、选择针对性的检测器，可以得到高灵敏度的结果。三元材料的产气问题一直以来是电芯的重大问题，通过气相色谱和气相/质谱联用能很好的确定材料在充放电过程中所产生的气体成分，有利于研究材料和电芯的失效机制。

图 3－11　飞行时间二次离子质谱测试分析(TOF－SIMS)仪器图

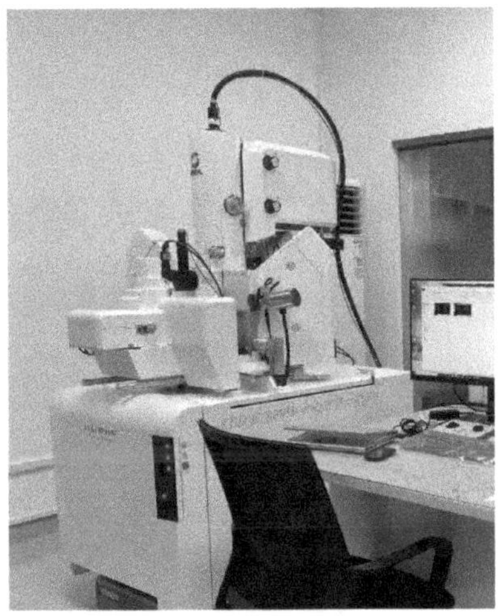

图 3－12　电子探针微区分析(EPMA)仪器图

电子探针微区分析(EPMA)(图 3－12)：EPMA 在电池材料研究中的应用非常广泛，主要用于分析电池材料中的元素分布和掺杂情况。EPMA 被用来分析三元材料颗粒的元素面分布。通过 EPMA，可以清晰地看到 Ni、Co、Mn 等元素在三元材料中的浓度梯度分布，其中 Ni 在中心强度集中，而 Co 和 Mn 在边缘强度较高。这种分析有助于理解材料的微观结构和电化学性能。掺杂微量元素的分析在电池材料掺杂研究中，通过 EPMA 的面分布特征测试，可以观察到掺杂元素在材料中的分布情况。这种分析有助于优化电池材料的电化学性能。

原子吸收分光光度计(AAS)(图 3－13)：根据物质基态原子蒸汽对特征辐射吸收的作用来进行金属元素分析，它能够灵敏可靠地测定微量或痕量元素。可以对三元正极材料进行分析，确定各个元素的含量，分析元素含量以及金属溶出等。也可通过 ICP－AES 方法进行检测。

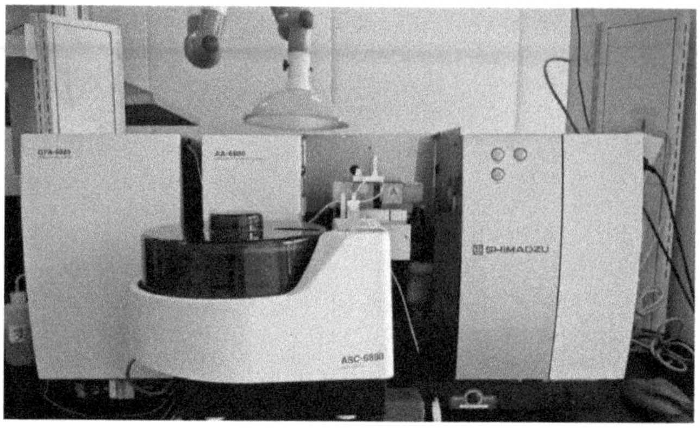

图 3－13 原子吸收分光光度计(AAS)仪器图

X 射线光电子能谱技术(XPS)(图 3－14)：X 射线光电子能谱(XPS)是电子材料与元器件显微分析中的一种先进分析技术，而且是和俄歇电子能谱技术(AES)常常配合使用的分析技术。由于它可以比俄歇电子能谱技术更准确地测量原子的内层电子束缚能及其化学位移，所以它不但为化学研究提供分子结构和原子价态方面的信息，还能为电子材料研究提供各种化合物的元素组成和含量、化学状态、分子结构、化学键方面的信息。它在分析电子材料时，不但可提供总体方面的化学信息，还能给出表面、微小区域和深度分布方面的信息。

图 3－14 X 射线光电子能谱(XPS)仪器图

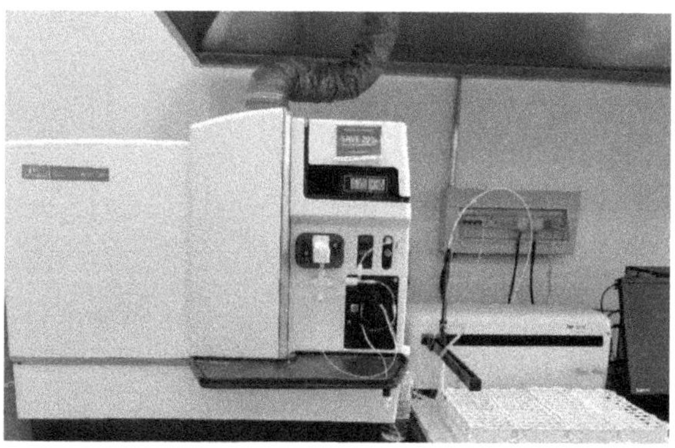

图 3－15 电感耦合等离子体发射光谱(ICP)仪器图

电感耦合等离子体发射光谱(ICP)(图 3－15)：ICP 测试以独特的接口技术将电感耦合等离子体的高温电离特性与质谱计的灵敏快速扫描的优点相结合而形成一种高灵敏度的分析技术。

3.1.5 热稳定性分析方法

差示扫描量热分析(DSC)(图 3－16)：DSC 测量的是与材料内部热转变相关的温

度、热流的关系，在程序控制温度下，测量输入到试样和参比物的功率差（如以热的形式）与温度的关系。根据材料放热温度及热量确定材料的热稳定性。DSC被广泛运用于三元材料的热稳定性研究。应用最多的热分析仪器是功率补偿型差分扫描量热仪、热流型差分扫描量热仪、差热分析仪、热重分析仪等。

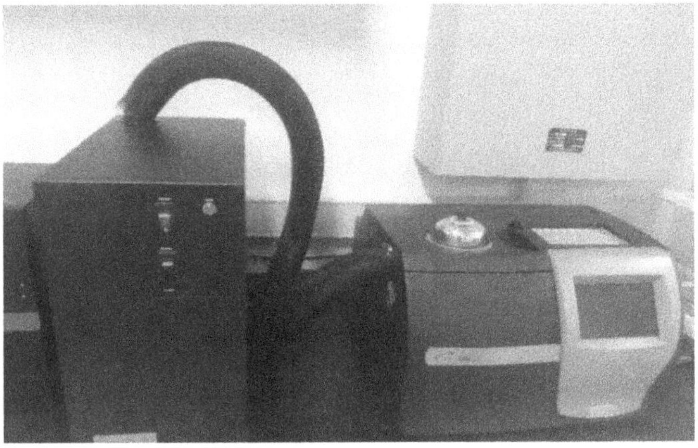

图3-16　差示扫描量热仪分析(DSC)仪器图

加速量热仪分析(ARC)(图3-17)：ARC测试样品放置在量热腔内，量热腔的内壁分布有加热器和温度传感器可实时测量样品的温度，并保证量热腔内的环境温度实时追踪样品温度并保持一致，使其无法发生热传递，实现(近似)绝热环境。加速量热仪可以分析材料在不同充电状态下的热性能，也可以对不同电池结构的电芯进行安全性测试，如铝壳电池和软包电池等。随着SOC增大、最高温度和发热量急增，有必要对高荷电状态电池的安全性研究，给出有效的预警时间、预警机制。

图3-17　加速量热仪分析(ARC)仪器图

3.1.6 物理性能测试

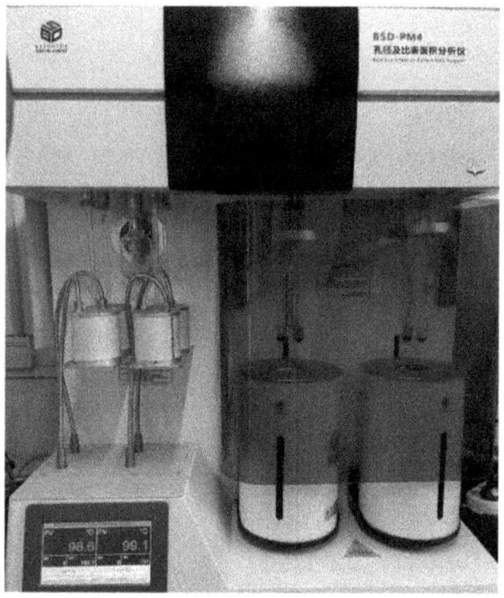

图 3-18 比表面积及孔径测试(BET)仪器图

比表面积及孔径测试(BET)(图 3-18):BET 测试是测试单位质量固体材料所具有的总面积,单位是 m^2/g。材料中的孔道是极不规则的,通常把它视作圆形而以其半径来表示孔的大小。孔径分布常与吸附剂的吸附能力和催化剂的活性有关。

残碱含量测试:当三元材料的碱性过高,后续制片加工过程中就会带来一定的难度,所以必须控制材料的残碱含量,一般都是采用滴定法进行检验,检验的物质一般是氢氧化锂和碳酸锂,将少量粉末与去离子水混合搅拌一段时间后过滤,然后进行滴定即可,方法简便易行。

pH 测试:pH 测试一般是取少量粉末在去离子水中搅拌一段时间,过滤后测试 pH 即可。

振实密度和压实密度:振实密度是指在规定条件下,容器中的粉末经振实后所测得的单位容积的质量,单位为 $g \cdot cm^{-3}$。这一参数通过振实密度仪测定,反映了物质在振动或压实过程中所能达到的最大密度。对于锂电池而言,振实密度主要指的是单位体积内活性物质的质量,它直接影响到电池的能量密度和续航能力。压实密度是锂离子电池设计过程中的一个重要概念,其计算公式为:压实密度=面密度/(极片碾压后的厚度-集流体厚度),单位同样为 $g \cdot cm^{-3}$。压实密度分为负极压实密度(anode density)和正极压实密度(cathode density),它们对电池的电化学性能和循环寿命具有显著影响。

粒度分析测试:三元材料产品的颗粒大小在微米级,依据以上粒度测试方法的优缺点可知,选用静态光散射法即激光衍射法最为适合,目前行业内三元材料粒度测试基本上都采用激光衍射法,采用的仪器是激光粒度仪。

水分测试:采用卡尔费休水分测定仪测定三元材料中的含水量,采用对样品加热释放水分,用空气作为载气间接进样的方法测量,能有效检测出三元材料中的含水量,测试结果的准确度和重复性较好。

电导率测试:三元正极材料的电导率通常采用四探针法测定,单位以西门子每米(S/m)表示。具体方法是将需要测定的物料用特制的磨具在一定的压力下压制成圆柱状薄片(直径为 10 mm,高度为 2 mm),然后在惰性气氛保护下 800 ℃高温下烧结 8 h。需要保证探针接触时没有粉末被粘掉,同时移动时不会破碎。电导率计算公式如下:

$$\delta = 4L/\pi R d^2 \tag{3-1}$$

式中:L 为样品的厚度;d 为样品的直径;R 为粉末样品的电阻。

3.2 三元材料的电化学测试

3.2.1 电池制作

扣式电池的电极制备工艺：首先将活性材料、Super-P、KS-6 和聚偏氟乙烯(PVDF)以 89∶5∶3.5∶2.5 的质量比混合，溶解在 N-甲基-1,2-吡咯烷酮溶剂(NMP)中，制备出均匀的正极浆料。其次，将浆料快速浇铸在集流器(铝箔)上，120 ℃真空干燥 2h 作为正极片。电解液为 1M $LiPF_6$ 溶解于 EC+DMC+EMC(体积比 1∶1∶1)溶液中，选用 Celgard-2400 作为隔膜，金属锂片作为负极。所有电池的活性正极材料的质量负载控制在(5±0.2) mg·cm^{-2}。最后在氩气保护的手套箱中，将 2032 型扣式电池依次放入所制备的三元正极、Celgard-2400 隔膜和锂金属负极组装而成，并滴加适当量的电解液。组装好的扣式电池静置 10～12 h 后进行电化学测试。

软包全电池的电极制备工艺(表 3-1)：将活性材料、炭黑(LITX300)、碳纳米管(CNT)和聚偏氟乙烯(PVDF)以 97∶1.3∶0.4∶1.3 的质量比混合制浆。采用自然石墨作为负极，负极活性物质、炭黑(LITX300)、单壁碳纳米管(Tuball)、羧甲基纤维素(CMC)和羧基丁苯橡胶(JSR-104A)的比例为 94.9∶0.15∶1∶1.25∶2.7 的质量比混合制浆。选择 ND9B33 作为隔膜，采用叠片法组装成全电池。所制备的软包电池正、负极活性物质面积负载量分别约为 40.5 mg·cm^{-2} 和 21.5 mg·cm^{-2}。软包电池负、正极容量平衡的 CB(capacity balance)值为 1.08～1.18。

表 3-1　电池制备用主要原料

原料名称	化学式	纯度
聚偏氟乙烯	PVDF	电池级
N-甲基-1,2-吡咯烷酮	NMP	电池级
炭黑	C(LITX300)	电池级
乙炔黑	C	电池级
隔膜	Celgard-2400	电池级
锂片	Li	电池级
电池壳	CR2025	电池级
电解液	$LiPF_6$	电池级
铝箔	Al	电池级
铜箔	Cu	电池级
碳纳米管	CNT	电池级
自然石墨	C	电池级
单壁碳纳米管	Tuball	电池级

电池制作过程中，镍钴锰酸锂与导电剂、黏结剂等制成电极片，材料的粒度及粒度分

布直接影响电极的空隙结构、表面积及材料与导电剂的接触。而且锂离子脱嵌、嵌入过程中由于晶格尺寸变化也会产生应力。在不同粒度或大颗粒的材料表面和内部，由于反应程度不同也会产生力的不均匀，材料中超细粉末也会造成局部过度脱嵌，使结构发生变化、镍钴锰酸锂的 pH 在制作电池的过程中会影响电池制备过程中浆料的物理及化学特性，并影响电极片的制备过程，最终影响电池的性能。

商用的锂离子(全)电池是一个复杂的体系，生产过程中涉及有 50 多道工序。不同电池生产厂商其生产工艺有一定差异，但整体上可将锂电制造流程划分为前段工序(极片制造)、中段工序(电芯合成)、后段工序(化成封装)。按照不同工艺流程可将锂电设备分为前段工艺、中段工艺、后段工艺，各工序目标及设备。全电池具体生产过程如下。

前段工序的生产目标是完成(正、负)极片的制造。前段工序主要流程有：搅拌、涂布、辊压、分切、制片、模切，所涉及的设备主要包括：搅拌机、涂布机、辊压机、分条机、制片机、模切机等。

浆料搅拌(所用设备：真空搅拌机)是将正、负极固态电池材料混合均匀后加入溶剂搅拌成浆状。浆料搅拌是前段工序的始点，是完成后续涂布、辊压等工艺的前序基础。

涂布(所用设备：涂布机)是将搅拌后的浆料均匀涂覆在金属箔片上并烘干制成正、负极片。作为前段工序的核心环节，涂布工序的执行质量深刻影响着成品电池的一致性、安全性、寿命周期，所以涂布机是前段工序中最重要的设备。

辊压(所用设备：辊压机)是将涂布后的极片进一步压实，从而提高电池的能量密度。辊压后极片的平整程度会直接影响后序分切工艺加工效果，而极片活性物质的均匀程度也会间接影响电芯性能。

分切(所用设备：分条机)是将较宽的整卷极片连续纵切成若干所需宽度的窄片。极片在分切中遭遇剪切作用断裂失效，分切后的边缘平整程度(无毛刺、无屈曲)是考察分条机性能优劣的关键。

制片(所用设备：制片机)包括对分切后的极片焊接极耳、贴保护胶纸、极耳包胶或使用激光切割成型极耳等，从而用于后续的卷绕工艺。模切(所用设备：模切机)是将涂布后极片冲切成型，用于后续工艺。

中段工序的生产目标是完成电芯的制造，不同类型锂电池的中段工序技术路线、产线设备存在差异。中段工序的本质是装配工序，具体来说是将前段工序制成的(正、负)极片，与隔膜、电解质进行有序装配。由于方形(卷状)、圆柱(卷状)与软包(层状)电池储能结构不同，导致不同类别锂电池在中段工序的技术路线、产线设备存在明显差异。具体来说，方形、圆柱电池的中段工序主要流程有：卷绕、注液、封装，所涉及的设备主要包括：卷绕机、注液机、封装设备(入壳机、滚槽机、封口机、焊接机)等；软包电池的中段工序主要流程有：叠片、注液、封装，所涉及的设备主要包括：叠片机、注液机、封装设备等。

卷绕(所用设备：卷绕机)是将制片工序或收卷式模切机制作的极片卷绕成锂离子电池的电芯，主要用于方形、圆形锂电池生产。卷绕机可细分为方形卷绕机、圆柱卷绕机两类，分别用于方形、圆柱锂电池的生产。相比圆柱卷绕，方形卷绕工艺对张力控制的要求更高，故方形卷绕机技术难度更大。

叠片(所用设备：叠片机)是将模切工序中制作的单体极片叠成锂离子电池的电芯，主要用于软包电池生产。相比方形、圆柱电芯，软包电芯在能量密度、安全性、放电性能等方面具有明显优势。然而，叠片机完成单次堆叠任务，涉及多个子工序并行与复杂机构协同，提升叠片效率需应对复杂动力学控制问题；而卷绕机转速与卷绕效率直接联系，增效手段相对简单。目前，叠片电芯的生产效率、良率与卷绕电芯有所差距。

注液机(所用设备：注液机)是将电池的电解液定量注入电芯中。

电芯封装(所用设备：入壳机、滚槽机、封口机、焊接机)是将卷芯放入电芯外壳中。

后段工序的生产目标是完成化成封装。截至中段工序，锂电池的电芯功能结构已经形成，后段工序的意义在于将其激活，经过检测、分选、组装，形成使用安全、性能稳定的锂电池成品。后段工序主要流程有：化成、分容、检测、分选等，所涉及的设备主要包括：充放电机、检测设备等。

化成(所用设备：充放电机)是通过第一次充电使电芯激活，在此过程中负极表面生成有效钝化膜(SEI膜)，以实现锂电池的"初始化"。

分容(所用设备：充放电机)即"分析容量"，是将化成后的电芯按照设计标准进行充放电，以测量电芯的电容量。对电芯进行充放电贯穿化成、分容工艺过程，因此充放电机是最常用的后段核心设备。充放电机的最小工作单位是"通道"，一个"单元"(BOX)由若干"通道"组合而成，多个"单元"组合在一起，就构成了一台充放电机。

检测(所用设备：检测设备)在充电、放电、静置前后均要进行；分选是根据检测结果对化成、分容后的电池按一定标准进行分类选择。检测、分选工序的意义不仅在于排除不合格品，由于锂离子电池实际应用中，电芯常以并联、串联方式结合，所以选取性能接近的电芯，有助于使电池整体性能达到最优(图3-19)。

图3-19 全电池制备流程图

3.2.2 电池测试及寿命影响因子

在评估三元材料电性能方面，容量、倍率、高低温、循环、功率、安全等缺一不可，且各个企业和科研院所也有自己的测试标准和测试方法。

循环伏安分析(CV)：控制电极电势以不同的速率，随时间以三角波形一次或多次反复扫描，电势范围是使电极上能交替发生不同的还原和氧化反应，并记录电流-电势曲线。根据曲线形状可以判断电极反应的可逆程度，中间体相界吸附或新相形成的可能性，以及偶联化学反应的性质等。根据不同扫速下的CV曲线，确定三元材料的可逆性、结构稳定性及充放电过程中的相变情况。

电化学交流阻抗分析(EIS)：给电化学系统施加一个频率不同的小振幅的交流信号，测量交流信号电压与电流的比值(此比值即为系统的阻抗)随正弦波频率 w 的变化，或者是阻抗的相位角中随 w 的变化。进而分析电极过程动力学、双电层和扩散等，研究电极材料、固体电解质、导电高分子以及腐蚀防护等通过对比研究循环前后电极的阻抗变化，确定材料在充放电过程中锂离子扩散阻力的变化情况。

容量电压微分曲线分析(dQ/dV)：dQ/dV 曲线的物理意义指的是在某个容量附近的电压波动，曲线中出现的特征峰是两个不同的电化学反应之间的“低容量区”，特征峰的位置和形状能够对锂离子电池内部的反应起到指示的作用。

恒流充放电测试(GCD)：恒流充放电测试是指电流维持在恒定值的充电。是一种广泛采用的充电方法。它可以检测电池的充放电容量，运行中的电池不同充放电倍率下电池寿命，多采用恒流或分阶段恒流充电。常采用的充放电倍率有0.02 C，0.05 C，0.1 C，C/3，0.5 C，1 C，2 C，3 C，5 C和10 C等。

富镍三元锂离子电池循环寿命的影响因子：金属锂的沉积，一般发生在负极表面。由于一定的原因，锂离子在迁移到负极表面时，部分锂离子没有进入负极活性物质形成稳定的化合物，而是获得电子后沉积在负极表面成为金属锂，并且不再参与后续的循环过程，导致容量下降。正极材料的分解，在长期的使用过程中，三元正极材料会不断分解，产生一些电化学惰性物质以及一些可燃性气体，破坏了电极间的容量平衡，造成容量的不可逆损失。这种情况在过充电或高电压工况下尤为明显，有时甚至会发生剧烈的分解和气体释放，不但影响电池容量还会造成严重的安全风险。电解质的影响，在不断的循环过程中，(固体/液态)电解质由于化学稳定性和热稳定性的局限会不断发生分解和挥发，长期累积下来导致电解质总量减少，不能充分的浸润正负极材料，充放电反应不完全造成实际使用容量的下降。外部使用因素，锂电池有合理的使用条件和范围，如充放电截止电压、充放电倍率、工作温度范围、存储温度范围等。但是在实际使用中超出允许范围的滥用情况非常普遍，长期的不合理使用会导致电池内部发生不可逆的化学反应，造成电池机理的破坏，加速电池的老化，造成循环寿命的迅速下降，严重时还会造成安全事故。

3.3 密度泛函理论分析

密度泛函理论(DFT)是一种基于量子力学的理论框架,用于计算材料的电子结构和性质,是研究三元正极材料的一种理论方法。DFT的核心思想是通过电子的电荷密度来描述材料的基态特性,而不需要处理复杂的电子波函数。在研究三元正极材料时,密度泛函理论可以用来计算其能带结构、电子密度分布、离子迁移路径等。通过对材料的电子结构进行研究,可以预测其电子传输特性和电化学性能,从而指导三元正极材料设计和优化。三元正极材料复杂性高,不同元素的相互作用需要准确描述,因此密度泛函理论需要采用高精度的交换-相关泛函和计算方法,如具有自旋极化效应的泛函、改进的Hubbard参数等。此外,由于三元正极材料通常具有多种晶体结构和缺陷形态,因此还需要考虑结构优化、界面效应和缺陷特性等因素。

3.3.1 DFT计算的基本步骤

选择适当的交换-相关泛函(exchange-correlation functional):交换-相关泛函对于计算的准确性至关重要。最常使用的是局域密度近似(LDA)和广义梯度近似(GGA),还有更精确的泛函如杂化泛函和金属泛函等。该泛函描述了电子的交换和相关效应。首先需要设定系统的初始电荷密度,可以是实验数据、模型或其他计算结果。

建立体系的原子结构:建立材料的晶体结构,并生成初始的电子密度分布,确定原子的位置,以及考虑细节如缺陷、界面等。

将晶体结构束缚在一个超胞中,然后使用平面波展开方法将电子波函数展开为平面波的线性组合。选择合适的平面波截断能量来截断无限的平面波展开。

计算电子结构:解Kohn-Sham方程,并得到电子的波函数和能量本征值。通常使用自洽迭代的方法来求解Kohn-Sham方程,直到满足收敛条件。通过求解Kohn-Sham方程或扩展到能带结构,得到电子的波函数和波函数对应的能量。

结构优化:对材料的原子位置进行优化,以最小化体系的总能量,得到材料的平衡结构。

计算材料的总能量、态密度、电子结构和其他性质。这些计算可以基于求解Kohn-Sham方程得到的电子波函数和能量。根据电子结构计算材料的各种物理性质,如电子态密度、光谱、磁性、该力学性质等。

需要注意的是,DFT计算中的交换-相关泛函的选择对计算结果的准确性和可靠性具有重要影响。不同的泛函有不同的适用范围和近似程度,因此在选择泛函时需要谨慎考虑,并根据研究的具体需求来选择合适的泛函。

3.3.2 COMSOL模拟

COMSOL Multiphysics有限元分析软件模拟了正极材料的内部锂离子浓度分布。物理场配置使用电池模块中的 LIBs 接口和 COMSOL 中化学物质传输模块中的物质传输接口进行。两个接口是双向耦合的。采用瞬态求解器求解正极放电过程,计算时间为 1 000 s。锂离子在正极表面的电化学反应用 Butler-Volmer 方程表示:

$$i_{\mathrm{loc}}=i_0\left[\exp\left(\frac{\alpha_a F\eta}{RT}\right)-\exp\left(\frac{-\alpha_c F\eta}{RT}\right)\right] \tag{3-2}$$

式中,i_{loc} 为局域电流密度($A\cdot m^{-2}$),i_0 为交换电流密度,α_a 为负极传递系数,α_c 为正极传递系数,F 为法拉第常数,η 为过电位,R 为气体常数,T 为热力学温度。扩散系数采用实验测量,其他模型参数采用默认值。

综上,通过综合运用多种先进表征技术、电化学测试方法结合理论计算结果,对富镍三元材料的电化学性能进行全方位、深入的剖析,以尽可能的掌握锂离子电池富镍三元正极材料的复杂机理,调控反应中的各种影响因素,来提高材料性能,为其在高性能电池等领域的应用提供关键的理论依据与技术支撑。

3.4 三元正极材料的重要参数

在三元正极材料的研究之中存在着许多基础的参数指标,它们可能涉及电化学性能,结构特征、粒径大小等诸多方面,这些参数在三元正极材料的研究之中的重要性不可忽视,下面就一些重要指标进行介绍。

比容量:首先要进行介绍的就是三元正极材的电容量,它是指单位质量或单位体积材料能够储存的锂离子数量,也可以理解为能够提供的电荷量。电容量是锂离子电池性能的重要参数,在三元正极材料的研究之中有着举足轻重的意义,比如代表了三元正极材料的储能能力,电容量是衡量电池能够储存能量的指标。高电容量意味着材料能够存储更多的锂离子,从而实现更高的能量密度。对于电池、储能系统等应用,高电容量的材料能够提供更长的续航里程和更高的能量存储能力。

循环寿命:是三元正极材料极为重要的参数,它是指三元正极材料在经历多次充放电循环后能够保持相对稳定的性能。循环寿命对于锂离子电池的可靠性和持久性能具有重要意义,具体包括以下几个方面:

安全性能:循环寿命还与电池的安全性能密切相关。因为随着循环次数的增加,电池内部的应力、温度和化学反应等因素可能会增加,导致电池的安全性能下降,甚至造成电池的短路、漏液或爆炸等安全问题。提高循环寿命可以降低这些安全风险,确保电池在长期使用过程中的安全性能。

可持续性发展:优秀的循环寿命意味着电池的可持续性发展。随着对电动汽车、储能系统等高性能锂离子电池需求的增加,减少电池的废弃和更换频率对于资源的节约和环境的保护至关重要。提高循环寿命可以延长电池的使用寿命,减少对稀缺资源的消耗,并降低对环境的负面影响。

晶粒大小：三元正极材料的晶粒大小指的是材料中晶格的尺寸，在三元正极材料的研究之中也是极为重要的一个方面，关系着离子扩散速率、路径等方面，下面进行简单介绍。

离子扩散速率：晶粒较小的三元正极材料具有更大的比表面积，这有助于提高锂离子的扩散速率。较小的晶粒可以提供更多的表面积和更短的扩散路径，有利于锂离子快速地进出材料，从而提高电池的充放电速率和功率性能。

离子扩散路径：晶粒较小的三元正极材料有利于形成更短的离子扩散路径。较小的晶粒能够减少离子在晶界处的扩散距离和阻力，提高离子迁移的效率。这对于提高电池的能量密度和循环寿命非常重要。

结构稳定性：晶粒较小的三元正极材料有助于增强其结构的稳定性。较小的晶粒能够降低应力集中和晶界缺陷的形成，减少材料的结构变形和损害。这可以提高电池的循环寿命和稳定性，降低电池的容量衰退和电化学反应的发生。

需要注意的是，晶粒大小并非越小越好，在一定范围内调控晶粒大小才能达到最佳的电池性能。过小的晶粒可能会带来颗粒聚集、容量衰退等问题，过大的晶粒则可能会降低电池的功率性能和循环寿命。因此，在三元正极材料的设计和制备中，需要平衡晶粒大小与其他因素之间的关系，以实现最佳的电池性能。

放电平台：三元正极材料的放电平台是指电池在放电过程中稳定的电压区间，也称为电池的平台电压。

综上所述，本章概述了三元正极材料的重要参数，这些参数包括材料的化学成分、晶体结构、比容量、循环稳定性、热稳定性以及安全性等。这些参数共同决定了三元正极材料的性能优劣，也是在材料研究与开发过程中需要重点关注的指标。同时，通过综合运用多种表征与测试方法以及理论分析手段，可以更加深入地理解三元正极材料的性能特点，为其优化制备工艺、提升性能以及推动实际应用提供有力支持。

第4章

富镍三元单晶材料的研究进展

作为锂离子电池的关键组成部分，富镍三元材料($LiNi_xCo_yM_zO_2$，$x+y+z=1$，$x\geqslant 0.6$，NCM)因其令人满意的理论比容量和合理成本而备受关注[1,2]，因此适合作为动力电池的正极材料使用[3]。然而，传统的多晶三元正极材料(PC－NCM)在长期的脱锂-嵌锂过程中容易发生严重的微裂纹和粉化等风险，导致电化学性能衰减，限制了其实际应用[4-8]。此外，PC－NCM正极材料具有相对低的机械稳定性、较低的压实密度和体积能量密度[9,10]。因此，制备结构稳定且晶界数量少的单晶三元正极材料(single-crystalline NCM，SC－NCM)成为提高三元正极材料综合性能行之有效的方法。虽然SC－NCM正极材料制备过程中还存在许多问题有待解决。比如制备的单晶颗粒形貌大小难以控制，三种过渡金属组分在原子尺度上的不均匀分布以及合成的单晶材料的电化学性能不稳定等问题[11]。最近，通过前驱体制备单晶NCM的方法主要有三种，包括多步煅烧、熔盐合成和一步高温煅烧[12]。相比于高温煅烧法，多步煅烧和熔盐技术都需要复杂且昂贵的后处理和退火过程，这需要大量的劳动力、时间和能源成本[13-15]。因此，本章综述了单晶三元的发展趋势、关键科学问题，以及解决案例分析。

4.1 单晶型正极材料研究趋势

单晶结构正极材料因其能有效缓解颗粒微裂隙而受到了广泛关注。常规的正极材料是由一次颗粒堆积而成的二次颗粒，在充放电循环过程中，严重的体积变化和沿晶界的电解液渗透导致一次颗粒和二次颗粒的破裂经常发生。而单晶材料则具有微米大小的完整无晶界的一次颗粒，可有效降低因一次颗粒受力不均而导致的各向异性问题[17]。这些独有的优势有利于增强材料结构稳定性和减少正极/电解液几面之间的寄生反应[18]。此外，还可以进一步促进循环和热稳定性，并抑制气体的生成[19-26]。同时具有一定的颗粒硬度，在一定程度上可缓解材料在极片辊压过程中的颗粒破碎现象，相对于二次球材料有更高的压实密度，有利于体积能量密度的提升[27]。图4－1所示，虽然在相同电压下单晶结构的正极材料在比容量的发挥上略低于多晶结构的正极材料，但单晶材料的循环性能和热稳定性(DSC)均明显优于多晶材料[16]。近年来，本课题组在单晶材料的制备及改性研究

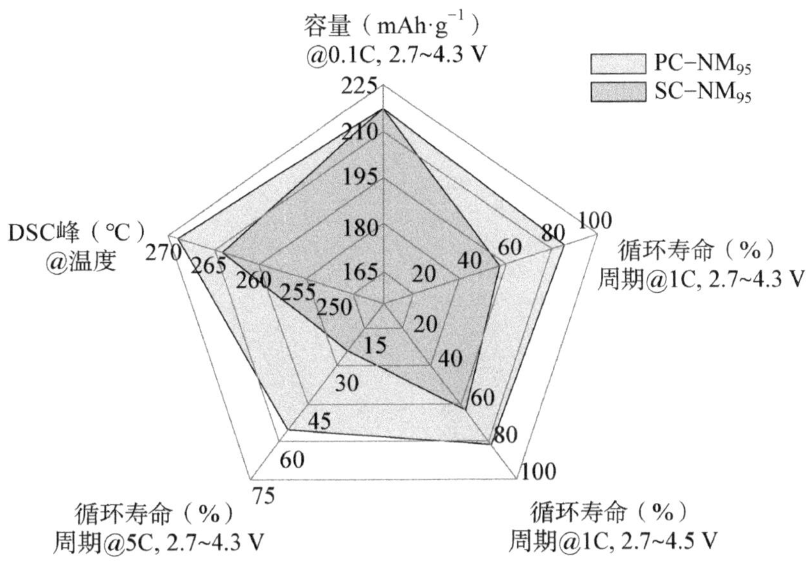

图 4－1　多晶 PC－NM_{95} 和单晶 SC－NM 的性能对比图[16]

上开展了大量工作。通过单晶化的方式制备了 NCM_{523}[28,29]、NCM_{712}[30]、NCM_{811}[31]等材料，研究表明材料单晶化可以有效地抑制颗粒循环过程中的破碎，提升材料的电化学性能。

4.1.1　离子掺杂及表面修饰研究

通过离子掺杂和表面修饰来改善 NCM 正极材料的结构稳定性、界面稳定性，是提升材料电化学性能的有效方式。离子掺杂主要由阳离子掺杂（Na[32]、Mg[33]、Se[34]、Al[30]、Fe[35]、Y[36]、Zr[37]、Ti[38]、Nb[39]、B[40]、W[41]、Ta[42]、Mo[43]等）和阴离子掺杂（F[44]、Br[45]、P[46]等）组成。掺杂机理通常被认为是通过与氧离子或正离子形成强离子键以增强结构稳定性，减少过渡金属和氧的溢出，同时局部改变电子构型提高材料的整体导电性。表面改性主要通过改变材料表面状态来实现的，包括水洗、包覆惰性氧化物和构筑快离子通道等方法。水洗可将残留在正极材料表面的锂化合物 LiOH 和 Li_2CO_3 等除去[47]。

包覆惰性的氧化物，可以缓解正极材料与电解液之间的副反应，保护电极表面不受 F^- 侵蚀，提高材料的热稳定性，如 Al_2O_3[48]、ZrO_2[49]等。构筑快离子通道如 Li_2O-BPO_4、Li_2SiO_3、$LiNbO_3$ 等，可以在材料表面形成快速离子导体，改善 Li^+ 的扩散。Lu 等[50]通过简单的湿化学和烧结途径获得了均匀的 LiV_2O_4 包覆的 SC－NCM。表面上的 LiV_2O_4 纳米层提供了快速的锂离子扩散通道，并由于其固有的 3D 间隙空间而表现出优异的 Li^+ 电子导电性。此外，具有快速离子导电性的材料（例如，LBO[51]）也被用作包覆层以改善电解液和正极材料之间的锂离子扩散。在 SC－NCM 的高电压应用方面，金属氧化物和导锂包覆层是比较理想的包覆层材料。Fan 等[52]通过液相法合成了 $Li_{1.4}Y_{0.4}Ti_{1.6}PO_4$ 包覆 SC－N_{88} 材料（LYTP@SC－NCM_{88}），并促进 SC－NCM 正极颗粒之间的锂离子(Li^+)传输。图 4-2 所示,即使在高工作电压(≥4.4V vs Li/Li^+)和较高的测试温度(55℃)下也能保持颗粒的结构完整性,200 圈后容量保持率为 82.6%。此外,若包覆物质具有一定的硬度也可改善材料的力学性能。

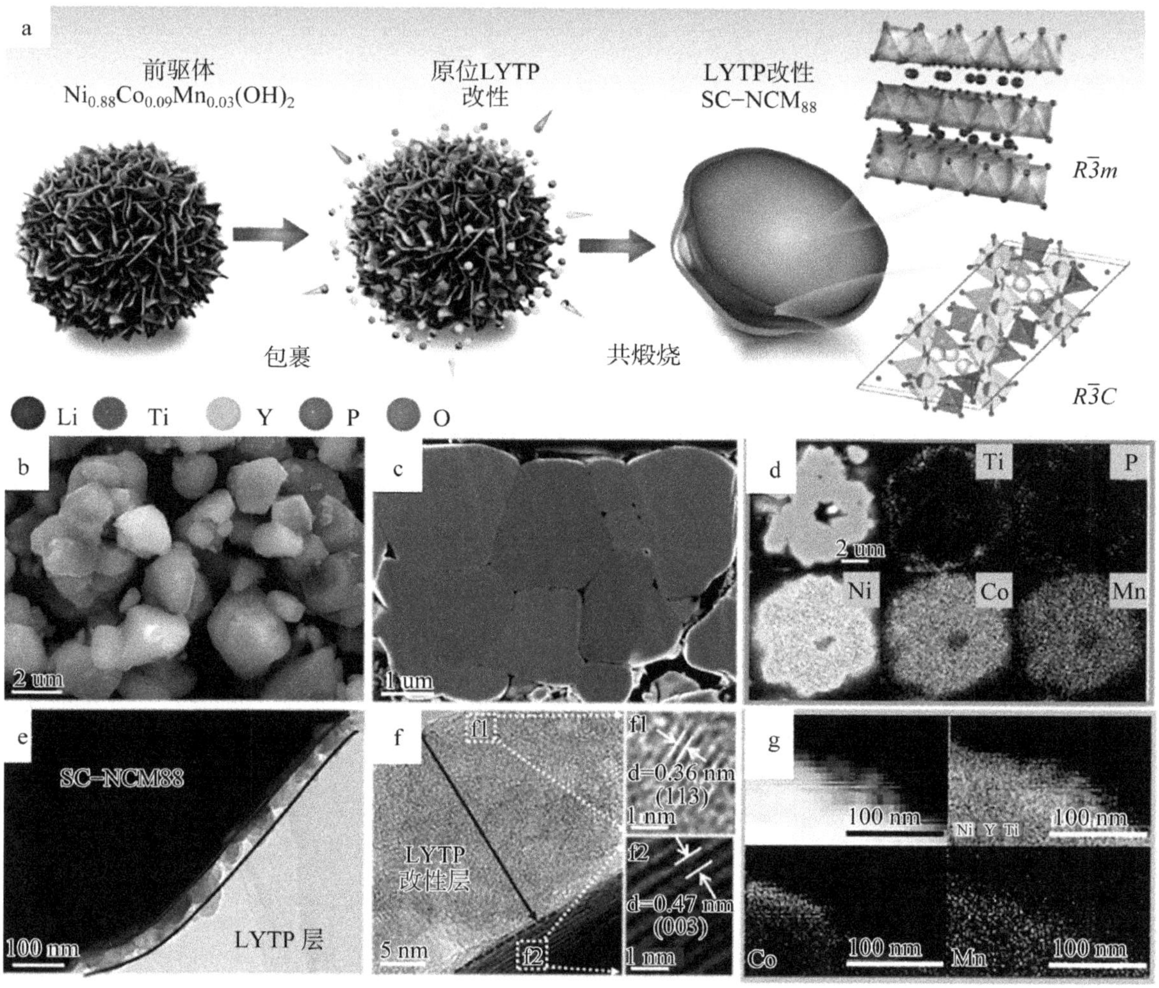

图 4-2 a. LYTP 改性 SC-NCM$_{88}$ 正极合成示意图;b. LYTP@SC-NCM$_{88}$ 的 SEM 图像;c. 对应横截面的 SEM 图;d. 1% LYTP@SC-NCM$_{88}$ 的截面 EPMA 图像,对应的 Ni、Co、Mn、Ti、P 元素选定区域 LYTP mapping 结果;e. TEM;f. HRTEM;g. 1% LYTP@SC-NCM$_{88}$ 条件下 Ni、Co、Mn、Y、Ti 的 STEM 元素面扫映射[52]

4.1.2 无钴化研究

诚然,Co 元素在 NCM 三元材料中起到了稳定结构、提升材料导电率,甚至在高电压下贡献部分比容量的作用,但由于 Co 资源的稀缺性、昂贵的价格及开采过程中存在的环境与社会人文问题,使人们迫切希望将 Co 从目前的正极材料中去除。单纯的一元层状材料,如 $LiNiO_2$(LNO),拥有与 LCO 接近的高理论容量,但因合成条件苛刻、循环衰减快、热稳定性差等原因其导致难以商业化应用。在此,高镍无钴的镍锰二元材料引起了科学家们的广泛注意。

$LiNi_xMn_{1-x}O_2$（$0.5 \leqslant x < 1$），此概念由 J. R. Dahn 在 1992 年首先提出并证明该材料的可制备性，同时发现其余 $LiNiO_2$ 具有相似的晶体结构，其中氧离子在三维空间作紧密堆积，占据晶格的 6c 位置，其余金属元素充填于氧离子周围的八面体空隙中，Li 在八面体的 3a 位置，Ni 和 Mn 占据八面体的 3b 位置，另外 Ni 和 Li 存在一定的混排现象。2003 年，Ohzuku 等合成了 $LiNi_{0.5}Mn_{0.5}O_2$ 材料，在 4.5 V 高截止电压条件下，容量可达 200 mAh · g^{-1}，但循环性能较差。此后很长一段时间，研究集中在该材料体系。直至 2013 年，Sun 等再次系统研究了 NM 材料的 Ni 含量与结构、电化学性能及热稳定性的关系，得出 Ni 含量越高，Li/Ni 混排越低的结论，合成的 $LiNi_{0.9}Mn_{0.1}O_2$ 材料具有更高的容量保持率和倍率性能，在 10 C 倍率下可逆容量高达 149 mAh · g^{-1}。由此掀起了高镍低锰无钴材料的研究热潮。例如 $LiNi_{0.7}Mn_{0.3}O_2$、$LiNi_{0.8}Mn_{0.2}O_2$ 和 $LiNi_{0.9}Mn_{0.1}O_2$ 等。

近年来，$LiNi_xMn_{1-x}O_2$ 作为商用低钴材料的替代材料，与 $LiNi_xCo_yMn_zO_2$ 进行了大量具有启发性的比较研究，以加速其应用。Amine 等对 NCM_{622}、NM_{64} 和 NC_{64} 进行了对比研究，认为 Co 有利于减少层状材料的 Li/Ni 混合，但不利于保持结构的稳定性，特别是在高压下，其对结构的破坏作用远高于 Ni。Dahn 的团队[53]通过原位 X 射线分析以及微分电容曲线证明了相转变在 $Li_xNi_{0.95}M_{0.05}O_2$（M＝Al、Mn、Mg、Co）材料中被一定程度地抑制，而 5％Co 元素的掺杂作用不是很明显。同时，加速量热法证明了 Co 元素的掺杂对安全性能的改善没有任何贡献。说明 Co 在层状材料中不是必须存在的，为无钴材料的发展注入了强心剂。紧接着他们对核-壳结构的 NM 二元材料进行了系统的研究，并认为其是商用 NCM_{811} 材料的有效替代品[53]。Manthiram 的团队和 Sun 的团队都认为无钴材料在锂离子电池中有特定的应用。Manthiram 等主要研究了 NM 二元材料的 Al 掺杂改性（NMA），发现 NMA_{70} 在 2.8～4.5 V、C/3、25 ℃条件下 100 次循环后的可逆容量保留率（97％）较 NM_{70}（88％）和 NCM_{70}（80％）的更高。Sun 的团队则重点研究了 $LiNi_{0.9}Mn_{0.1}O_2$（NM_{90}）材料体系，发现在 2.7～4.3 V、0.5C、温度大于等于 30 ℃的条件下 NM 材料的循环性能优于 $LiNi_{0.9}Co_{0.05}Mn_{0.05}O_2$（$NCM_{90}$），而在低温（－10 ℃）条件下两者的循环性能则相反。并认为 Ti/Nb/Ta/W 等高价元素的掺杂，特别是 Mo 的掺杂，可以促进初级粒子的定向排列，显著提高 NM_{90} 的循环性能。此外，Pan 的团队对无钴材料进行了理论计算，并提出层状结构当中存在的 Li/Ni 反占位主要是由局部磁挫折效应和层间超交换作用导致，而无磁性的 Co 可有效抑制 Li/Ni 反占位的现象，相反 Mn 则会加剧 Li/Ni 反占位缺陷的发生。Zhao 等和 Ji 等[54]分别通过对比 $LiNi_{0.9}Mn_{0.1}O_2$ 和 $LiNi_{0.95}Mn_{0.05}O_2$ 材料多晶和单晶的区别，得出单晶结构在循环保持率和热稳定性上优势明显。单晶颗粒在循环过程中可以显著地阻止各向异性引起的体积变化，从而减少晶间裂隙的形成，进一步降低与电解液的副反应，界面稳定性的增强有效地阻止了层状到岩盐相的不可逆相变，极大地提升了结构稳定性和循环性能。

4.2 富镍单晶三元正极材料发展的关键问题

由于富镍单晶三元材料(SC-NCM)独特形貌和合成条件,导致其在锂离子扩散速率、阳离子无序化和高电压/高温长循环稳定性等方面还面临严峻的挑战。首先,锂离子在微米级的一次颗粒传输路径变长,室温下锂离子扩散的动力学较差,最终导致 SC-NCM 的倍率性能较差。其次,对于富镍单晶三元正极材料,更高的煅烧温度将导致材料更严重的 Li^+/Ni^{2+} 混排,最终导致富镍单晶三元材料初始容量损失、Li^+ 迁移率降低和循环性能差。第三点则是在高电压/高温下,单晶三元材料晶内裂纹(初级粒子内部的裂纹)和严重的界面副反应,导致电池电化学性能衰减。

4.2.1 锂离子扩散动力学问题

在相同测试条件下,富镍单晶三元正极(SC-NCM)的初始比容量值通常比富镍多晶三元正极(PC-NCM)要低,并且当电流密度增加时放电比容量差距会扩大,导致倍率性能较差(图 4-3)。Weber 等[55]研究了 SC-NCM 和 PC-NCM 材料在放电截止电压 3 V 下保持 50 h 后第一次循环的不可逆容量恢复能力,并指出不可逆容量与锂离子扩散受限有关。特别是,PC-NCM 材料恢复了初始不可逆容量的 75%,而 SC-NCM 材料仅为 70%,表明 SC-NCM 材料具有更差的扩散动力学。

锂离子扩散距离长、晶格取向不规则和较低的活性反应位点是导致单晶三元材料的锂离子扩散动力学差的三个主要原因(图 4-3a~c)。对于 SC-NCM 材料,一方面,比表面积相对较低的大尺寸单晶颗粒(微米级)为锂离子扩散提供更少的活性位点和更长的扩散距离。另一方面,规则的颗粒尺寸限制了锂离子的扩散方向,这通常被认为是造成不良动力学的原因。Huang 等[56]揭示了 SC-NCM 材料的比表面积与电化学性能关系。图 4-3d、e 所示,具有最大比表面积和总孔容的 NCM_2 表现出最好的倍率性能。这是因为更多的孔道可以为 Li^+ 传输提供了更多通道,因此 Li^+ 扩散动力学与正极材料的比表面积呈正相关关系。Wang 等[57]指出,与更大或更小的颗粒尺寸相比,接近 1 μm 粒径的 SC-NCM_{622} 表现出最高的比容量和最佳的倍率能力(图 4-3f)。结果表明,较大的粒径将增加锂离子扩散路径,而较小的粒径则为正极/电解液界面副反应提供了过多的活性位点。合适的粒径选择应在优异的锂扩散动力学和很少的副反应之间进行权衡。

规则晶格构型是限制 Li^+ 扩散速度的一个因素。层状 NCM 属于 $R\bar{3}m$ 空间群,其中 MO_2 氧层(对应{001}晶面)垂直于 c 轴。{001}晶面由 NiO_6、CoO_6 和 MnO_6 八面体组成,它们通过共享角的氧原子相互连接。紧密堆积的{001}晶面阻碍了锂离子沿 c 轴的扩散并显示出电化学惰性。然而,六方晶体的{010}晶面为 Li^+ 迁移提供了二维通道,表明锂离子沿 a/b 轴扩散并在 c 轴方向上被禁止(图 4-3a)。DFT 计算[58]表明{001}晶面具有最低的表面能,导致暴露该晶面的概率最大。与各向同性多晶颗粒相比,单晶颗粒中 Li^+ 迁移的特定取向显然限制了其扩散动力学和电化学性能。因此，为了获得更多 Li^+ 扩散通道，增加电化学活性{010}晶面的暴露比例并减少不导锂离子的{001}晶面比例是改善富镍单晶三元材料反应动力学的有效方法之一。Fu 等[59]指出单晶颗粒的 H/L（侧壁厚度 H，边缘长度 L）比直接反映了{001}和{010}晶面的比例。当 H/L 从 0.365 增加到 0.709 时，{010}晶面所占比例从 42.2%增加到 58.6%。具有高 H/L 比的 SC-NCM 正极在 15 C 下经过 100 次充放电循环后容量保持率仍保持 91.9%。此外，从 1 C 到 15 C 的每个倍率下的比容量远高于具有低 H/L 比值的单晶三元材料的比容量，这表明高比例的{010}晶面暴露显著改善了单晶三元材料的锂扩散动力学（图 4-3g～i）。

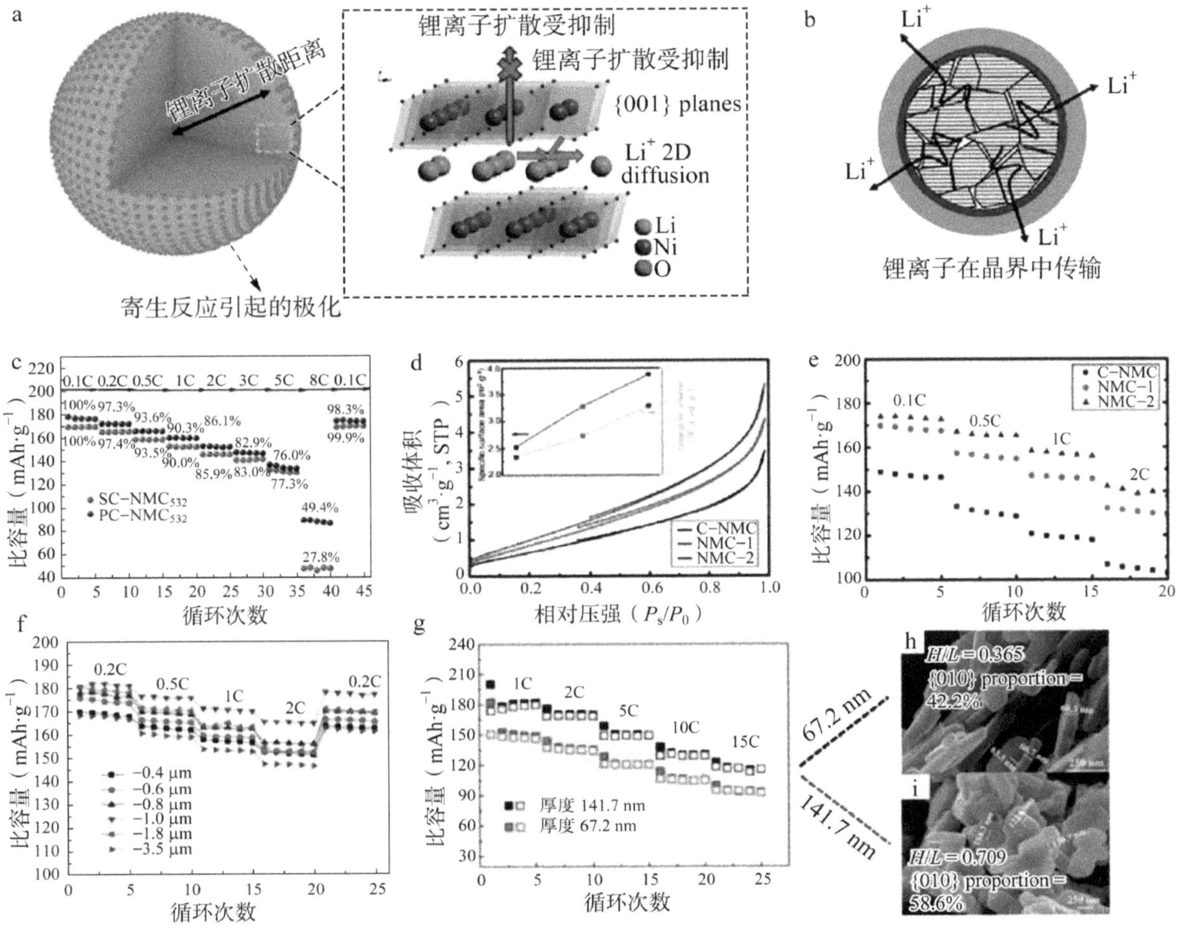

图 4-3　a. 影响锂离子扩散动力学的因素示意图；b. PC-NCM$_{523}$ 的横截面示意图；c. SC-NCM$_{523}$ 和 PC-NCM$_{523}$ 在 2.7～4.3 V 电压范围内倍率性能比较；d. SC-NCM 材料的比表面积和总孔体积，以及相应的倍率性能(e)；f. 一次颗粒粒径与倍率性能之间的关系；g. 具有不同{010}比例的 SC-NCM 的倍率性能和对应 SEM 图像(h、i)[59]

4.2.2　阳离子混排问题

Li^+/Ni^{2+} 混排是指与 Li^+（0.76 Å）相似半径的 Ni^{2+} 迁移到 Li^+ 层的现象[60,61]。随着

阳离子无序度的增加，将导致初始库仑效率降低。相比于多晶三元材料，SC－NCM 材料通常需要在较高煅烧温度下合成，导致单晶材料中出现更严重的 Li^+/Ni^{2+} 混排现象。然而，采用熔盐法制备的 $SC-NCM_{622}$ 材料显示出比 $PC-NCM_{622}$ 材料低得多的阳离子无序度，这是由于其可以控制相对多的{001}晶面，从而减少锂离子扩散通道和 Ni^{2+} 迁移。此外，两步煅烧法是控制高温烧结过程中阳离子无序的有效方法。Qian 等[62]通过短时间的高温烧结制备 $SC-NCM_{622}$ 以增加晶粒尺寸，然后在较低温度下烧结更长的时间以改善结构有序，最终获得了较低阳离子混排度（≈0.9％）。结合低温预烧结和后续高温烧结的两段烧结法也表现出类似的效果[63]。

4.2.3 高电压/高温下的晶内裂纹问题

单晶颗粒设计是解决由晶间裂纹引起电化学性能衰减问题的有效方法。然而，对于更高电压应用，富镍单晶三元材料仍有可能存在晶内裂纹的问题。这是因为富镍单晶三元材料电化学反应过程中涉及多个相变（H1↔M↔H2↔H3，对应于六边形↔单斜↔六边形）[64-66]。特别是，随着 Ni 含量的增加，SC－NCM 的 H2 相更容易转变为 H3 相[67,68]。由于单晶颗粒较好的机械性能，一般情况下，富镍单晶三元材料只有在较高充电电压或高温运行时才有可能出现裂纹。图 4－4a～c 所示，SC－NCM 中的这些晶内裂纹可以通过 X 射线纳米断层扫描渲染图和横截面 SEM 图像观察。与晶间裂纹的作用类似，这种晶内裂纹会引起额外的电解液分解、新的 CEI/SEI 层形成、气体逸出和电化学阻抗增加等问题。这种晶内裂纹产生机理主要有以下三种观点。

第一种观点认为晶内裂纹与氧空位（OVs）密切相关（图 4－4d）。Lee 等[69]合成了几种单晶材料，包括八面体形 $LiMn_2O_4$、层状氧化物（LCO 和富镍材料）和富锂层状氧化物。尽管结构看起来不同，但它们都是 CCP（立方密堆积）氧堆积在{111}晶面。这一发现表明，OVs 可能导致具有不同结构的单晶材料（包括 SC－NCM）中的晶内裂纹产生。进一步的研究表明，OVs 在电化学过程中以特定方向扩散，并在{111}晶面上积累。

第二种观点认为，晶内裂纹来自充电/放电过程中（003）晶面的滑移产生（图 4－4e）。Bi 等[70]指出在开路电压（OCV）下也会出现晶面滑移，并且在 4.20 V（vs Li^+/Li）充电过程中滑移步长变宽，这与上述仅晶内裂纹发生在高电压的观点不同。而且，平面滑移并不是完全可逆的，累积的晶面滑移会导致晶内裂纹的产生。

第三种观点认为 H2/H3 相变伴随着晶格体积变化是引起晶内裂纹的主要因素，这也是比较主流的观点（图 4－4f）[71,72]。在高电压充、放电过程中，重复各向异性体积变化后结构耐久性会减弱，晶格畸变引起的内应力累积，进一步促进裂纹的形成。特别是观察结果与理论模型高度一致，即沿垂直于内应变方向的{003}晶面出现晶内裂纹。

此外，Qian 等[73]认为裂纹与高压下深度脱锂程度引起的层状结构不稳定性密切相关。当 SC－NCM 充电至 4.7 V 时，深脱锂程度削弱了沿{003}晶面的层间键合，因为（003）晶面间距增加了 0.6～0.8 nm，并且高密度晶面缺陷促进了晶内裂纹的形成。由此产生的不均匀结构在初级粒子内部产生失配和内部应变，为裂纹扩展提供驱动力[74]。这一观点与 SC－NCM 高压失效机制的最新研究结果一致。Zhang 等[75]指出，颗粒表面的电化学绝缘岩盐相阻碍了锂离子的嵌入/脱出，导致锂分布不均匀和内部应变（图 4－4g）。相界面附近的高应力集中进一步降低了结构坚固性，并在单晶颗粒中产生了晶内裂纹。如上所述，晶内裂纹确实与各向异性晶格膨胀/收缩、从层状到岩盐结构的相变、累积的平面滑移、氧空位聚集等密切相关。

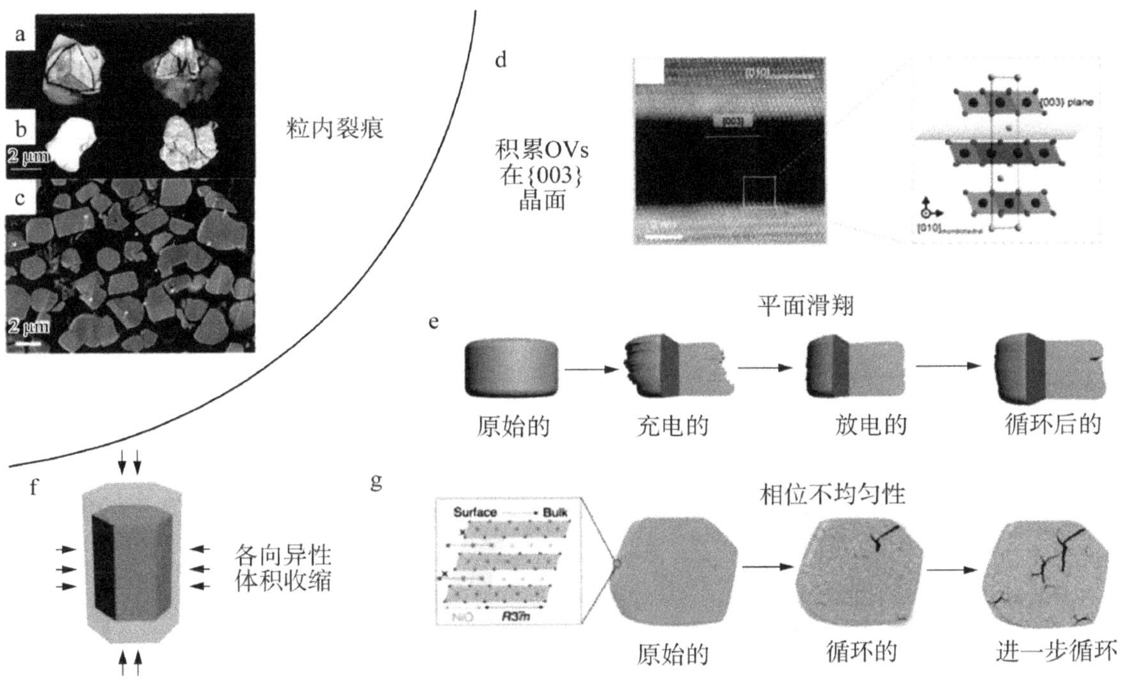

图 4－4　SC－NCM 中的晶内裂纹图：a、b. X 射线纳米断层扫描图显示循环后 SC－NCM 的形态演变；c. 严重过度充电的 SC－NMC_{622} 颗粒 SEM 图像；晶内裂纹的可能形成机制示意图：d. {003}晶面处的 OV 累积；e. 平面滑移；f. 各向异性体积收缩；g. 不可逆相变[75]

4.2.4　高电压/高温下的界面副反应问题

在高电压和高工作温度应用下，电解液氧化分解速率加快，正极材料和电解液之间的界面副反应增加，这是 SC－NCM 材料需要解决的另一个关键问题。SC－NCM 材料在高电压/高工作温度下，将获得更高的比容量和良好的锂离子扩散能力，可以有效抵消在常压/常温条件下较低锂离子扩散速率导致的容量损失。然而，当升高工作电压（≥4.5 V）或升高工作温度（≥50 ℃）时，电解液氧化分解加剧，单晶三元材料表面积累较多的不导电副产物，在电极界面处形成较厚的电解质膜（SEI/CEI），增加了电池的阻抗及电化学极化，导致电池容量跳水等现象发生。同时，高价过渡金属离子对电解液的氧化分解有一定的催化促进作用，电解液分解过程中的产气等现象加剧，带来电池鼓胀等安全隐患。

与界面包覆层改性不同，电解液添加剂是一种改善界面稳定性的简单方法。电解液添加剂主要分为：锂盐添加剂（如 LiBOB[76]，$LiPO_2F_2$[77]等）和有机添加剂（如 DTD[78]，PES[79]，FEC[80]）等），它们都旨在颗粒表面形成原位保护层。导电包覆层和电解液添加剂对抑制 SC－NCM 界面副反应都有显著作用，研究结果总结在表 4－1 中。

表 4－1　SC－NCM 在高电压/温度下的不同改性方法及性能对比[80,81,50,76,79,82]

材料	解决方案	容量保持率（循环次数）	截止电压	温度	电流密度
SC－$LiNi_{0.5}Co_{0.25}Mn_{0.25}O_2$	bare	≈41.2%(100)	4.25 V	55 ℃	1 C
	$LiPO_2F_2$	91.6%(200)			
SC－NCM_{523}	bare	88%(100)	4.4 V	55 ℃	C/2
	5 mol% FEC	96%(300)			
	2 wt% PES	97%(300)			
	1 wt% PBF	94%(300)			
SC－NCM_{523}	1 wt% DTD	96.8%(400)	4.2 V	40 ℃	C/3
	2 wt% FEC	96.4%(400)			
	2 wt% VC	95.8%(400)			
	2 wt% FEC +1 wt% DTD	97.6%(400)			
	2 wt% VC +1 wt% DTD	97.3%(400)			
SC－NCM_{622}	Bare	≈89%(50)	4.4 V	30 ℃	C/5
	2 wt% FEC +1 wt% DTD	≈96%(50)			
SC－NCM_{811}	bare	≈82%(50)	4.2 V	55 ℃	C/3
	2 wt% FEC +1 wt% LFO	≈85%(50)			
SC－NCM_{532}	bare	30%(100)	4.5 V	25 ℃	1 C
	LiV_2O_4 涂层	80%(100)			
SC－NCM_{811}	bare	88.7%(50)	4.5 V	N/A	1 C
	MnO_2 涂层	91.6%(50)			

关于高电压/高温下加剧界面副反应的解决方案，大多数包覆层和电解液添加剂旨在电极表面形成保护膜，在抑制界面副反应和改善循环性能方面表现出良好的效果。另一方面，保护层或多或少地阻碍了锂离子的扩散或电荷转移，导致 SC－NCM 在高电流密度下性能变差，权衡改性方法对性能影响是一个非常关键的问题。

4.2.5　富镍三元正极材料安全性分析

安全性分析的目的是全面评估三元正极材料在各个方面的安全性能，并识别潜在的安全风险。这对于确保电池系统在使用期间的稳定性、减少事故发生率以及制定相应的应急措施都至关重要。同时，安全性分析还有助于指导材料的设计改进和相关行业的规范制定，以满足用户对电池产品安全性的需求。以下几种情况容易引发安全问题：①过充电和过放电：当三元正极材料电池过充电或过放电时，电解液中的锂离子会大量沉积在电极表面，导致电极结构变形和热失控，从而引发安全事故。②热失控：三元正极材料的充电和放电过程都会产生一定量的热量，当电极温度过高时，电解液中的溶液会分解产生气体，造成电池内部压力过高、容器爆炸等安全隐患。③短路：短路是电池安全问题中最常见的问题之一。短路可以根据电池内部结构（如隔膜、电极材料等）或者外部受损引起，导致电池温度上升、内部压力过大等问题。④电解液燃烧：电解液是电池中的重要组成部分，其中含有易燃或可燃的物质。当电解液泄漏或电池受到外力损伤时，电解液会泄漏，可能在空气中燃烧或爆炸。⑤电解液泄漏：电池内部使用的液态电解质具有一定腐蚀性和易燃性，如电解液泄漏可能会对人员、设备和环境等造成安全威胁。⑥充电过程中出现安全问题：在高速充电或者长时间充电时，电池内部会产生充电气体，进而增加电池内压力，如果此时电池处于劣质状态，将容易出现爆炸、泄漏等意外现象。

4.3　三元正极材料的结构设计研究进展

近年来，三元正极材料逐渐向高比容量、高压实、高电压、低成本方向发展，在此过程中合理设计材料的结构至关重要，通过不同的结构设计可以有效解决相应问题，下面就三元正极材料结构设计的研究进展进行介绍。

首先，为了提高能量密度和容量，研究者们致力于设计具有高的锂离子储存能力的结构。例如，多元复合结构的三元正极材料采用多种金属元素的组合，以提供更多的锂离子储存位点。此外，利用纳米尺度的结构设计，有助于增大材料的比表面积，提高锂离子的扩散速率和电极反应活性。

其次，为了提高材料的稳定性和循环寿命，研究者们采取了一系列策略。其中之一是通过表面涂层技术来改善材料的电化学稳定性。通过涂层材料可以形成保护膜，阻挡电解液中的氧化剂和酸性物质对材料的腐蚀。另外，通过控制材料的晶体结构和颗粒大小，可以减缓材料的结构损失和容量衰减。具体可分为以下几种类型结构。

类单晶型结构：目前商业化的三元正极材料主要采用共沉淀-高温固相法来制备，首先通过共沉淀法制得前驱体，然后与锂盐混合烧结，最终制得相应的三元正极材料，其颗粒通常为若干几百纳米的一次粒子组成的微米级球形二次颗粒。该二次颗粒随着电池充放电次数的增加，尤其在高电压下，一次粒子之间的界面极易产生微裂纹或粉化，从而导致电池循环性能和安全性能恶化。通过将三元正极材料制备成类单晶型颗粒，可以大大提高材料的颗粒强度和压实密度，电池制作过程的加工性能好，辊压不发生变形或破碎，多次循环后，能够避免一次粒子界面粉化；同时单晶型三元正极材料比表面积小，可减少材料与电解液的接触面，降低电池充放电过程中的副反应，从而提高材料的电化学性能。

放射状结构：放射状结构是一种常见的三元正极材料设计结构，被广泛应用于锂离子电池领域。这种结构的设计灵感来源于自然界中一些具有辐射形状的物体，如太阳的射线和蕨类植物的叶子排列。放射状结构的主要特点是以中心点为起点，向外辐射状分布的片状或晶柱状结构。

核壳结构：三元正极材料是目前锂离子电池中最主要的正极材料之一，它的核壳结构是一种常见的改进设计。核壳结构的特点主要体现在两个方面：核部分为主动材料，负责储存和释放锂离子；而壳部分则起到保护核部分、增强导电性能和提高材料稳定性的作用。

核部分一般采用的是 NCM 材料，它能够提供较高的电压和比容量，从而提高电池的能量密度和功率密度。

壳部分则由一层较薄的锂离子导电体材料构成，通常使用氧化物，如锂钛酸盐（LTO）和氧化铝等。这一薄壳层可以有效隔离核部分和电解液之间，避免不必要的反应和电池容量的损失。同时，壳部分的导电性能也起到了加速锂离子传输的作用，提高了电池的充放电速率。

梯度材料结构：三元正极材料梯度材料结构是一种近年来备受关注的设计策略，其优势在于以下几个方面。

逐渐变化的成分：梯度材料结构中，正极材料的成分在空间上逐渐发生变化。通常是从核心到表面逐渐过渡，形成一个成分逐渐变化的梯度区域。这种设计可以在一定程度上减轻电池的应力差异，提高材料的结构稳定性和电池的循环寿命。

逐渐变化的晶体结构：除了成分的变化，梯度材料结构中晶体结构的变化也是其特点之一。通过逐渐调控晶体结构，如晶格参数、晶格畸变、晶界等，可以实现更好的离子传导性能，从而提高电池的能量密度和功率密度。

优化电池性能：梯度材料结构的设计旨在优化电池的性能，尤其是提高电池的循环寿命、充放电速率和安全性。通过逐渐过渡的结构和成分，梯度材料可以减少电池中各部分的相互作用，改善材料的界面稳定性和电池的稳定性。

针对三元正极材料的安全性问题，以下几个方面进行研究。

使用新型电解液：新型电解液是用于锂离子电池中的关键材料之一，主要作用是在正、负极之间传递离子，并帮助维持电池反应的稳定性。相较于传统电解液，新型电解液拥有更高的离子传导率和更广的工作温度范围，并且可以大大提高电池的能量密度和循环寿命。目前，常见的新型电解液包括聚合物电解质、离子液体电解质、凝胶电解质等。聚合物电解质具有较高的耐化学性和稳定性，而离子液体电解质则能够防止电池燃烧或爆炸，凝胶电解质则可避免电解液泄漏。可以预见，随着新型电解液技术的不断发展和推广，锂离子电池在电动汽车、智能手机、穿戴设备等领域的广泛应用将会得到更好的推进。

发展智能安全管理技术：智能安全管理技术是指利用计算机、物联网、人工智能等技术手段，对企业、机构或社区等进行综合安全管理的一种技术模式。它主要通过数据采集、处理、分析和辅助决策等方式，实现对安全风险的评估、监控和预测，提高安全管控水平，减少事故风险和潜在损失。

增强的隔膜：增强的隔膜通常是指用于电化学电池中的一种膜材料，可以增强电池的性能和稳定性。这种隔膜通常由聚合物或无机材料制成，具有更好的热稳定性、电化学稳定性和机械强度，可以有效防止电池内部的交叉污染和电化学反应失控。增强的隔膜被广泛应用于锂离子电池、钠离子电池以及燃料电池等各种类型的电池中。

加厚的壳体：加厚的壳体通常是指具有较高密度和强韧性的外壳材料，用于保护内部电子设备免受机械冲击和损坏。这种壳体通常由金属、塑料或复合材料制成，通过增加材料的厚度和强度来提高电子设备的承载能力和耐久性。加厚的壳体被广泛应用于手机、平板电脑、相机等各类电子产品中，可以有效保护设备不受摔落、碰撞等意外事件的影响。

添加防爆装置：添加防爆装置通常是指在电子设备或机械设备中添加一些安全装置，以防止设备在使用过程中出现爆炸、火灾等危险事件。这些防爆装置可以包括但不限于双重保险、断路器、隔爆板、泄压口等各种类型。

综上所述，富镍三元单晶材料在锂离子电池领域具有广阔的应用前景，但其发展仍面临诸多挑战。未来，需要继续深入研究单晶正极材料的发展趋势，解决富镍单晶三元正极材料发展的关键问题，并不断推进三元正极材料的结构设计研究进展，以推动锂离子电池技术的持续发展。

参考文献

[1] Sathiya M, Abakumov A M, Foix D, et al. Origin of voltage decay in high-capacity layered oxide electrodes [J]. Nature Materials, 2015, 14: 230-238.

[2] Voronina N, Sun Y K, Myung S T. Co-free layered cathode materials for high energy density lithium-ion batteries [J]. ACS Energy Letter, 2020, 5: 1814-1824.

[3] Wang X, Ding Y L, Deng Y P, et al. Ni-rich/Co-poor layered cathode for automotive Li-ion batteries: promises and challenges [J]. Advanced Energy Materials, 2020, 10: 1903864.

[4] Liu H, Wolf M, Karki K, et al. Intergranular cracking as a major cause of long-term capacity fading of layered cathodes [J]. Nano Letter, 2017, 17: 3452-3457.

[5] Manthiram A, Knight J C, Myung S T, et al. Nickel-rich and lithium-rich layered oxide cathodes: progress and perspectives [J]. Advanced Energy Materials, 2016, 6: 1501010.

[6] Xu Z, Rahman M M, Mu L, et al. Chemomechanical behaviors of layered cathode materials in alkali metal ion batteries [J]. Journal of Materials Chemistry A, 2018, 6: 21859-21884.

[7] Kim J, Lee H, Cha H, et al. Prospect and reality of Ni-rich cathode for commercialization [J]. Advanced Energy Materials, 2018, 8: 1702028.

[8] Yoon C S, Park K J, Kim U H, et al. High-energy Ni-rich $LiNi_xCo_yMn_{1-x-y}O_2$ cathodes via compositional partitioning for next-generation electric vehicles [J]. Chemistry of Materials, 2017, 29: 10436-10445.

[9] Ryu H H, Park G T, Yoon C S, et al. Microstructural degradation of Ni-rich $LiNi_xCo_yMn_{1-x-y}O_2$ cathodes during accelerated calendar aging [J]. Small, 2018, 14: 1803179.

[10] Cha H, Kim J, Lee H, et al. Boosting reaction homogeneity in high-energy lithium-ion battery cathode materials [J]. Advanced Materials, 2020, 32: 2003040.

[11] Zheng L, Bennett J C, Obrovac M N, et al. All-dry synthesis of single crystal NMC cathode materials for

Li-ion batteries [J]. Journal of The Electrochemical Society, 2021, 167: 130536.
[12] Langdon J, Manthiram A. A perspective on single-crystal layered oxide cathodes for lithium-ion Batteries [J]. Energy Storage Materials, 2021, 37: 143 - 160.
[13] Kimijima T, Zettsu N, Yubuta, et al. Molybdate flux growth of idiomorphic $Li(Ni_{1/3}Co_{1/3}Mn_{1/3})O_2$ single crystals and characterization of their capabilities as cathode materials for lithium-ion batteries [J]. Journal of Materials Chemistry A, 2016, 4: 7289 - 7296.
[14] Li H, Li J, Zaker N, et al. Synthesis of single crystal $LiNi_{0.88}Co_{0.09}Al_{0.03}O_2$ with a two-step lithiation method [J]. Journal of The Electrochemical Society, 2019, 166: A1956 - A1963.
[15] Liang R, Wu Z Y, Yang W M, et al. A simple one-step molten salt method for synthesis of micron-sized single primary particle $LiNi_{0.8}Co_{0.1}Mn_{0.1}O_2$ cathode material for lithium-ion batteries [J]. Ionics, 2020, 26: 1635 - 1643.
[16] Li B, Wang Y, Rong H, et al. A novel electrolyte with the ability to form a solid electrolyte interface on the anode and cathode of a $LiMn_2O_4$/graphite battery [J]. Journal of Materials Chemistry A, 2013, 1: 12954 - 12961.
[17] Liu T, Dai A, Lu J, et al. Correlation between manganese dissolution and dynamic phase stability in spinel-based lithium-ion battery [J]. Nature Communications, 2019, 10: 10.
[18] Li W, Erickson E M, Manthiram A. High-nickel layered oxide cathodes for lithium-based automotive batteries [J]. Nature Energy, 2020, 5: 26 - 34.
[19] Lin F, Markus I M, Nordlund D, et al. Surface reconstruction and chemical evolution of stoichiometric layered cathode materials for lithium-ion batteries [J]. Nature Communications, 2014, 5: 1 - 9.
[20] Wang J, Yamada Y, Sodeyama K, et al. Superconcentrated electrolytes for a high-voltage lithium-ion battery [J]. Nature Communications, 2016, 7: 1 - 9.
[21] Zhao H, Yu X, Li J, et al. Film-forming electrolyte additives for rechargeable lithium-ion batteries: progress and outlook [J]. Journal of Materials Chemistry A, 2019, 7: 8700 - 8722.
[22] Li S, Luo Z, Li L, et al. Recent progress on electrolyte additives for stable lithium metal anode [J]. Energy Storage Materials, 2020, 32: 306 - 319.
[23] Yim T, Han Y K. Tris(trimethylsilyl) phosphite as an efficient electrolyte additive to improve the surface stability of graphite anodes [J]. ACS Applied Materials & Interfaces, 2017, 9: 32851 - 32858.
[24] Hou G, Ci C, Guo H, et al. Facile construction of a hybrid artificial protective layer for stable lithium metal anode [J]. Chemical Engineering Journal, 2020, 391: 123542.
[25] Yang X, Chen J, Zheng Q, et al. Mechanism of cycling degradation and strategy to stabilize a nickel-rich cathode [J]. Journal of Materials Chemistry A, 2018, 6: 16149 - 16163.
[26] Zhang C, Wan J, Li Y, et al. Restraining the polarization increase of Ni-rich and low-Co cathodes upon cycling by Al-doping [J]. Journal of Materials Chemistry A, 2020, 8: 6893 - 6901.
[27] Dong Z, Wei J, Yue H, et al. Multifunctional organosilicon compound contributes to stable operation of high-voltage lithium metal batteries [J]. Journal of Colloid and Interface Science, 2021, 595: 35 - 42.
[28] Lee S H, Sim S J, Jin B S, et al. High performance well-developed single crystal $LiNi_{0.91}Co_{0.06}Mn_{0.03}O_2$ cathode via LiCl-NaCl flux method [J]. Materials Letters, 2020, 270: 127615.
[29] Zhang F, Lou S, Li S, et al. Surface regulation enables high stability of single-crystal lithium-ion cathodes at high voltage [J]. Nature Communications, 2020, 11: 1 - 11.
[30] Yang X, Lin M, Zheng G, et al. Enabling stable high-voltage $LiCoO_2$ operation by using synergetic interfacial modification strategy [J]. Advanced Functional Materials, 2020, 30: 2004664.
[31] Mai S, Xu M, Liao X, et al. Tris (trimethylsilyl) phosphite as electrolyte additive for high voltage layered lithium nickel cobalt manganese oxide cathode of lithium ion battery [J]. Electrochimica Acta, 2014, 147: 565 - 571.
[32] Liu J, Song X, Zhou L, et al. Fluorinated phosphazene derivative-A promising electrolyte additive for high voltage lithium ion batteries: from electrochemical performance to corrosion mechanism [J]. Nano Energy, 2018, 46: 404 - 414.

[33] Liu Q, Yang G, Liu S, et al. Trimethyl borate as film-forming electrolyte additive to improve high-voltage performances [J]. ACS Applied Materials & Interfaces, 2019, 11: 17435 - 17443.

[34] Lee S H, Hwang J Y, Park S J, et al. Adiponitrile ($C_6H_8N_2$): a new bi-functional additive for high-performance Li-metal batteries [J]. Advanced Functional Materials, 2019, 29: 1902496.

[35] Dong M, Wang Z, Li H, et al. Metallurgy inspired formation of homogeneous Al_2O_3 coating layer to improve the electrochemical properties of $LiNi_{0.8}Co_{0.1}Mn_{0.1}O_2$ cathode material [J]. ACS Sustainable Chemistry & Engineering, 2017, 5: 10199 - 10205.

[36] Lee Y S, Shin W K, Kannan A G, et al. Improvement of the cycling performance and thermal stability of lithium-ion cells by double-layer coating of cathode materials with Al_2O_3 nanoparticles and conductive polymer [J]. ACS Applied Materials & Interfaces, 2015, 7: 13944 - 13951.

[37] Xiong X, Wang Z, Guo H, et al. Enhanced electrochemical properties of lithium-reactive V_2O_5 coated on the $LiNi_{0.8}Co_{0.1}Mn_{0.1}O_2$ cathode material for lithium ion batteries at 60℃ [J]. Journal of Materials Chemistry A, 2013, 1: 1284 - 1288.

[38] Kim H, Jang J, Byun D, et al. Selective TiO_2 nanolayer coating by polydopamine modification for highly stable Ni-Rich layered oxides [J]. ChemSusChem, 2019, 12: 5253 - 5264.

[39] Liang L, Hu G, Jiang F, et al. Electrochemical behaviours of SiO_2-coated $LiNi_{0.8}Co_{0.1}Mn_{0.1}O_2$ cathode materials by a novel modification method [J]. Journal of Alloys and Compounds, 2016, 657: 570 - 581.

[40] Xiong X, Wang Z, Yin X, et al. A modified LiF coating process to enhance the electrochemical performance characteristics of $LiNi_{0.8}Co_{0.1}Mn_{0.1}O_2$ cathode materials [J]. Materials Letters, 2013, 110: 4 - 9.

[41] Park K, Park J H, Hong S G, et al. Induced AlF_3 segregation for the generation of reciprocal Al_2O_3 and LiF coating layer on self-generated $LiMn_2O_4$ surface of over-lithiated oxide based Li-ion battery [J]. Electrochimica Acta, 2016, 222: 830 - 837.

[42] Chu B, Liu S, You L, et al. Enhancing the cycling stability of Ni-rich $LiNi_{0.6}Co_{0.2}Mn_{0.2}O_2$ cathode at a high cutoff voltage with Ta doping [J]. ACS Sustainable Chemistry & Engineering, 2020, 8: 3082 - 3090.

[43] Dai S, Yan G, Wang L, et al. Enhanced electrochemical performance and thermal properties of Ni-rich $LiNi_{0.8}Co_{0.1}Mn_{0.1}O_2$ cathode material via CaF_2 coating [J]. Journal of Electroanalytical Chemistry, 2019, 847: 113197.

[44] Feng Z, Rajagopalan R, Sun D, et al. In-situ formation of hybrid $Li_3PO_4 - AlPO_4 - Al(PO_3)_3$ coating layer on $LiNi_{0.8}Co_{0.1}Mn_{0.1}O_2$ cathode with enhanced electrochemical properties for lithium-ion battery [J]. Chemical Engineering Journal, 2020, 382: 122959.

[45] Tang W, Chen Z, Xiong F, et al. An effective etching-induced coating strategy to shield $LiNi_{0.8}Co_{0.1}Mn_{0.1}O_2$ electrode Materials by $LiAlO_2$ [J]. Journal of Power Sources, 2019, 412: 246 - 254.

[46] Zhao S, Sun B, Yan K, et al. Aegis of lithium-rich cathode materials via heterostructured $LiAlF_4$ coating for high-performance lithium-ion batteries [J]. ACS Applied Materials & Interfaces, 2018, 10: 33260 - 33268.

[47] Yang C P, Xin S, Yin Y X, et al. An advanced selenium-carbon cathode for rechargeable lithium-selenium batteries [J]. Angewandte Chemie International Edition, 2013, 52: 8363 - 8367.

[48] Yang J, Gao H, Ma D, et al. High-performance Li-Se battery cathode based on CoS_{e2}-porous carbon composites [J]. Electrochimica Acta, 2018, 264: 341 - 349.

[49] Luo R, Lu Y, Hou X, et al. Encapsulation of Se/C into ultra-thin $Ni(OH)_2$ nanosheets as cathode materials for lithium-selenium batteries [J]. Journal of Solid State Electrochemistry, 2017, 21: 3611 - 3618.

[50] Lu Y, Zeng X, Wang J, et al. Ultrathin LiV_2O_4 layers modified $LiNi_{0.5}Co_{0.2}Mn_{0.3}O_2$ single crystal cathodes with enhanced activity and stability [J]. Advanced Materials Interfaces, 2019, 6: 1901368.

[51] Zeng X F, Jian T Z, Lu Y, et al. Enhancing high-temperature and high-voltage performances of single-crystal $LiNi_{0.5}Co_{0.2}Mn_{0.3}O_2$ cathodes through a $LiBO_2/LiAlO_2$ dual-modification strategy [J]. ACS Sustainable Chemistry & Engineering, 2020, 8: 6293 - 6304.

[52] Fan X M, Ou X, Zhao W G, et al. In situ inorganic conductive network formation in high-voltage single-crystal Ni-rich cathodes [J]. Nature Communications, 2021, 12: 5320.
[53] Ebner M, Geldmacher F, Marone F, et al. X-ray tomography of porous, transition metal oxide based lithium ion battery electrodes [J]. Advanced Energy Materials, 2013, 3: 845.
[54] Li B, Wang Y, Rong H, et al. A novel electrolyte with the ability to form a solid electrolyte interface on the anode and cathode of a $LiMn_2O_4$/graphite battery [J]. Journal of Materials Chemistry A, 2013, 1: 12954 - 12961.
[55] Weber R, Fell C R, Dahn J R, et al. Operando X-ray diffraction study of polycrystalline and single-Crystal $LiNi_{0.5}Mn_{0.3}Co_{0.2}O_2$ [J]. Journal of The Electrochemical Society, 2017, 164: A2992 - A2999.
[56] Huang B, Yang X, Xu G, et al. Boron-doped single crystal $LiNi_{0.6}Mn_{0.2}Co_{0.2}O_2$ with improved electrochemical performance for lithium-ion batteries [J]. Ionics, 2019, 25: 5819 - 5827.
[57] You B, Wang Z, Shen F, et al. Research progress of single-crystal nickel-rich cathode materials for lithium ion batteries [J]. Small Methods, 2021, 5: 2100234.
[58] Cho E, Seo S W, Min K, et al. Theoretical prediction of surface stability and morphology of $LiNiO_2$ cathode for Li ion battery [J]. ACS Applied Materials & Interfaces, 2017, 9: 33257 - 33266.
[59] Fu F, Xu G L, Wang Q, et al. Synthesis of single crystalline hexagonal nanobricks of $LiNi_{1/3}Co_{1/3}Mn_{1/3}O_2$ with high percentage of exposed {010} active facets as high rate performance cathode material for lithium-ion battery [J]. Journal of Materials Chemistry A, 2013, 1: 3860 - 3864.
[60] Jung S K, Gwon H, Hong J, et al, Understanding the degradation mechanisms of $LiNi_{0.5}Co_{0.2}Mn_{0.3}O_2$ cathode material in lithium ion batteries [J]. Advanced Energy Materials, 2014, 4: 1300787.
[61] Shang S, Wang X, Jiang F. Effects of Li_2O_2 on structure and electrochemical properties of $LiNi_{0.88}Co_{0.09}Al_{0.03}O_2$ cathode materials [J]. Journal of Alloys and Compounds, 2020, 860: 158262.
[62] Qian G, Li Z, Meng D, et al. Temperature-swing synthesis of large-size single-crystal $LiNi_{0.6}Mn_{0.2}Co_{0.2}O_2$ cathode materials [J]. Journal of The Electrochemical Society, 2021, 168: 010534.
[63] Shang S, Wang X, Jiang F. Effects of Li_2O_2 on structure and electrochemical properties of $LiNi_{0.88}Co_{0.09}Al_{0.03}O_2$ cathode materials [J]. Journal of Alloys and Compounds, 2020, 860: 158262.
[64] Andersen H L, Cheung E A, Avdeev M, et al. Consequences of long-term water exposure for bulk crystal structure and surface composition/chemistry of nickel-rich layered oxide materials for Li-ion batteries [J]. Journal of Power Sources, 2020, 470: 228370.
[65] Pushnitsa K A, Kim A E, Popovich A A, et al. Structural transformation of $LiNi_{0.8}Co_{0.1}Mn_{0.1}O_2$ cathode material during cycling with overcharge investigated by in situ X-ray diffraction [J]. Journal of Electronic Materials, 2019, 48: 6694 - 6699.
[66] Zhang S S. Understanding of performance degradation of $LiNi_{0.80}Co_{0.10}Mn_{0.10}O_2$ cathode material operating at high potentials [J]. Journal of Energy Chemistry, 2020, 41: 135 - 141.
[67] Noh H J, Youn S, Yoon C S, et al. Comparison of the structural and electrochemical properties of layered $LiNi_xCo_yMn_zO_2$ (x=1/3, 0.5, 0.6, 0.7, 0.8 and 0.85) cathode material for lithium-ion batteries [J]. Journal of Power Sources, 2013, 233: 121 - 130.
[68] Jung R, Metzger M, Maglia F, et al. Oxygen release and its effect on the cycling stability of $LiNi_xMn_yCo_zO_2$ (NMC) cathode materials for Li-ion batteries [J]. Journal of The Electrochemical Society, 2017, 164: A1361 - A1377.
[69] Lee S, Jin W, Kim S H, et al. Oxygen vacancy diffusion and condensation in lithium-ion battery cathode materials [J]. Angewandte Chemie International Edition, 2019, 131: 10588 - 10595.
[70] Bi Y, Tao J, Wu Y, et al. Reversible planar gliding and microcracking in a single-crystalline Ni-rich cathode [J]. Science, 2020, 370: 1313 - 1317.
[71] Xu G L, Liu X, Daali A, et al. Pseudo-bonding and electric-field harmony for Li-rich Mn-based oxide cathode [J]. Advanced Functional Materials, 2020, 30: 2004748.
[72] Wolfenstine J. Critical grain size for microcracking during lithium insertion [J]. Journal of Power Sources, 1999, 79: 111 - 113.

[73] Qian G, Zhang Y, Li L, et al. Single-crystal nickel-rich layered-oxide battery cathode materials: synthesis, electrochemistry, and intragranular fracture [J]. Energy Storage Materials, 2020, 27: 140 - 149.

[74] Lin Q, Guan W, Zhou J, et al. Ni-Li anti-site defect induced intragranular cracking in Ni-rich layer-structured cathode [J]. Nano Energy, 2020, 76: 105021.

[75] Yan P, Zheng J, Chen T, et al. Coupling of electrochemically triggered thermal and mechanical effects to aggravate failure in a layered cathode [J]. Nature Communications, 2018, 9: 2437.

[76] Lee S J, Han J G, Park I, et al. Effect of lithium bis(oxalato) borate additive on electrochemical performance of $Li_{1.17}Ni_{0.17}Mn_{0.5}Co_{0.17}O_2$ cathodes for lithium-ion batteries [J]. Journal of The Electrochemical Society, 2014, 161: A2012 - A2019.

[77] Zhao W, Zheng G, Lin M, et al. Toward a stable solid-electrolyte-interfaces on nickel-rich cathodes: $LiPO_2F_2$ salt-type additive and its working mechanism for $LiNi_{0.5}Mn_{0.25}Co_{0.25}O_2$ cathodes [J]. Journal of Power Sources, 2018, 380: 149 - 157.

[78] Hong P, Xu M, Liao B, et al. Enhancing the cycling performance of high voltage (4.5 V) Li/$LiNi_{0.5}Mn_{0.3}Co_{0.2}O_2$ cell by tailoring sulfur-derivative cathode passivation film [J]. Journal of the Electrochemical Society, 2017, 164: A2914 - A2921.

[79] Li J, Liu H, Xia J, et al. The impact of electrolyte additives and upper cut-off voltage on the formation of a rocksalt surface layer in $LiNi_{0.8}Mn_{0.1}Co_{0.1}O_2$ electrodes [J]. Journal of the Electrochemical Society, 2016, 164: 655 - 665.

[80] Li B, Wang Y, Rong H, et al. A novel electrolyte with the ability to form a solid electrolyte interface on the anode and cathode of a $LiMn_2O_4$/graphite battery [J]. Journal of Materials Chemistry A, 2013, 1: 12954 - 12961.

[81] Li J, Cameron A R, Li H, et al. Comparison of single crystal and polycrystalline $LiNi_{0.5}Mn_{0.3}Co_{0.2}O_2$ positive electrode materials for high voltage Li-ion cells [J]. Journal of The Electrochemical Society, 2017, 164: A1534 - A1544.

[82] Li H Y, Li J, Ma X W, et al. Synthesis of single crystal $LiNi_{0.6}Mn_{0.2}Co_{0.2}O_2$ with enhanced electrochemical performance for lithium ion batteries [J]. Journal of The Electrochemical Society, 2018, 165: A1038 - A1045.

第5章

富镍单晶三元正极材料单晶化性能优势分析

以 $LiNi_{0.6}Co_{0.1}Mn_{0.3}O_2$ 为研究对象，通过共沉淀-高温煅烧方法成功合成了具有较窄粒径分布（2～5 μm）的单晶 $LiNi_{0.6}Co_{0.1}Mn_{0.3}O_2$（SC－$NCM_{613}$）正极材料。系统分析了单晶三元材料与多晶三元材料在电化学性能、机械性能、热稳定性等方面的差异。

5.1 单晶 $LiNi_{0.6}Co_{0.1}Mn_{0.3}O_2$ 材料合成

5.1.1 $Ni_{0.6}Co_{0.1}Mn_{0.3}(OH)_2$ 前驱体的制备

首先，采用共沉淀法制备 $Ni_{0.6}Co_{0.1}Mn_{0.3}(OH)_2$ 前驱体（图 5－1）。具体步骤如下：在氮气保护下，将 2 mol・L^{-1} 的 $NiSO_4$・$6H_2O$，$CoSO_4$・$7H_2O$ 和 $MnSO_4$・$5H_2O$ 溶液，按照 Ni∶Co∶Mn 的摩尔比＝6∶1∶3 分别滴入 200 L 连续搅拌釜反应器中。随后，将用 5 mol・L^{-1} NaOH 溶液和 4 mol・$L^{-1}$$NH_3$・$H_2O$ 溶液分别用作沉淀剂和螯合剂，依次滴入上述反应釜。严格控制合成温度（60 ℃）、搅拌速度（500 rmp）和 pH（11.8）获得前驱体溶液。将最终得到的悬浮液经过 NaOH 溶液以及温水水洗后，再通过过滤漏斗进行固液分离得到滤饼，干燥后即得 $Ni_{0.6}Co_{0.1}Mn_{0.3}(OH)_2$ 前驱体。

5.1.2 单晶 $LiNi_{0.6}Co_{0.1}Mn_{0.3}O_2$ 正极材料的合成

采用高温煅烧法制备 $LiNi_{0.6}Co_{0.1}Mn_{0.3}O_2$（SC－$NCM_{613}$）单晶三元材料（图 5－1）。具体步骤如下：将制备的球形前驱体 $Ni_{0.6}Co_{0.1}Mn_{0.3}(OH)_2$ 与锂源（LiOH）以 Li∶M＝1.08∶1 的比例充分研磨，混合均匀，放入刚玉坩埚中，在 50 mL・min^{-1} 氧气流速下，以 4 ℃・min^{-1} 升温速率，升温至 550 ℃保温 6 小时后，在 930 ℃下煅烧 12 小时后得到单晶 $LiNi_{0.6}Co_{0.1}Mn_{0.3}O_2$（SC－$NCM_{613}$）正极材料。

对应的二次微球 $LiNi_{0.6}Co_{0.1}Mn_{0.3}O_2$（PC－$NCM_{613}$）材料在 50 mL・$min^{-1}$ 氧气流速下以 Li∶M＝1.05∶1 的比例在 850 ℃下烧结而得。

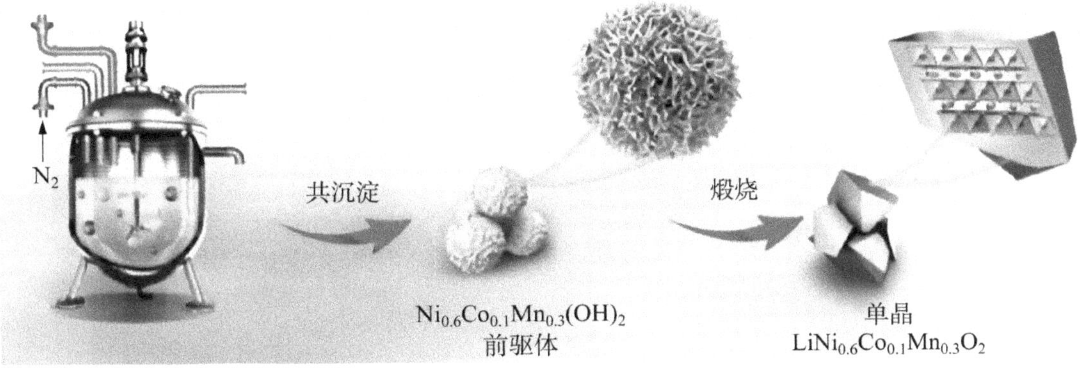

图 5-1　单晶 $LiNi_{0.6}Co_{0.1}Mn_{0.3}O_2$ 的合成示意图

5.2　SC-NCM_{613} 正极材料的结构表征

图 5-2 为 $Ni_{0.6}Co_{0.1}Mn_{0.3}(OH)_2$ 前驱体的 SEM 图。$Ni_{0.6}Co_{0.1}Mn_{0.3}(OH)_2$ 前驱体表面由许多棒状的一次颗粒组成(宽度为 60～80 nm、长度为 60～250 nm 的条状)，并团聚在一起形成的球型结构(颗粒直径 2～5 μm)。前驱体经过高温煅烧后，制备得到了典型的层状结构 $LiNi_{0.6}Co_{0.1}Mn_{0.3}O_2$ 正极材料。

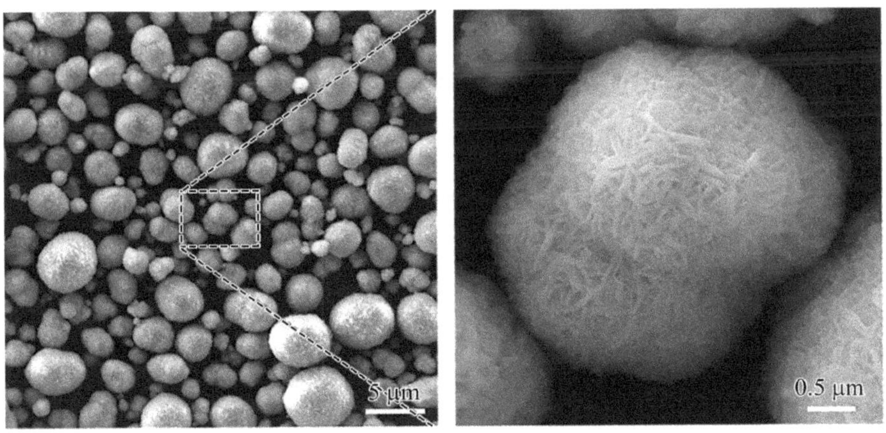

图 5-2　SC-NCM_{613} 前驱体的 SEM 图像

图 5-3 为多晶三元(PC-NCM_{613})材料和单晶三元(SC-NCM_{613})材料的表面形貌图。从图 5-3a、b 可知，PC-NCM_{613} 材料显示出明显的微米级球状结构，平均直径为 10～15 μm，且由许多不规则的一次颗粒(直径 400～500 nm)堆叠而成。另一方面，图 5-3g、h 所示，SC-NCM_{613} 样品由微米级(2～5 μm)不规则的一次颗粒组成。通常，微米级的一次粒子被认为是(准)单晶，这是区别多晶三元和单晶三元材料的重要判定依据之一。值得注意的是，粒径分布在 2～5 μm，表明高温处理后与前驱体尺寸基本一致。

此外，SEM-EDS测试表明，Ni、Co、Mn和O元素均匀分布在单个颗粒表面(图5-3i～l)，这与PC-NCM_{613}材料的EDS测试结果相似(图5-3c～f)。两个样品的ICP-OES测试结果表明Ni/Co/Mn的百分含量接近理论设计参数6∶1∶3(表5-1)，与实验设计的化学计量比保持一致，表明成功合成了化学计量比为$LiNi_{0.6}Co_{0.1}Mn_{0.3}O_2$的单晶三元材料。

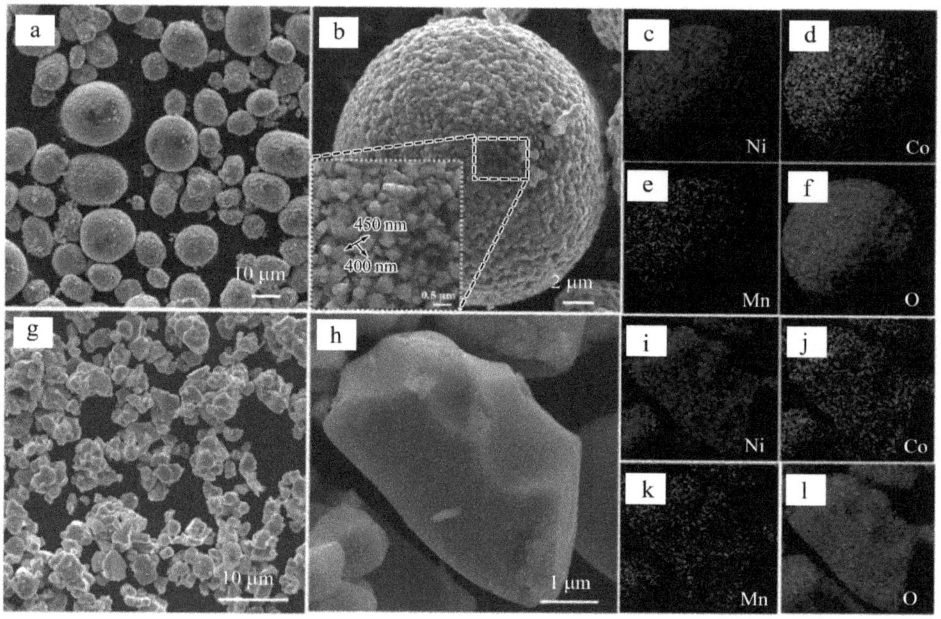

图5-3 a、b. 合成的多晶$LiNi_{0.6}Co_{0.1}Mn_{0.3}O_2$(PC-$NCM_{613}$)和g、h. 单晶$LiNi_{0.6}Co_{0.1}Mn_{0.3}O_2$(SC-$NCM_{613}$)的SEM图像；对应的Ni、Co、Mn、O元素的SEM-EDS面部扫描结果；c～f. PC-NCM_{613}；i～l. SC-NCM_{613}

表5-1 ICP测定了PC-NCM_{613}和SC-NCM_{613}粉末的Ni、Co、Mn含量

样本	化学成分(at. %)		
	Ni	Co	Mn
PC-NCM_{613}	60.4	9.4	30.2
SC-NCM_{613}	60.2	10.3	29.5

通过图5-4中的透射电子显微镜(TEM)进一步研究了SC-NCM_{613}单晶材料的典型层状结构。正极材料表面具有很好的晶格条纹，0.47 nm的面间距和选区电子衍射(SAED，图5-4b中放大图对应于(003)晶面，且没有观察到表面缺陷。这说明材料具有典型的层状结构[1,2]，这与XRD测试结果(图5-5)一致。

图5-5为材料前驱体与对应成品的XRD图及其精修结果。图5-5a为前驱体的XRD图谱，与PDF标准卡片(PDF＃ 73-1520)中的特征峰位置基本一致，证明所制备的PC-NCM_{613}和SC-NCM_{613}前驱体不含没有任何杂质。图5-5b所示，PC-NCM_{613}和

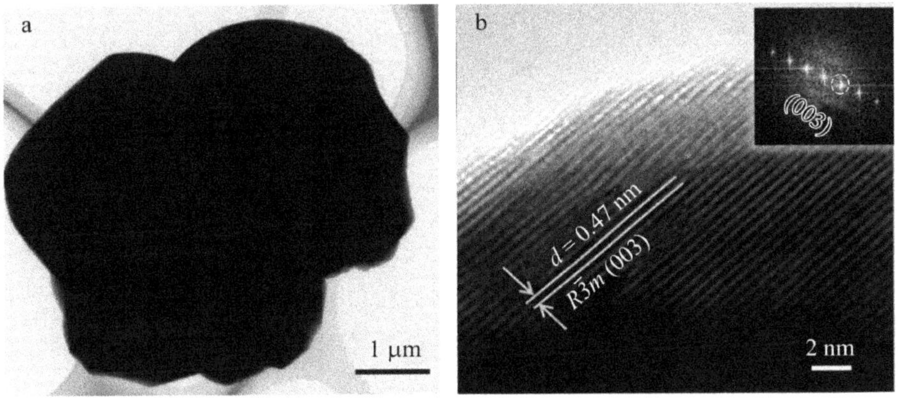

图 5-4　a、b. SC-NCM_{613} 的 HRTEM 图像

SC-NCM_{613} 样品的 XRD 衍射峰位置均与 $LiNiO_2$ 标准卡片(PDF # 87-1562)一一对应,进一步说明材料为纯 α-$NaFeO_2$ 型相,属于 $R\bar{3}m$ 空间群。

与此同时,采用 GSAS/EXPGUI 对这两种样本的 XRD 图谱进行 Rietveld 精修,结果显示在图 5-5c、d 中。XRD 图谱与精修的曲线完美的重合以及较小的 R_p 值证明了精修结果具有很高的可靠性。同时,(006)/(102)和(108)/(110)峰均分裂良好,较高的 c/a 值,证实了 SC-NCM_{613} 样品具有良好的层状结构(详细参数见表 5-2)。这证明所合成的单晶 $LiNi_{0.6}Co_{0.1}Mn_{0.3}O_2$ 正极材料纯度较高,且结构完整。

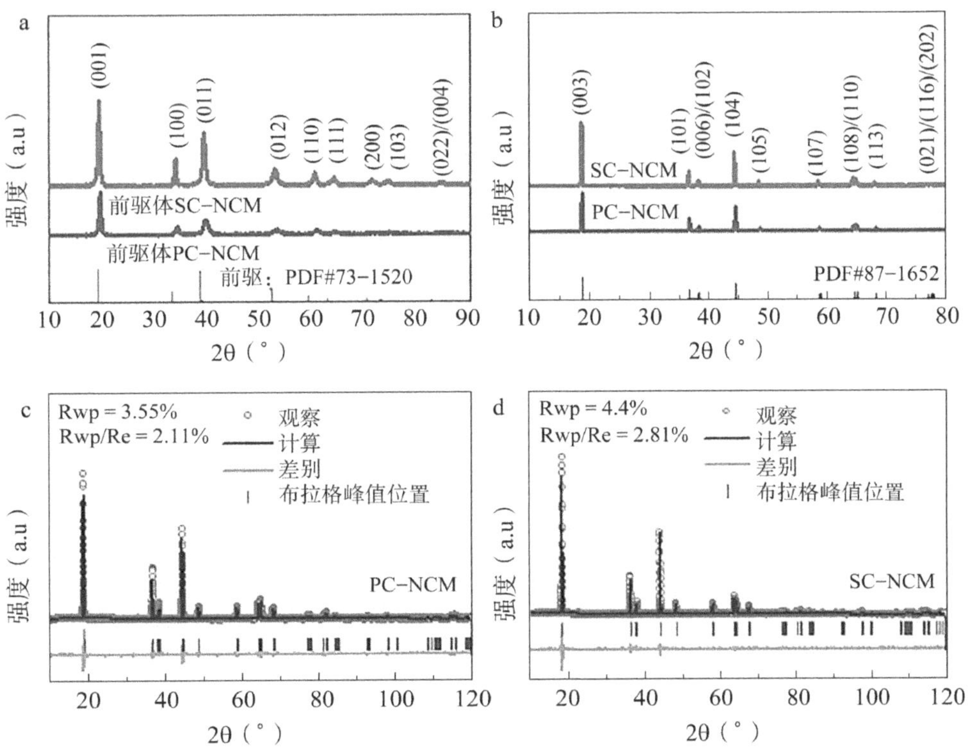

图 5-5　a. PC-NCM_{613} 和 SC-NCM_{613} 前驱体的 XRD; b. PC-NCM_{613} 和 SC-NCM_{613} 两个样品的 XRD 图,以及 c、d. 它们相应的 Rietveld 精修结果

表 5-2　PC-NCM_{613} 和 SC-NCM_{613} 样品的 Rietveld 精修结果

样本	a (Å)	c (Å)	v ($Å^3$)	c/a	R_p(%)	Ni^{2+} in Li^+ (%)
PC-NCM_{613}	2.874	14.238	101.853	4.954	3.55	1.18
SC-NCM_{613}	2.881	14.267	102.561	4.952	4.4	3.65

5.3　单晶与多晶 NCM_{613} 正极材料的电化学性能

为了客观评估 SC-NCM_{613} 和 PC-NCM_{613} 正极在电化学性能方面的优劣性，我们将合成的 SC-NCM_{613} 和 PC-NCM_{613} 两种正极分别组装 NCM ‖ Li 扣式电池，并测试它们的综合电化学性能。图 5-6a 所示，在 2.75～4.3 V/1 C/25 ℃ 测试条件下，以 SC-NCM_{613} 正极组装的电池经过 150 次循环后的容量保持率为 90.0%(表 5-3)。然而，在相同测试条件下(相同温度、电流密度和电压范围等)，由 PC-NCM_{613} 正极组装的电池表现出相对较低的容量值(115.1 mAh·g^{-1})和较差的容量保持率(72.8%)。这说明 SC-

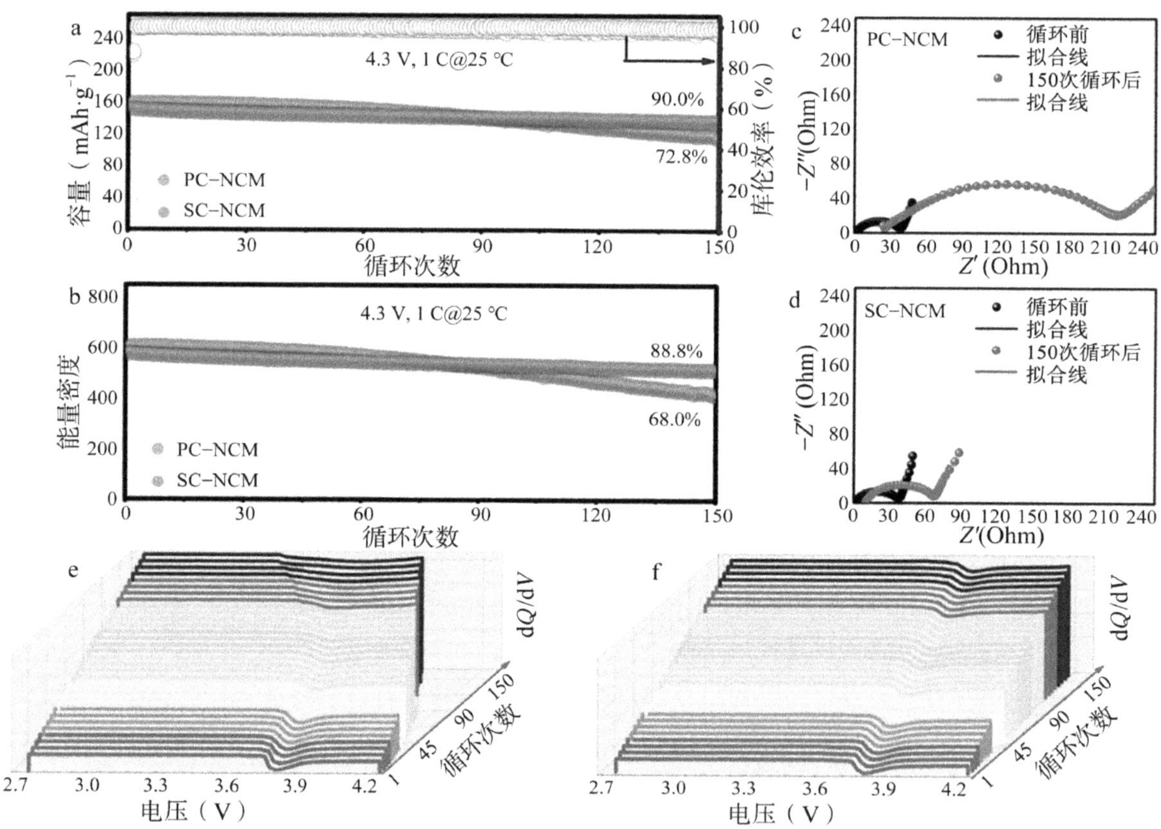

图 5-6　$LiNi_{0.6}Co_{0.1}Mn_{0.3}O_2$ ‖ Li 电池在 2.75～4.3 V/1 C/25 ℃测试条件下的电化学性能：a、b. 循环性能及其能量密度；c、d. PC-NCM_{613} 和 SC-NCM_{613} 电极的奈奎斯特图；e、f. 对应的 dQ/dV 曲线

NCM_{613} 正极相比于 PC - NCM_{613} 正极具有更好的循环稳定性。

图 5 - 6e、f 为不同循环圈数下的微分电容(dQ/dV)曲线，它可用于研究这两种正极的电化学极化随循环圈数增加的变化关系。对于 PC - NCM_{613} 正极的 dQ/dV 图，随着循环次数增加到 150 次循环，位于 3.80 V 处的还原峰迅速负移，随后峰值逐渐消失，说明 PC - NCM_{613} 正极组装的扣式电池表现出电池极化明显增加，容量保持率变差。相反，图 5 - 6f 所示，在 SC - NCM_{613} 电极的 dQ/dV 图中相应的峰值位置和峰值强度在 150 次循环前后几乎没有变化，表明 SC - NCM_{613} 正极具有良好的循环稳定性，较小电化学极化。这种可以忽略不计 SC - NCM_{613} 正极的极化行为，可归因于优异的单晶结构稳定性和较少的电极/电解液界面副反应，这与 EIS 和 GCD 等测试结果一致。

图 5 - 7a、b 为两种正极在不同循环次数下的充放电曲线。随着充放电循环次数的增加，PC - NCM_{613} 正极的放电比容量衰减更严重，这与容量保持率结果一致。此外，图 5 - 7c 所示，SC - NCM_{613} 正极在 150 圈循环过程中，放电中压值均保持在 3.75 V 以上，明显优于 PC - NCM_{613} 正极(随着循环次数增加至 150 次，该值逐步衰减至 3.6 V 左右)，这种现象归因于电池电化学极化的累积结果。详细极化电压值是通过平均充电中压和放电中压之差计算获得。经过计算发现，经过 150 次长循环后，SC - NCM_{613} 正极组装的电池极化电压值(265 mV)远小于 PC - NCM_{613} 正极组装的电池电压极化值(652 mV)(图 5 - 7d)。这直接证明了 SC - NCM_{613} 正极的电化学极化小于对应的 PC - NCM_{613} 正极[ΔV=0.39 V(图 5 - 7 d)]。

因此，SC - NCM_{613} 正极组装的电池能量密度(基于能量密度＝放电比容量×放电中压计算得出)从初始的 578.7 $Wh \cdot kg^{-1}$ 下降到 513.7 $Wh \cdot kg^{-1}$(150 次循环后)，且每个循环的能量密度衰减率低至 0.07%(图 5 - 6b 和表 5 - 3)。相比之下，由 PC - NCM_{613} 正极组装的扣式电池在 150 次循环后具有相对较低的能量密度值，仅为 411.5 $Wh \cdot kg^{-1}$，能量保持率为 68.0%(而 SC - NCM_{613} 正极能量密度保持率为 88.8%)。相比于容量保持率(90.0%)，在经过 150 次循环后 SC - NCM_{613} 正极的能量密度保持率(88.8%)稍微降低，这是因为经过长循环后电池极化导致放电中压略微减少。相比于多晶较小的一次颗粒(纳米级)，单晶的一次颗粒达到了微米级尺寸，导致单晶颗粒的锂离子扩散路径变长，所以 SC - NCM_{613} 正极的倍率性能(特别是大倍率放电时)比 PC - NCM_{613} 正极要略差(图 5 - 7e、f)。PC - NCM_{613} 正极组装的扣式电池电化学性能衰减严重可能源于正极/电解液界面发生严重的不可逆副反应或正极结构劣化，这可能与多晶三元正极存在的晶间裂纹有关[3,4]。

此外，在电动汽车的实际应用中，能源效率是评估高能量密度正极的重要因素之一[5,6]。图 5 - 8 所示，在 2.75～4.3 V/1 C 测试条件下，经过 150 次循环后 SC - NCM_{613} 电极组装的电池能量效率为 94.5%，也高于 PC - NCM_{613} 正极组装电池的 87.6%(表 5 - 3)。上述电化学结果表明，SC - NCM_{613} 正极在长循环后具有更低的过电位、更好的能量效率和优异的容量保持率，这有利于 SC - NCM_{613} 电极的商业化应用。

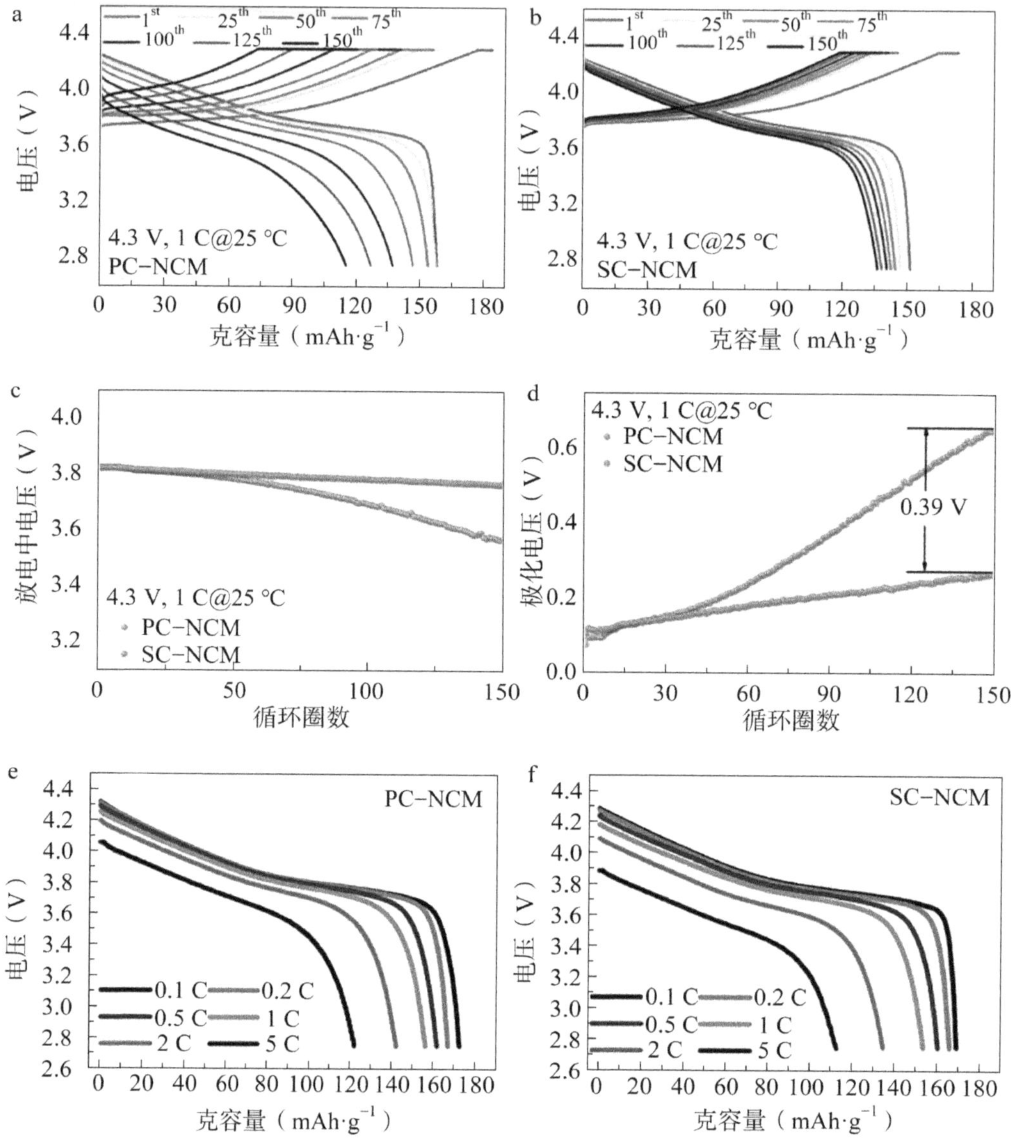

图 5-7 a、b. PC-NCM_{613} 和 SC-NCM_{613} 正极在不同循环圈数后充放电曲线；c、d. PC-NCM_{613} 和 SC-NCM_{613} 电极在 1 C、电压范围为 2.75～4.3 V/25 ℃下对应的放电中压和极化电压；PC-NCM_{613}(e)和 SC-NCM_{613}(f)在 25 ℃从 0.1 C 到 5 C 不同电流密度的放电曲线

为了研究两种正极材料的电化学反应动力学，在 2.75～4.3 V/1 C 测试条件下，我们测试了 PC-NCM_{613} 和 SC-NCM613 电极在经过 150 次循环后的电化学阻抗谱(EIS)。图 5-6c、d 所示，两种正极的 EIS 曲线由一个半圆和一条直线组成，分别对应于电荷转移阻抗(R_{ct})和 Warburg 电阻[7]。图 5-9b 为两个样品的 EIS 等效电路图，表 5-4 为采用 Z-View 软件拟合详细数据。

表 5-3　PC-NCM_{613} 和 SC-NCM_{613} 正极在扣式电池中 150 次循环后的电化学性能对比

项目	电压范围 2.75～4.3 V	
	PC-NCM_{613}	SC-NCM_{613}
放电容量($mAh \cdot g^{-1}$)	115.1	136.4
容量保持(%)	72.8	90.0
能量密度 ($Wh \cdot kg^{-1}$)	411.5	513.7
能量保持率(%)	68.0	88.8
能量效率(%)	87.6	94.5

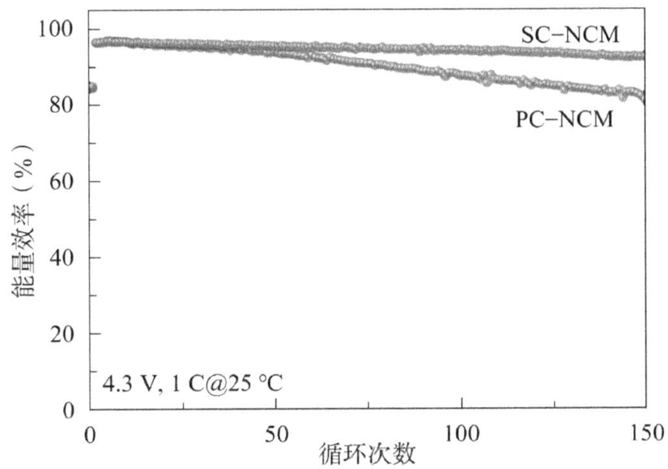

图 5-8　在 25℃工作温度，电压范围为 2.75～4.3 V 下 PC-NCM_{613} 和 SC-NCM_{613} 能源效率图

值得注意的是，循环前两种电极的 R_{ct} 和 D_{Li^+} 值相似。当电池经过 150 次循环后，SC-NCM_{613} 正极组装的电池 R_{ct} 值(56.26 Ω)远小于 PC-NCM_{613} 正极组装电池的相应值(203.9 Ω)。这意味着在 SC-NCM_{613} 正极组装的电池中，正极/电解液界面处的电荷转移电阻相对更低。具体的锂离子扩散系数值(D_{Li^+})可以通过公式 5-1 和 5-2 计算得出[8,9]。图 5-9a 所示，通过 EIS 拟合及计算得出，SC-NCM_{613} 正极和 PC-NCM_{613} 正极的 D_{Li^+} 分别为 $2.05 \times 10^{-14}\ cm^2 \cdot s^{-1}$ 和 $2.39 \times 10^{-15}\ cm^2 \cdot s^{-1}$，证明 SC-$NCM_{613}$ 正极具有更快的反应动力学特性。此外，PC-NCM_{613} 正极的 R_0 从循环前的 2.13 Ω 急剧增加到 150 次循环后的 22.99 Ω，而 SC-NCM_{613} 电极的 R_0 在相同测试条件下略有增加(从 1.92 Ω 增加到 9.51 Ω)。众所周知，循环后阻抗的增加与电池极化积累和电极结构劣化有关。因此，造成 PC-NCM_{613} 正极的 R_0 和 R_{ct} 显著增大的原因可能是经过 150 次长循环后 PC-NCM_{613} 电极表面形成一层厚厚的 NiO 型岩盐层，最终导致 PC-NCM_{613} 正极组装的电池容量快速衰减和缓慢的反应动力学特性。相比之下，SC-NCM_{613} 材料优异的电化学性能可能归因于单晶颗粒的坚固结构，较低的电化学极化。

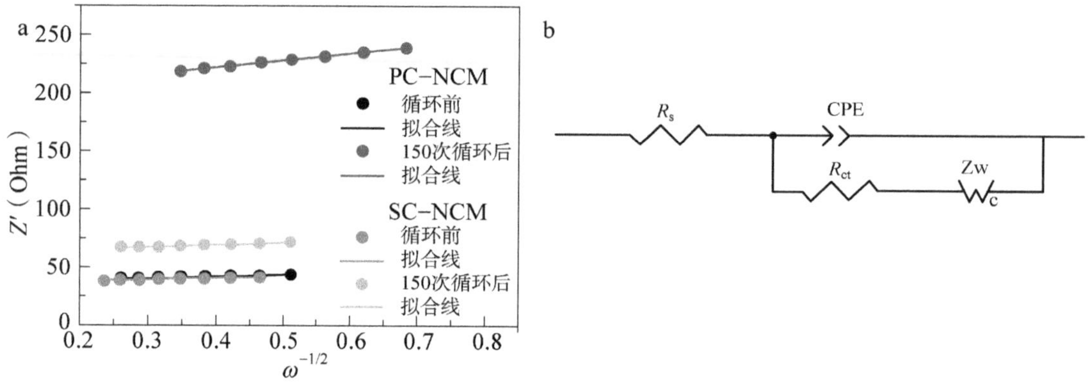

图 5-9　a. PC-NCM$_{613}$ 和 SC-NCM$_{613}$ 正极循环前后的 Z' 对 $\omega^{-1/2}$ 拟合图，Z' 与 $\omega^{-1/2}$ 的拟合直线图；b. 对应的等效电路图

表 5-4　PC-NCM$_{613}$ 和 SC-NCM$_{613}$ 正极循环前后的 EIS 结果拟合数据

样本	项目	R_s(Ω)	R_{ct}(Ω)	D_{Li^+} (cm^2 · s^{-1})
PC-NCM$_{613}$	循环之前	2.13	32.56	3.34×10^{-14}
	经过 150 个周期后	22.99	203.9	2.39×10^{-15}
SC-NCM$_{613}$	循环之前	1.92	31.32	4.33×10^{-14}
	经过 150 个周期后	9.51	56.26	2.05×10^{-14}

Li^+ 扩散特性和动力学分析根据公式 5-1 和 5-2 计算得出：

$$D_{Li^+}=\frac{R^2T^2}{2n^4F^4A^2C^2\sigma^2} \tag{5-1}$$

$$Z'=R_s+R_{ct}+\sigma\omega^{-1/2} \tag{5-2}$$

上述公式中，D_{Li^+} 为 Li^+ 扩散系数(cm^2 · s^{-1})，R 为气体常数(8.314 J · mol^{-1} · K^{-1})，T 为绝对温度(K)，n 为电荷转移数，F 为法拉第常数(96 485 C · mol^{-1})，A 为电极面积(cm^2)，C 为晶胞单元中 Li^+ 的浓度(mol · cm^{-3})(由 GSAS 软件拟合得到)，σ 为 $Z'/\omega^{-1/2}$ 的斜率(由 Z' 对 $\omega^{-1/2}$ 的拟合结果得到)，具体参数列于表 5-5。

表 5-5　公式 3-1 中相关参数

参数	数值
R (J · mol^{-1} · K^{-1})	8.314
T (K)	298.15
n	1
F (C · mol^{-1})	96 485
A (cm^2)	1.33
C_{Li^+} (mol · cm^{-3})	0.048 7
在循环前的 PC-NCM$_{613}$(SC-NCM$_{613}$)电极的 $Z'/\omega^{-1/2}$ 斜率	15.9(13.96)
在经过 150 个周期后的 PC-NCM$_{613}$(SC-NCM$_{613}$)电极的 $Z'/\omega^{-1/2}$ 斜率	59.41(20.29)

此外，满充状态(4.3 V)下的 DSC 曲线进一步证明了 SC - NCM_{613} 材料的热稳定性得到了改善(图 5 - 10)。PC - NCM_{613} 电极在 254.3 ℃处出现放热峰，产生的热量为 297.4 J g^{-1}，而 SC - NCM_{613} 电极的放热温度转移到更高处(267.4℃)，产生的热量也更低(88.8 J g^{-1})。这意味着单晶结构可以有效抑制电解液和正极之间的热失控和氧气释放反应，表明 SC - NCM_{613} 材料具有更好的热稳定性。

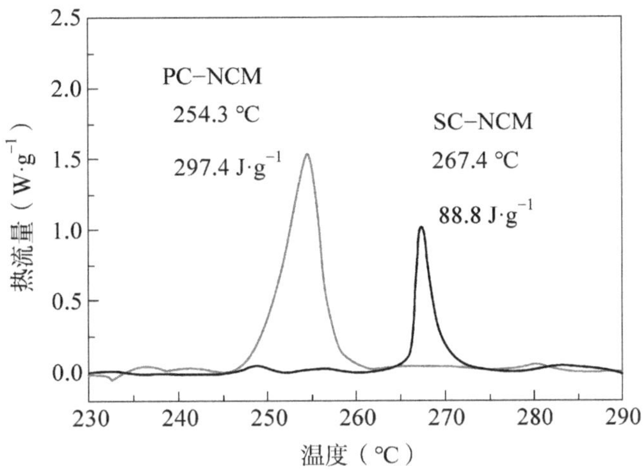

图 5 - 10　PC - NCM_{613} 和 SC - NCM_{613} 正极的 DSC 曲线

5.4　单晶与多晶 NCM_{613} 正极材料应用及成本分析

图 5 - 11a～c 所示，为了进一步评估 SC - NCM_{613} 和 PC - NCM_{613} 两种材料在实际应用中的优劣性，我们将 SC - NCM_{613} 正极材料和 PC - NCM_{613} 正极材料组装 NCM ‖ 石墨软包全电池，并在 4.2 V/1C/45 ℃测试条件下测试充放电循环性能。图 5 - 11a～c 可知，PC - NCM_{613} ‖ 石墨全电池的容量衰减比 SC - NCM_{613} ‖ 石墨全电池更严重，这样的结果可能与 PC - NCM_{613} ‖ 石墨全电池内部较多的副反应及 PC - NCM_{613} 正极的晶间裂纹有关。SC - NCM_{613} ‖ 石墨全电池经过 900 次循环后的容量保持率为 73.9%(每圈容量衰减率低至 0.029%)，而 PC - NCM_{613} ‖ 石墨全电池仅在 270 次循环后降至该值(73.1%)。这说明 SC - NCM_{613} 正极材料具有更优异的高温循环性能。即使与文献报道的其他单晶 NCM 正极相比(表 5 - 6)，单晶 $LiNi_{0.6}Co_{0.1}Mn_{0.3}O_2$ 在较高面载量(6.48 mA · cm^{-2})下具有最佳循环性能。

除了考虑 SC - NCM_{613} 的电化学性能外，正极材料的成本效益也是动力电池商业化应用的评估要素之一。图 5 - 11d、e 所示，根据 NCM 正极材料的化学计量比推算出各种三元正极的材料成本，$LiNi_{0.6}Co_{0.1}Mn_{0.3}O_2$ 的材料成本(74 641 元/吨)低于其他所有的常规 NCM 材料。此外，除了无钴 $LiNi_{0.9}Mn_{0.1}O_2$ 正极材料外，$LiNi_{0.6}Co_{0.1}Mn_{0.3}O_2$ 正极是产生 1 Ah 电量

表 5-6 文献报道的单晶富镍 NCM(Ni≥0.6)电化学性能对比

成分	全电池容量（Ah）	填充物（mg·cm^{-2}）	电压（V）	电流倍率（C）	循环次数	保留（%）	参考文献
$LiNi_{0.6}Co_{0.1}Mn_{0.3}O_2$	10	40.5	4.2	1	900 全电池 45℃	73.9	本工作
	NA	～8	4.3	1	150	90.0	
$LiNi_{0.92}Co_{0.06}Mn_{0.01}Al_{0.01}W_xMo_xO_2$	NA	7.8	4.3	1	100	95.7	[11]
$LiNi_{0.88}Co_{0.09}Al_{0.03}O_2$	NA	～12	4.2	0.2	100 全电池	88	[12]
$LiNi_{0.83}Co_{0.11}Mn_{0.06}O_2$	1.8	16	4.35	0.5	400 全电池	84.8	[13]
$LiNi_{0.8}Co_{0.1}Mn_{0.1}O_2$	0.7	26.4	4.25	1	1 000 全电池 45℃	～80	[14]
	NA	—	4.3	1	100	89	
$LiNi_{0.76}Co_{0.1}Mn_{0.14}O_2$	2	20	4.4	0.33	200 全电池	72	[15]
$LiNi_{0.6}Co_{0.2}Mn_{0.2}O_2$	NA	～12	4.3	1	800 全电池	80	[16]

所需成本最便宜的(仅 0.47 元/Ah)。但是由于 $LiNi_{0.9}Mn_{0.1}O_2$ 正极长循环性能较差，目前还不适合产业化发展[10]。综合考虑成本因素和循环稳定性，化学计量比为 $LiNi_{0.6}Co_{0.1}Mn_{0.3}O_2$ 单晶三元正极更具有商业化应用前景，尤其是在较高的环境温度下性能更优异。

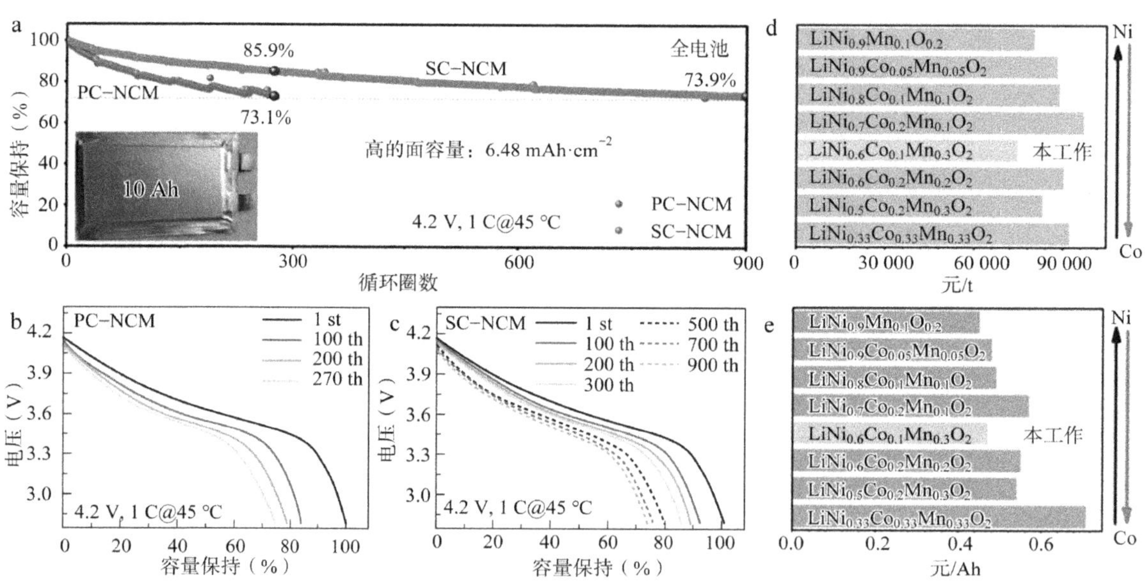

图 5-11 $LiNi_{0.6}Co_{0.1}Mn_{0.3}O_2$ ‖ 石墨软包全电池的电化学表征：循环性能(a)和其对应的 PC-NCM_{613}(b)与 SC-NCM_{613}(c)正极在 1 C 和 45℃下的充电/放电曲线，截止电压为 2.75～4.2 V；d. 基于不同化学计量比的 NCM 材料的制造成本对比图；e. NCM 正极产生 1Ah 的成本

正极的机械稳定性是实际应用中需要考虑的另一个因素[17,18]。一般来说，在强机械压延下电极经常出现裂纹，这直接影响电极的压实密度。具体来说，活性物质颗粒在给定的压力值下如果不能吸收压缩能量，可能就会导致在电极颗粒上出现裂纹。这些压应力引起的颗粒破裂也会破坏电极中的电子传导路径[18]。因此，通过施加 15～25 MPa 不同压力来评估电极的机械强度(图 5 - 12g)，当 SC - NCM_{613} 极片在压实密度约为 3.5 g·cm^{-3} 时，由 SC - NCM_{613} 极片的 SEM 图像可知，极片表面颗粒没有可见裂纹(图 5 - 12d～f)。相比之下，随着压实密度从 2.9 g·cm^{-3} 增加到 3.39 g·cm^{-3}，PC - NCM_{613} 极片的形态完全坍塌，其中一个完整的二次球状颗粒被压碎成两部分(图 5 - 12a～c)。这证明电极的压实密度与 NCM 的形态和粒径大小直接相关[19]。从上述结果看出，具有较大压实密度的 SC - NCM_{613} 电极具有更好的机械强度归因于坚固且均匀分散的微米级一次颗粒(图 5 - 12 g)。

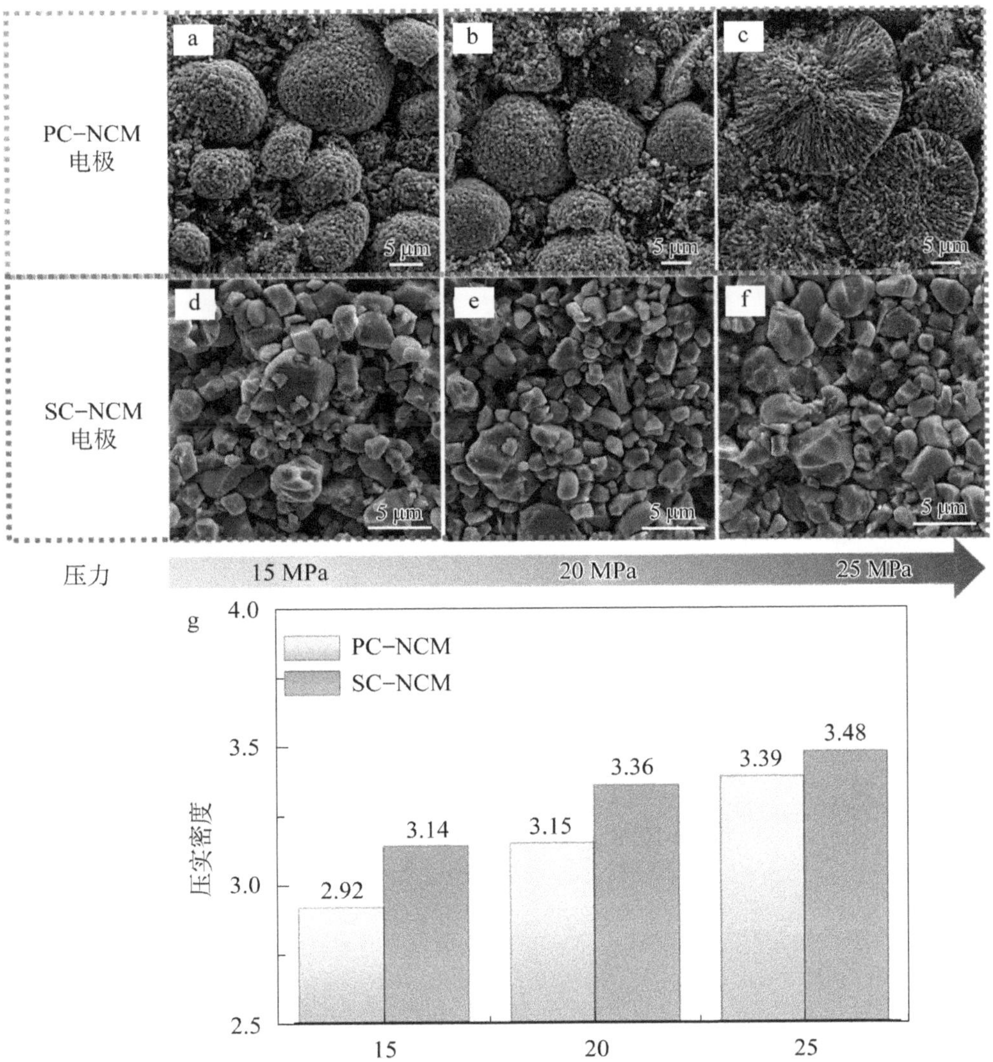

图 5 - 12　电极的机械性能：在 15～25 MPa 压延后 a～c. PC - NCM_{613} 和 d～f. SC - NCM_{613} 电极的表面形貌；g. 两个电极的相应压实密度-压力图

5.5 SC－NCM_{613} 结构稳定机制

根据上述电化学-机械性能的研究，我们推测相比于 SC－NCM_{613} 材料优异的结构稳定性，电极/电解液界面处的微裂纹产生和严重的界面副反应是导致 PC－NCM_{613} 材料容量衰减的根本原因[4,20]。为了证明这一推测，将这两种正极组装的电池在长循环后进行拆解，并通过 SEM、HRTEM 和 XPS 测试其化学成分和形貌变化。图 5－13a、b 所示，大量晶间裂纹明显分布在 PC－NCM_{613} 正极内部，这些裂纹沿晶界产生并随后蔓延到 PC－NCM_{613} 电极表面，导致严重粉化和二次颗粒开裂。而且，这些缺陷会破坏二次颗粒的结构完整性，导致活性物质的反应活性降低。此外，电解液很容易沿着这些裂缝进入颗粒内部，加剧电解液对正极表面结构的侵蚀，从而加速 PC－NCM_{613} 正极的容量衰减。与循环后 PC－NCM_{613} 正极表面开裂现象完全不同，图 5－13d、e 所示，循环后的 SC－NCM_{613} 正极活性物质颗粒保留了原始的不规则方形，没有明显可见的裂纹产生，表明单晶结构具有优异的电化学稳定性和机械完整性。

SEM－EDS 面扫和 X 射线光电子能谱(XPS)结果进一步分析验证正极/电解液界面(CEI)的表面化学成分。如图 5－13g 所示，氟化物均匀分布在循环后 PC－NCM_{613} 电极的表面和二次球颗粒内部，证明电解液沿着裂纹向二次颗粒内部渗透(图 5－13c)。然而，由 40 nm 蚀刻深度的 XPS 结果可知，SC－NCM_{613} 正极的一次颗粒内部氟化物含量明显减少，表明单晶 SC－NCM_{613} 正极结构完整性有效阻碍了电解液向颗粒内部侵蚀(图 5－

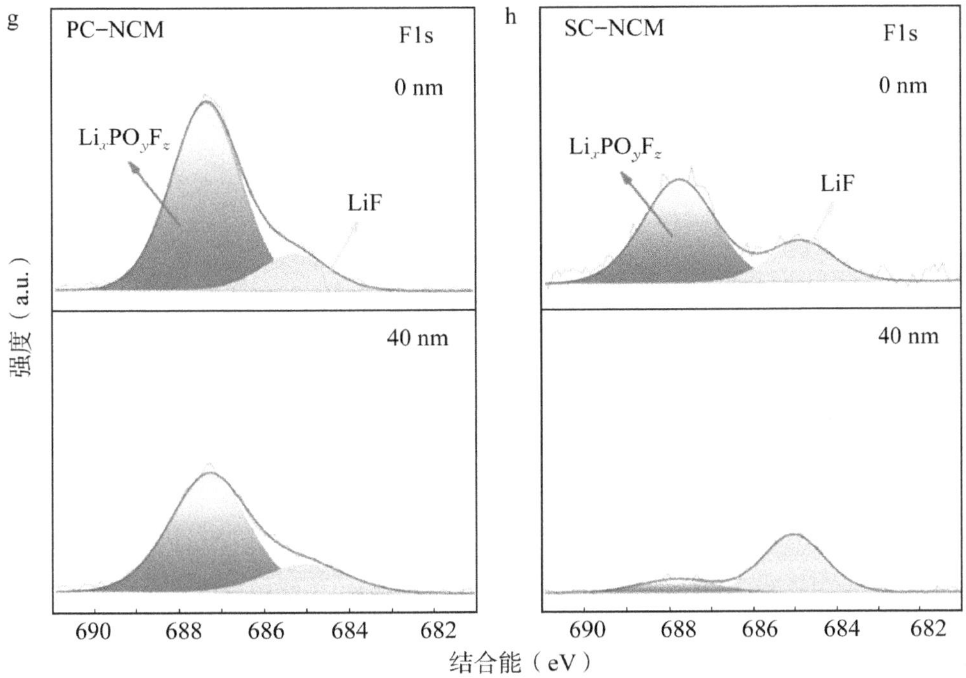

图 5－13　扣式电池在 1 C 和 25 ℃下循环 150 次后的正极表面形貌和表面化学状态：SEM 图像；a～c. PC－NCM_{613} 的 Ni、Co、Mn、F 元素的相应 SEM－EDS 面扫；d～f. SC－NCM_{613} 电极；g. 循环后 PC－NCM_{613} 和 h. SC－NCM_{613} 电极的 F1s 元件的 0 nm 和 40 nm 蚀刻深度 XPS

13f）。具体地说，如图 5－13g、h 所示，循环后两种电极的 F1s 光谱包含来自 LiF(685.5 eV)和 $Li_xPO_yF_z$(687.4 eV)的两个峰，都源自电解液分解形成的 CEI 膜成分[21,22]。与 SC－NCM_{613} 电极相比，循环后的 PC－NCM_{613} 正极含 F 物质的峰值在 40 nm 的刻蚀深度处仍然出现更强的峰值，表明电极表面的 CEI 层相对较厚，这可能是由于内部晶体裂纹引起的电解液渗透和分解更多(图 5－13g)。而根据 SC－NCM_{613} 正极的 40 nm 蚀刻深度 XPS 结果(图 5－13h)，LiF 和 $Li_xPO_yF_z$ 的峰值强度在 SC－NCM_{613} 正极内部明显降低，正好说明单晶材料内部较少或没有裂纹产生，所以电解质渗透减弱。图 5－14 所示，C1s、O1s 和

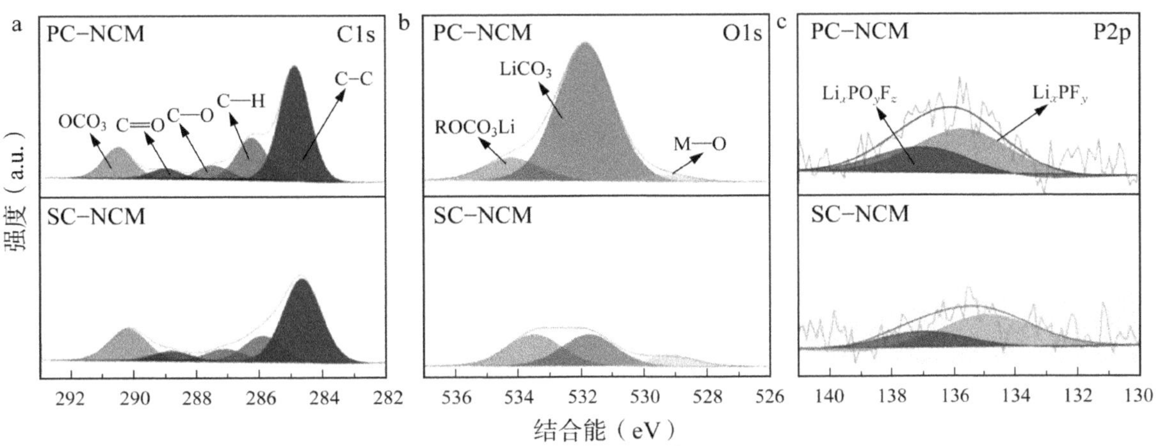

图 5－14　扣式电池循环 150 次后正极表面的 XPS 谱：a. PC－NCM_{613} 和 SC－NCM_{613} 电极的 C1s；b. O1s；c. P2p

P2p 光谱结果表明，相比于 PC - NCM_{613} 极片表面 CEI 成分含量，SC - NCM_{613} 电极表面沉积的副反应产物更少[23,24]，进一步证明了电解液的分解及侵蚀相对较弱。

利用暗场扫描透射电子显微镜(HAADF - STEM)、HRTEM 和 SEM 探究循环后的两个电极内部形貌和结构演变过程(图 5 - 15)。图 5 - 15a、b 为循环后两种电极横截面 SEM 图像。由截面 SEM 图像观察可知，在 PC - NCM_{613} 电极内部广泛分布着大量的晶间微裂纹，这确实是 PC - NCM_{613} 电极的电化学性能衰减原因之一。然而，图 5 - 15g 所示，在循环后 SC - NCM_{613} 电极的横截面 SEM 图中并没有观察到裂纹存在，表明在长时间充放电循环过程中，SC - NCM_{613} 正极抵抗各向异性应力作用更强，即 SC - NCM_{613} 电极具有更好的机械稳定性。这些严重的裂纹缺陷会在 PC - NCM_{613} 正极上引发一系列连锁反应。首先，在 PC - NCM_{613} 电极中产生裂纹区域附近的一次粒子容易发生电化学活性失效。具体说，裂纹的产生使得导电/导离子通路被隔断。其次，它为电解液渗透一次颗粒提供路径，并扩大内部颗粒与电解液的接触界面，加速了界面副反应发生概率。更重要的是，PC - NCM_{613} 电极中的一次颗粒表面会受到电解液侵蚀，在长期循环过程中会形成较厚且不导电的钝化层，导致 PC - NCM_{613} 材料发生不可逆相变。

图 5 - 15d～f 所示，PC - NCM_{613} 电极的一次粒子内部可以检测到较厚 NiO 岩盐相，严重阻碍了电极/电解液界面处的 Li^+ 扩散。这种非活性相沿着一次颗粒表面向颗粒内部延伸，厚度可达约 18 nm，最终导致材料内部从层状的 $R\bar{3}m$ 结构(对应于图 3 - 15f 中的区域Ⅱ)到不可逆岩盐相 $F\bar{3}m$ 转变(对应图 5 - 15e 中的Ⅰ区)。尽管这种结构劣化在 SC - NCM_{613} 电极中仍然会发生，但发生这种不可逆相变程度相对轻微，且在整个 SC - NCM_{613} 正极的内部和外部都没有观察到明显的微裂纹(图 5 - 15 g)。从图 5 - 15h、i 可以看出，SC - NCM_{613} 电极表面存在一层薄薄的无序层(仅约 2 nm)，这很好地证明了微米级

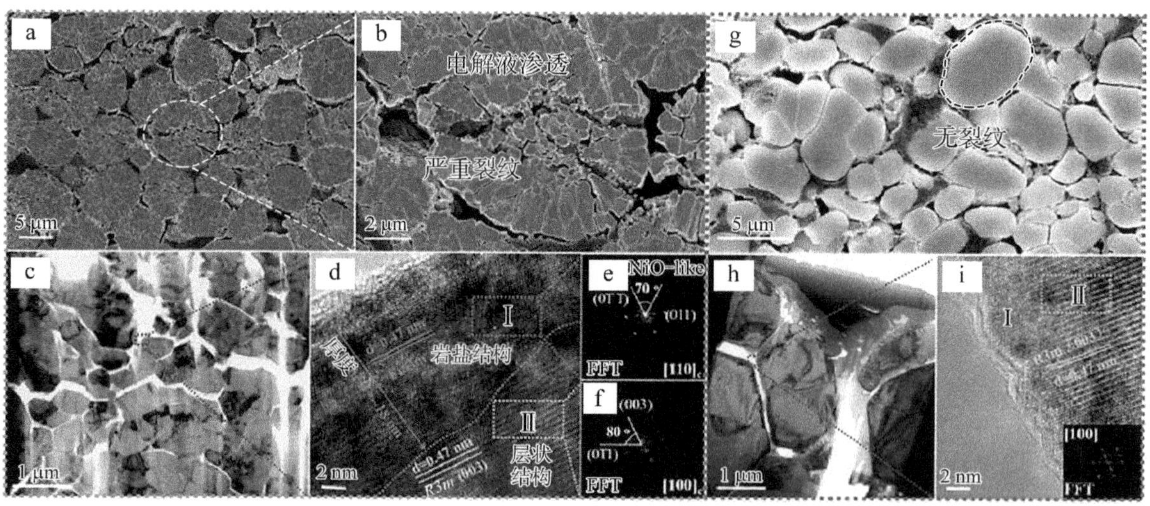

图 5 - 15　软包电池中 SC - NCM_{613} 和 PC - NCM_{613} 电极分别在 900 次循环和 270 次循环后的内部形态和结构：a～f. PC - NCM_{613} 和 g～i. SC - NCM_{613} 电极横截面的 SEM、TEM 和 HRTEM 图像及其相应的 FFT 图

的单晶颗粒在长循环过程中具有良好的结构稳定性。

综合上述循环后两种正极的结构表征和表面化学成分分析，SC－NCM_{613} 正极和 PC－NCM_{613} 正极的内部结构演变如图 5－16a、b 所示。传统的多晶微球 PC－NCM_{613} 正极容易在二次粒子中形成微米级的晶间裂纹，这是由于体积变化导致局部应力不均匀收缩产生的。而且，PC－NCM_{613} 材料中二次球的严重裂纹出现会加速电解液向一次粒子内部的渗透，尤其是在苛刻工况条件下（如大压实密度、高充电电压、高工作温度等）。因此，恶劣的电极/电解液副反应加剧，导致电极表面结构的不可逆相变（从层状结构向岩盐结构转变），从而加剧了电池的容量衰减和极化积累。

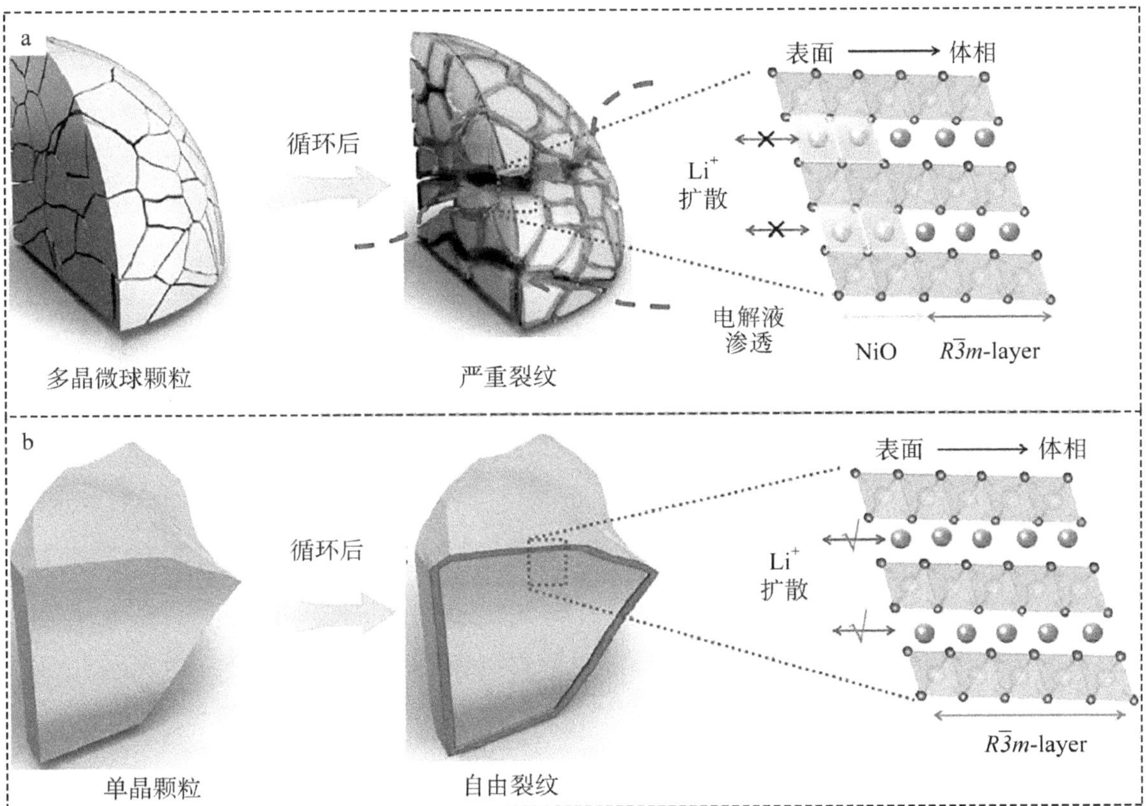

图 5－16　PC－NCM_{613}(a)和 SC－NCM_{613}(b)两种正极的裂纹演变和内部微观结构对比示意图

相反，对于 SC－NCM_{613} 正极，整个微米级的单晶结构具有较强的机械稳定性，有效地缓解了长循环过程中的体积变化引起的应力集中，降低了晶粒间纳米/微米级裂纹形成的概率，从而降低了电极/电解液界面副反应发生可能性。基于上述分析，SC－NCM_{613} 材料优异的微观结构稳定性可以显著地提高电池循环稳定性，特别是在苛刻的测试条件。

5.6　本章小结

通过共沉淀－高温煅烧方法成功合成了具有较窄粒径分布（2～5 μm）的单晶

$LiNi_{0.6}Co_{0.1}Mn_{0.3}O_2$(SC - NCM_{613})正极材料。系统分析了单晶三元材料与多晶三元材料在电化学性能、机械性能、热稳定性等方面的差异。实验结果表明。

与多晶 $LiNi_{0.6}Co_{0.1}Mn_{0.3}O_2$(PC - NCM_{613})正极相比,SC - NCM_{613} 合适的微米级颗粒,有效减少了微裂纹、界面副反应和锂离子在颗粒上扩散的极化过电位,从而具有更稳定的电化学性能。

在电压范围为 2.75~4.3 V,电流密度为 1 C 和工作温度为 25 ℃下,PC - NCM_{613} ‖ Li 电池经过 150 圈充放电循环后容量保持率为 72.8%,而 SC - NCM_{613} ‖ Li 电池容量保持率为 90.0%,表现出更稳定的循环性能。此外,循环后的正极界面未观察到明显的微裂纹等结构破坏现象,证明了单晶三元材料具有更好容量保持率的原因。

基于三元材料的化学计量比推算材料成本发现,SC - NCM_{613} 材料具有三元材料中最低的制备成本(74 641 元/吨)和较低的容量成本(0.47 元/Ah)。因此,SC - NCM_{613} 材料具有更好商业化应用前景。

满充状态下(4.3 V)的 DSC 结果证明,PC - NCM_{613} 电极在 254.3 ℃处出现放热峰,产生的热量为 297.4 J · g^{-1},而 SC - NCM_{613} 电极的放热温度转移到更高处(267.4 ℃),产生的热量也更低(88.8 J · g^{-1})。这表明 SC - NCM_{613} 材料可以有效抑制电解液和正极之间的热失控行为和析氧反应,因此 SC - NCM_{613} 材料具有更好热稳定性。

参考文献

[1] Pang P, Tan X, Wang Z, et al. Crack-free single-crystal $LiNi_{0.83}Co_{0.10}Mn_{0.07}O_2$ as cycling/thermal stable cathode materials for high-voltage lithium-ion batteries [J]. Electrochimica Acta, 2021, 365: 137380.

[2] Yang X, Tang Y, Shang G, et al. Enhanced cyclability and high-rate capability of $LiNi_{0.88}Co_{0.095}Mn_{0.025}O_2$ cathodes by homogeneous Al^{3+} doping [J]. ACS Applied Materials & Interfaces, 2019, 11: 32015 - 32024.

[3] Yang X, Tang Y, Qu Y, et al. Bifunctional nano-ZrO_2 modification of $LiNi_{0.92}Co_{0.08}O_2$ cathode enabling high-energy density lithium ion batteries [J]. Journal of Power Sources, 2019, 438: 226978.

[4] Rodrigues M T F, Babu G, Gullapalli H, et al. A materials perspective on Li-ion batteries at extreme temperatures [J]. Nature Energy, 2017, 2: 17108.

[5] Hwang S, Kim D H, Chung K Y, et al. Understanding local degradation of cycled Ni-rich cathode materials at high operating temperature for Li-ion batteries [J]. Applied Physics Letters, 2014, 105: 359.

[6] Eftekhari A. Energy efficiency: a critically important but neglected factor in battery research [J]. Sustainable Energy & Fuels, 2017, 1: 2053 - 2060.

[7] Zhang Z, Mu S C, Zhang B W, et al. A novel synthesis of carbon nanotubes directly from an indecomposable solid carbon source for electrochemical applications [J]. Journal of Materials Chemistry A, 2016, 4: 2137 - 2146.

[8] Yoon C S, Kim U H, Park G T, et al. Self-passivation of a $LiNiO_2$ cathode for a lithium-ion battery through Zr Doping [J]. ACS Energy Letter, 2018, 3: 1634 - 1639.

[9] Zheng F, Yang C, Xiong X, et al. Nanoscale surface modification of lithium-rich layered-oxide composite cathodes for suppressing voltage fade [J]. Angewandte Chemie International Edition., 2015, 54: 13058 - 13062.

[10] Liu P, Zhang H, He W, et al. Lithium deficiencies engineering in Li-rich layered oxide $Li_{1.098}Mn_{0.533}Ni_{0.113}Co_{0.138}O_2$ for high-stability cathode [J]. Journal of the American Chemical Society, 2019, 141: 10876 - 10882.

[11] Yan W, Jia X, Yang S, et al. Synthesis of single crystal $LiNi_{0.92}Co_{0.06}Mn_{0.01}Al_{0.01}O_2$ cathode materials with superior electrochemical performance for lithium ion batteries [J]. Journal of The Electrochemical Society, 2020, 167: 120514.

[12] Li H, Li J, Zaker N, et al. Synthesis of single crystal $LiNi_{0.88}Co_{0.09}Al_{0.03}O_2$ with a two-step lithiation method [J]. Journal of The Electrochemical Society, 2019, 166: A1956 - A1963.

[13] Pang P, Tan X, Wang Z, et al. Crack-free single-crystal $LiNi_{0.83}Co_{0.10}Mn_{0.07}O_2$ as cycling/thermal stable cathode materials for high-voltage lithium-ion batteries [J]. Electrochimica Acta, 2021, 365: 137380.

[14] Zhu J, Chen G. Single-crystal based studies for correlating the properties and high-voltage performance of $LiNi_xMn_yCo_{1-x-y}O_2$ cathodes [J]. Journal of Materials Chemistry A, 2019, 7: 5463 - 5474.

[15] Bi Y, Tao J, Wu Y, et al. Reversible planar gliding and microcracking in a single-crystalline Ni-rich cathode [J]. Science, 2020, 370: 1313 - 1317.

[16] Qian G, Zhang Y, Li L, et al. Single-crystal nickel-rich layered-oxide battery cathode materials: synthesis, electrochemistry, and intragranular fracture [J]. Energy Storage Materials, 2020, 27: 140 - 149.

[17] Sun Y K, Lee D J, Lee Y J, et al. Cobalt-free Nickel rich layered oxide cathodes for lithium-ion batteries [J]. ACS Applied Materials & Interfaces, 2013, 5: 11434 - 11440.

[18] Meyer C, Kosfeld M, Haselrieder W, et al. Process modeling of the electrode calendering of lithium-ion batteries regarding variation of cathode active materials and mass loadings [J]. Journal of Energy Storage, 2018, 18: 371 - 379.

[19] Ebner M, Geldmacher F, Marone F, et al. X-ray tomography of porous, transition metal oxide based lithium ion battery electrodes [J]. Advanced Energy Materials, 2013, 3: 845.

[20] Xu J, Lin F, Doeff M, et al. A review of Ni-based layered oxides for rechargeable Li-ion batteries [J]. Journal of Materials Chemistry A, 2017, 5: 874 - 901.

[21] Zhang W, Wang D, Zheng W, et al. A semiconductor-electrochemistry model for design of high-rate Li ion battery [J]. Journal of Energy Chemistry, 2020, 41: 112 - 118.

[22] Beltrop K, Klein S, Noelle R, et al. Triphenylphosphine oxide as highly effective electrolyte additive for graphite/NMC811 lithium ion cells [J]. Chemistry of Materials, 2018, 30: 2726 - 2741.

[23] Zhao W, Zheng B, Liu H, et al. Toward a durable solid electrolyte film on the electrodes for Li-ion batteries with high performance [J]. Nano Energy, 2019, 63: 103815.

[24] Zheng Q, Xing L, Yang X, et al. N-Allyl-N, N-Bis (trimethylsilyl)amine as a novel electrolyte additive to enhance the interfacial stability of a Ni-rich electrode for lithium-ion batteries [J]. ACS Applied Materials & Interfaces, 2018, 10: 16843 - 16851.

第6章

元素掺杂提升富镍单晶材料高电压性能

本章采用原位 Zr/Ti 双元素微量共掺杂策略改善 SC－NCM_{613} 单晶三元材料的离子传输动力学，并有效缓解高电压引起的界面劣化，合理抑制裂纹发生和不可逆相变等潜在风险。一方面，提高电压可以有效提升 SC－NCM_{613} 单晶正极材料的容量发挥及能量密度。另一方面，微量掺杂可以抑制锂离子空位缺陷引起的结构畸变和微裂纹。通过理论计算，XRD、XPS 和 HRTEM 等表征手段和恒流充/放电、GITT 和 dQ/dV 等电化学分析，研究在高电压下掺杂元素（种类及含量）、晶格结构、电化学性能三者之间的内在联系，揭示单晶三元材料高电压下长循环失效机制。

6.1 Zr 和 Ti 共掺杂单晶 $LiNi_{0.6}Co_{0.1}Mn_{0.3}O_2$ 材料的制备

图 6－1 为 Zr/Ti 共掺杂单晶三元材料（$LiNi_{0.598}Co_{0.098}Mn_{0.3}Zr_{0.002}Ti_{0.002}O_2$，记为 Z/T @SC－$NCM_{0.2}$）的制备示意图。Zr/Ti 掺杂 SC－$NCM_{613}$ 材料是通过共沉淀-高温煅烧固相反应制备得到（按第五章的合成方法制备）。具体而言，在 100 ml 去离子水中加入一定量的过渡金属盐（$NiSO_4 \cdot 6H_2O$、$CoSO_4 \cdot 7H_2O$、$MnSO_4 \cdot 5H_2O$）均匀混合，得到 2 mol・L^{-1} 混合溶液。$Zr(SO_4)_2 \cdot 4H_2O$（0.5 mol・L^{-1}）、$TiOSO_4$（0.5 mol・L^{-1}）和 NaOH（5 mol・L^{-1}，作为沉淀剂）和 $NH_3 \cdot H_2O$，（4 mol・L^{-1}，作为螯合剂）同时加入过渡金属水溶液中，在 N_2 气氛保护下连续搅拌。控制 Ni：Co：Mn：Zr：Ti 的摩尔比为

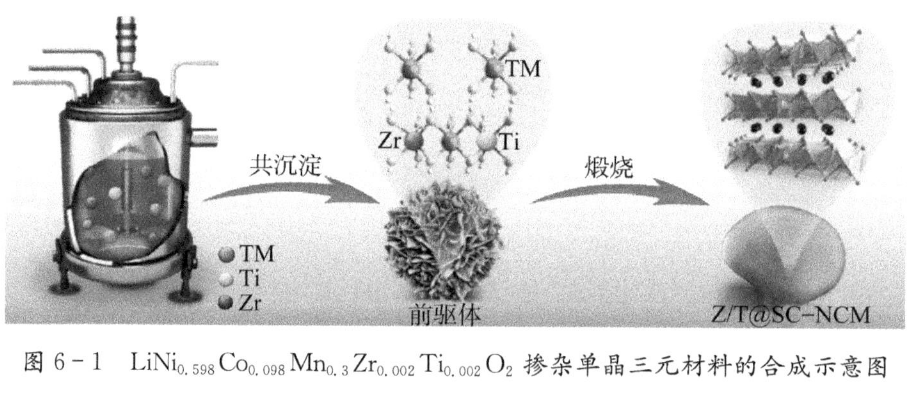

图 6－1　$LiNi_{0.598}Co_{0.098}Mn_{0.3}Zr_{0.002}Ti_{0.002}O_2$ 掺杂单晶三元材料的合成示意图

59.8∶9.8∶30∶0.2∶0.2，混合溶液的 pH 控制在 11.0±0.2。然后，通过洗涤、过滤和真空干燥等工艺后获得 $Ni_{0.598}Co_{0.098}Mn_{0.3}Zr_{0.002}Ti_{0.002}(OH)_2$ 前驱体。

所合成的掺杂单晶前驱体与第 5 章中合成的未掺杂 SC-NCM_{613} 前驱体形貌基本一致，说明微量元素掺杂后对前驱体形貌影响微弱。随后，将 $Ni_{0.598}Co_{0.098}Mn_{0.3}Zr_{0.002}Ti_{0.002}(OH)_2$ 前驱体与锂盐(LiOH)均匀混合(Li∶M=1.08∶1)。最后，通过连续煅烧过程(在氧气气氛下 550 ℃保温 6 h，然后 930 ℃煅烧 12 h)获得纯净的单晶 $LiNi_{0.598}Co_{0.098}Mn_{0.3}Zr_{0.002}Ti_{0.002}O_2$(Z/T@SC-$NCM_{0.2}$)材料。其他掺杂比例的正极合成通过加入不同含量的钛盐和锆盐制备而得。其中，未掺杂 SC-NCM_{613}、0.1 at%和 0.3 at% Zr/Ti 共掺杂 SC-NCM_{613}(分别标记为 SC-NCM_{613}、Z/T@SC-$NCM_{0.1}$ 和 Z/T@SC-$NCM_{0.3}$)、0.2 at% Zr 和 0.2 at% Ti 单独掺杂的 SC-NCM_{613}(分别记为 Z@aSC-$NCM_{0.2}$ 和 T@SC-$NCM_{0.2}$)按照上述相同方法制备而得。

6.2 Zr/Ti 共掺 SC-NCM_{613} 正极材料结构表征

所合成的 Zr/Ti 共掺杂单晶三元材料(Z/T@SC-NCM 材料)采用 SEM、TEM、XRD 以及 ICP-OES 测试表征其结构特征。图 6-2a 为 Z/T@SC-$NCM_{0.2}$ 材料的 SEM 图像。合成的掺杂单晶 Z/T@SC-$NCM_{0.2}$ 材料由粒径 2～5 μm 的不规则方形颗粒组成，平均颗粒直径比未掺杂的单晶材料颗粒略微大一些。图 6-2b～d 为 Z/T@SC-$NCM_{0.2}$ 剖面结构的 HRTEM 图。Z/T@SC-$NCM_{0.2}$ 材料相邻晶格距离为 0.47 nm，对应于 NCM 材料的(003)晶面。选区电子衍射(SAED)图表现为层状衍射斑点(图 6-2c 插图)。TEM

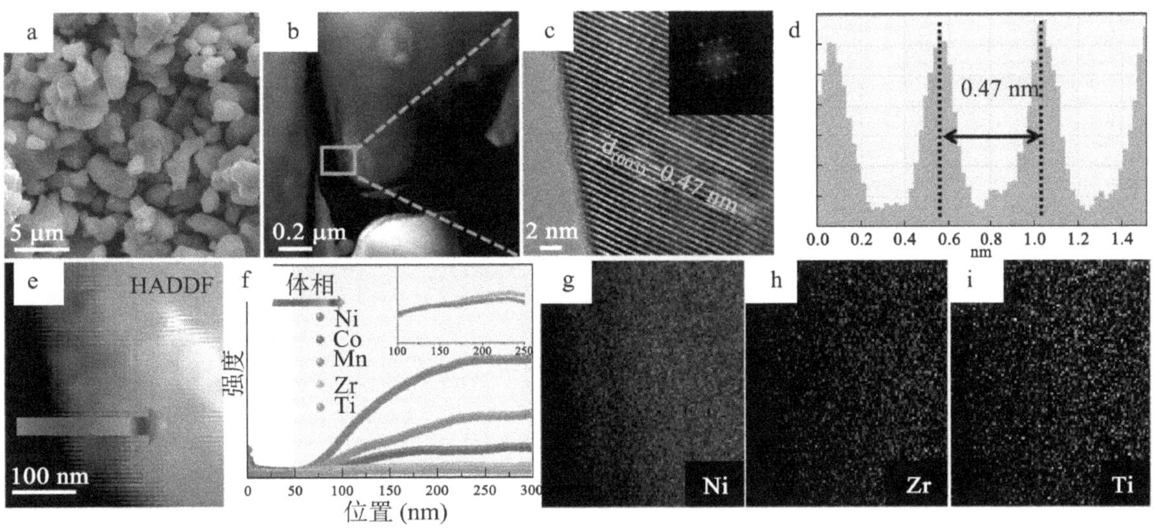

图 6-2　a. 所合成 Z/T@SC-$NCM_{0.2}$ 材料的 SEM 图像；b、c. 横截面一次粒子的 TEM 图像，插图是相应的 SEAD 图案；d. 阳离子有序微观结构图；e. TEM-HADDF 图像；f. 相应的线性扫描映射(从表面到体相)；g～i. TEM-EDS 面扫描图(红色：Ni；橙色：Zr；黄色：Ti)

线性映射中 Ni∶Co∶Mn 的强度比大约为 6∶1∶3(图 6－2e、f)。如图 6－2e、f 所示，利用 TEM 线性扫描技术对 Z/T@SC－$NCM_{0.2}$ 的颗粒剖面从外表面向体相探测 Ni/Co/Mn/Zr/Ti 的元素信号(图 6－2g～i)，确认 Zr/Ti 在复合材料体相的分布情况。线扫结果显示，痕量的 Zr/Ti 掺杂元素不仅分布在材料表面而且均匀分布在颗粒内部。同时，SEM－EDS 面部扫描图像如图 6－3 和图 6－2g～i 所示，证明 Zr/Ti 元素均匀分散在 SC－NCM 微米级一次粒子的表面上和颗粒内部。

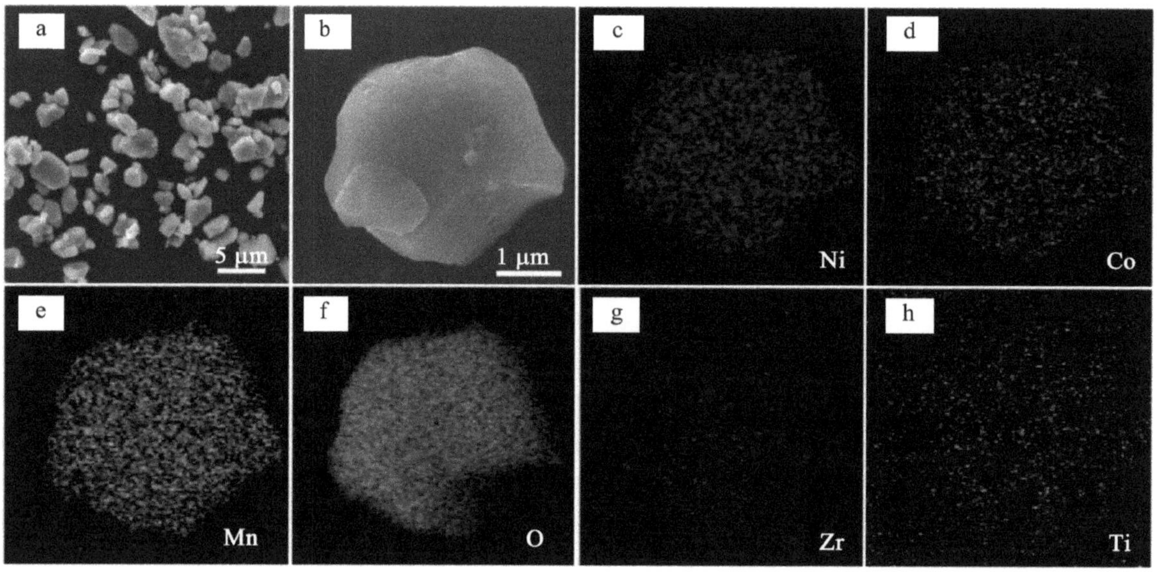

图 6－3 a、b. Z/T@SC－$NCM_{0.2}$ 材料的 SEM 图像；c～h. Ni、Co、Mn、O、Zr、Ti 元素对 Z/T@SC－$NCM_{0.2}$ 的 SEM－EDS 面部扫描图

镓离子深度蚀刻 XPS 证明(刻蚀时间从 0～1 000 s，图 6－4)锆、钛元素均匀分布在 SC－NCM 材料体相。此外，ICP－OES 结果表明，该 Z/T@SC－$NCM_{0.2}$ 样品中 Zr 和 Ti 的含量分别为 0.21 at%和 0.19 at%(表 6－1)，与合成时设计的 Zr/Ti 化学计量比基本一致。而且，Ni∶Co∶Mn 约为 5.98∶0.98∶3.00。此外，图 6－3 为 Z/T@SC－$NCM_{0.2}$ 粉末样品的 SEM－EDS 面部扫描图。由图可以看出 Ni/Co/Mn/Zr/Ti 元素均匀分布在 Z/T@SC－$NCM_{0.2}$ 颗粒外表面。

表 6－1 ICP 法测定 SC－NCM_{613} 和 Z/T@SC－$NCM_{0.2}$ 粉末的 Ni、Co、Mn、Zr 和 Ti 的含量

样品	化学成分 (at. %)				
	Ni	Co	Mn	Zr	Ti
SC－NCM_{613}	59.97	9.98	30.05	—	—
Z/T@SC－$NCM_{0.2}$	59.77	9.84	29.99	0.21	0.19

上述结果证明 Zr/Ti 掺杂元素不仅分布于材料外表面，而且均匀分布在颗粒的体相

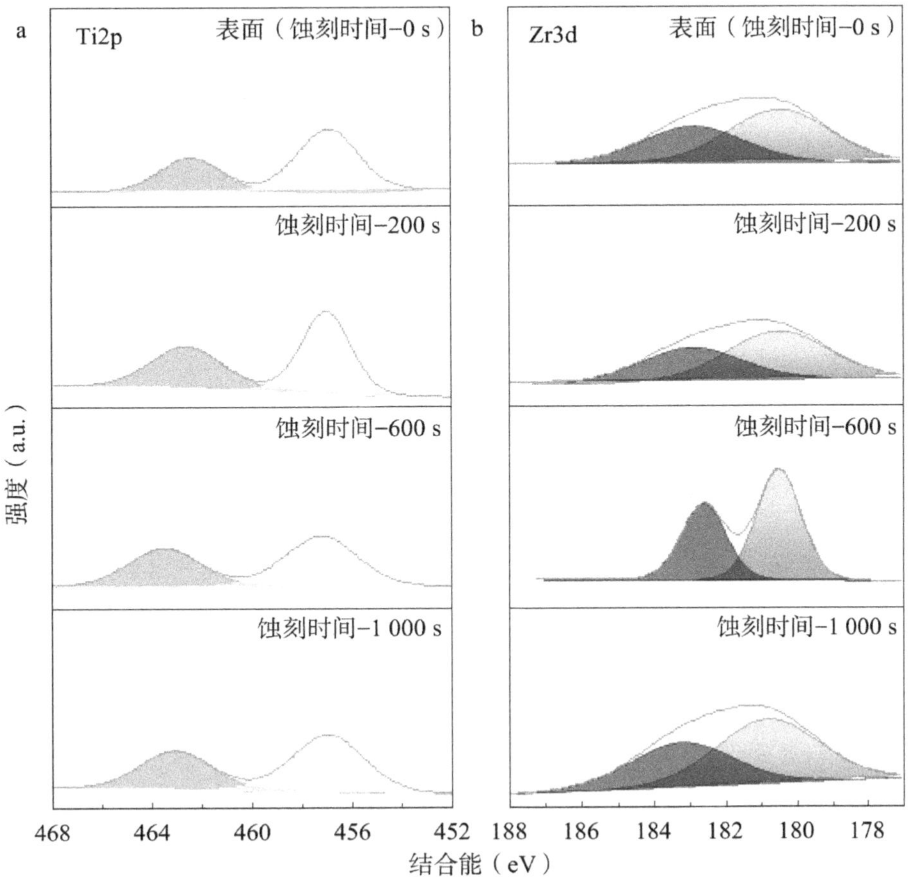

图 6-4　Z/T@SC-$NCM_{0.2}$ 样品中 Ti2p 和 Zr3d 元件的 0、200、600 和 1 000 nm 腐蚀深度 XPS

内部，这与我们合成方法有关。通过前驱体掺杂方法，掺杂元素可以均匀分布在前驱体中，所以形成的 Z/T@SC-$NCM_{0.2}$ 样品中掺杂元素也是均匀分布在材料表面和体相。一般来说，Zr/Ti 掺杂在 Z/T@SC-NCM 材料的过渡金属(TM)位点，它可以起到稳定 $R\bar{3}m$ 层状晶体结构作用。因此，Z/T@SC-$NCM_{0.2}$ 正极的电化学性能理论上应该优于未掺杂 SC-NCM_{613} 正极。

图 6-5 所示，通过 XRD 测试证明所合成的 Z/T@SC-$NCM_{0.2}$ 和未掺杂 SC-NCM_{613} 样品均为纯六方 α-$NaFeO_2$ 相(空间群：$R\bar{3}m$，PDF # 87-1652)，且没有发现杂质相，表明 Zr/Ti 共掺杂改性对三元层状结构无不良影响。同时，几乎相同的 c/a 值以及(006)/(102)和(108)/(110)峰的良好分裂，进一步证实了这两个样品构建良好的层状结构。此外，图 6-5b～c 和表 6-2 为 XRD 图谱的 Rietveld 精修结果。精修结果可知 Z/T@SC-$NCM_{0.2}$ 样品的 Li/Ni 阳离子混排度(2.46%)略小于未掺杂 SC-NCM_{613} 的结果(3.67%)，表明 Z/T@SC-$NCM_{0.2}$ 材料中的高价态的 Zr^{4+}/Ti^{4+} 微量共掺可以有效降低 Li^{+}/Ni^{2+} 混排度。

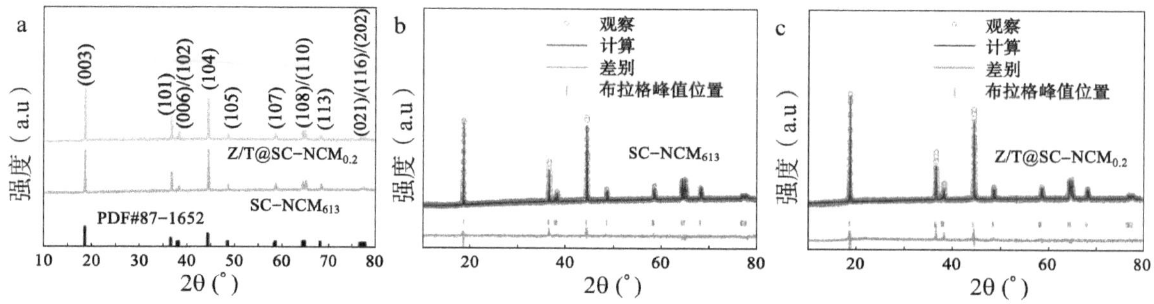

图 6-5 Z/T@SC-NCM$_{0.2}$ 和 SC-NCM$_{613}$ 样品的 XRD 图(a)和对应 Rietveld 精修图(b、c)

表 6-2 Z/T@SC-NCM$_{0.2}$ 和 SC-NCM$_{613}$ 正极材料的精修结构参数表

样品	a (Å)	c (Å)	v (Å^3)	c/a	R_p(%)	Ni^{2+} in Li^+(%)
SC-NCM$_{613}$	2.862	14.198	100.740	4.961	4.81	3.67
Z/T@SC-NCM$_{0.2}$	2.874	14.235	101.827	4.953	3.83	2.46

6.3 Zr/Ti 共掺 SC-NCM$_{613}$ 正极材料电化学性能

首先，我们对比了不同 Zr/Ti 含量的 Z/T@SC-NCM 正极组装的扣式电池在 2.75～4.6 V/0.3 C/25 ℃测试条件下的充放电循环性能。如图 6-6 所示，从高电压循环性能图可以得出如下结论：随着双元素掺杂含量的增加(Zr/Ti 含量从 0%至 0.3%)，共掺杂单晶三元样品的容量保持率先升高后减少[从 68.5%(SC-NCM$_{613}$)—82.4%(Z/T@SC-NCM$_{0.1}$)—88.5%(Z/T@SC-NCM$_{0.2}$)—87.2%(Z/T@SC-NCM$_{0.3}$)]；掺杂改性的单晶三元材料的循环稳定性均优于未掺杂 SC-NCM 正极，说明微量 Zr/Ti 掺杂对单晶三元正极的电化学性能提升有一定帮助；不同 Zr/Ti 含量的共掺杂单晶三元正极的循环稳定性均优于单一元素掺杂单晶三元正极的电化学稳定性，说明 Zr/Ti 共掺杂对改善单晶三元

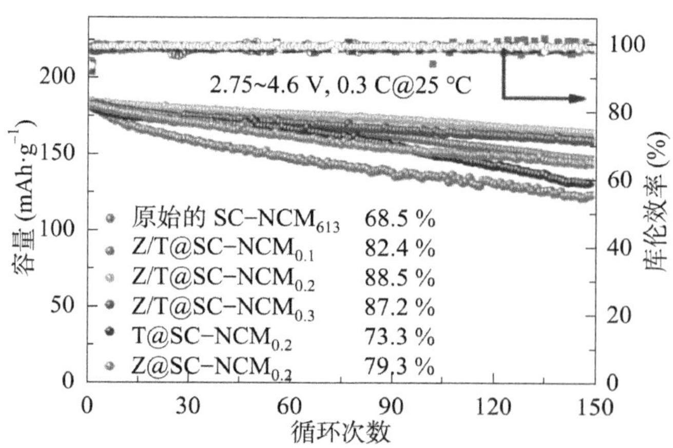

图 6-6 不同 Zr/Ti 掺杂量的 Z/T@SC-NCM 样品在 2.75～4.6 V/0.3 C/25 ℃条件下的循环性能

材料具有一定的协同效应；当 Zr 和 Ti 的含量同时为 0.2 %时，Z/T@SC－$NCM_{0.2}$ 正极电化学稳定性最高。即 Z/T@SC－$NCM_{0.2}$ 正极具有最优的容量保持率(88.5%)和最高的容量值(185 mAh・g^{-1})；因此，下面我们着重研究了未掺杂 SC－NCM_{613}(原始的 SC－NCM_{613})正极和 Z/T@SC－$NCM_{0.2}$ 正极的电化学性能及循环后的结构表。

图 6－7 所示，我们对比了 SC－NCM_{613}||Li 和 Z/T@SC－$NCM_{0.2}$||Li 扣式电池在 2.75～4.6 V/0.3 C/25 ℃下的综合电化学性能。在高充电截止电压(4.6 V)下，我们能够更好地了解 Zr/Ti 共掺杂在缓解不可逆相变和抑制正极/电解液界面侵蚀方面的作用。Z/T@SC－$NCM_{0.2}$ 正极循环稳定性优于未掺杂 SC－NCM_{613} 正极，这与其在不同的循环圈数下的充放电曲线保持一致(图 6－7a、b)。Z/T@SC－$NCM_{0.2}$ 正极在 0.3 C 下获得了约 715 Wh・kg^{-1} 的比能量以及高的能量密度保持率(87.7%)(图 6－7c)。而未掺杂 SC－NCM_{613} 正极则表现出相对较差的容量保持率(68.5%)和能量密度保持率(63.2%)，这可能归因于在循环过程中缓慢锂离子扩散速率和电化学极化积累。换言之，与未掺杂的 SC－NCM_{613} 正极相比，Z/T@SC－$NCM_{0.2}$ 正极在高电压长循环过程中表现出更小的极化和更快的锂离子扩散系数(图 6－9)。与未掺杂 SC－NCM_{613} 正极首圈库伦效率(ICE＝82.77%)相比，Z/T@SC－$NCM_{0.2}$ 正极可提供较高的初始库伦效率(ICE＝

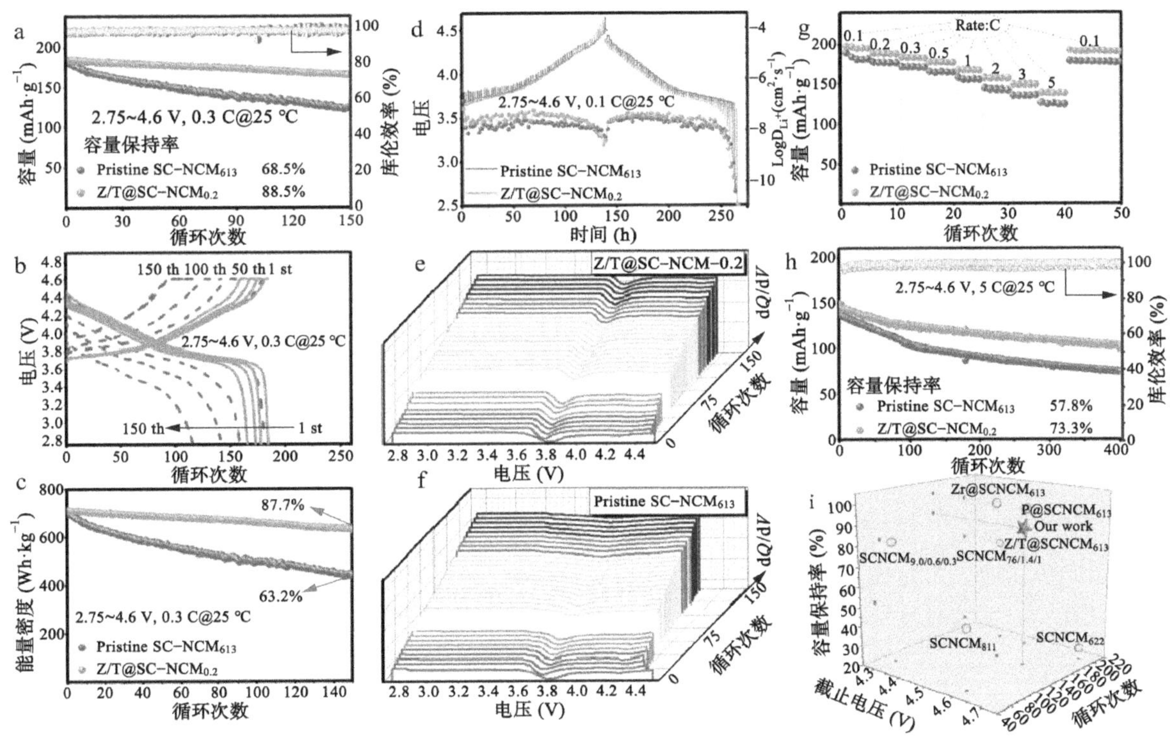

图 6－7　SC－NCM_{613} 和 Z/T@SC－$NCM_{0.2}$ 正极组装的扣式电池在 2.75～4.6 V 的 25 ℃下的电化学性能对比：长期循环性能，对应的未掺杂 SC－NCM_{613} 和 Z/T@SC－$NCM_{0.2}$ 正极在 0.3 C 下的充放电曲线和比储能曲线(a～c)；d. GITT 图及其对应的 Li^{+} 扩散系数；e、f. 由图 4－9a 导出的两个正极的 dQ/dV 曲线；g. 两种正极在 0.1 C 至 5 C 电流速率下的倍率性能图；h. 两种正极 5 C 下的循环图；i. 不同改性方法的 NCM 正极循环性能对比

87.53%)，这是由于 Zr/Ti 在 SC－NCM_{613} 体相掺杂有效地减少晶格中的 Li^+/Ni^{2+} 阳离子混排度，这也得到了前面 XRD 测试结果的证明(图 6－9)。图 6－7b 所示，经过 150 次深度充放电循环后，未掺杂 SC－NCM_{613} 正极的相应极化电压比 Z/T@SC－$NCM_{0.2}$ 正极高约 0.55 V，与充、放电曲线容量衰减(图 6－7b)和 dQ/dV 曲线还原峰变化趋势保持一致(图 6－7e、f)。恒电流间歇滴定技术(GITT)进一步用于研究这两种正极的 Li^+ 扩散动力学(图 6－7d)。未掺杂 SC－NCM_{613} 正极和 Z/T@SC－$NCM_{0.2}$ 正极计算得出的 Li^+ 扩散系数(D_{Li^+})为 10^{-7}～10^{-8} $cm^2 \cdot s^{-1}$ 数量级。值得注意的是，Z/T@SC－$NCM_{0.2}$ 正极的 D_{Li^+} 值大于未掺杂 SC－NCM_{613} 正极的 D_{Li^+} 值，表明微量 Zr/Ti 共掺杂有效地改善了单晶三元正极的 Li^+ 扩散动力学。因此，Z/T@SC－NCM 正极的倍率性能理论上应优于 SC－NCM_{613} 正极。图 6－7g 所示，我们测量了 Z/T@SC－$NCM_{0.2}$ 正极和未掺杂 SC－NCM_{613} 正极在 0.1 C 至 5 C 再回到 0.1 C 的倍率性能。结果表明，Z/T@SC－$NCM_{0.2}$ 正极 5 C 电流密度下比容量值能保持 0.1 C 电流密度下比容量值的 71.3%，远高于未掺杂的 SC－NCM_{613} 正极相应保持率(仅为 57.8%)。即使在 2.75～4.6 V/5 C 测试条件下，Z/T@SC－$NCM_{0.2}$ 正极经过 400 次充放电循环后仍具有 73.3%的容量保持率(图 6－7h)。相比之下，未掺杂的 SC－NCM_{613} 正极在相同测试条件下仅获得了 57.8%的容量保持率。上述结果表明 Zr/Ti 共掺杂有效地提高单晶三元正极在高电压/高电流密度下的电化学性能。经过 150 次循环后，在 Z/T@SC－$NCM_{0.2}$ 正极的 dQ/dV 图中位于 3.8 V 左右的还原峰(对应于三元材料的 H1－M 的相转变)强度或峰值位置几乎不变化(图 6－7e)，保持了良好的相转变可逆性。相反，在相同条件下，未掺杂 SC－NCM_{613} 正极中相应的还原峰逐渐消失了，这可能是因为经过长循环后，电池内部极化电压的增加或正极结构变化等诱因导致 SC－NCM_{613} 正极发生了严重的不可逆相变，从而造成电池电化学性能的衰减。图 6－8 所示，在电压区间为 2.75～4.4 V 和电流密度为 0.2 C 测试条件下，经过前 100 次循环时未掺杂 SC－NCM_{613} 和 Z/T@SC－$NCM_{0.2}$ 正极材料容量保持率基本相同(约为 94.1%和 91.2%)，说明在常规电压下循环差别不大。然而，经过 200 次循环后未掺杂

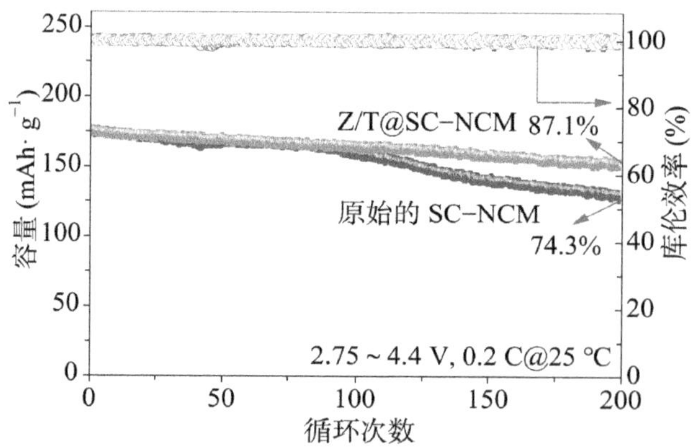

图 6－8　SC－NCM_{613} 和 Z/T@SC－$NCM_{0.2}$ 正极组装的扣式电池在 0.2 C，25 ℃和 2.75～4.4 V 测试条件下的充放电循环图

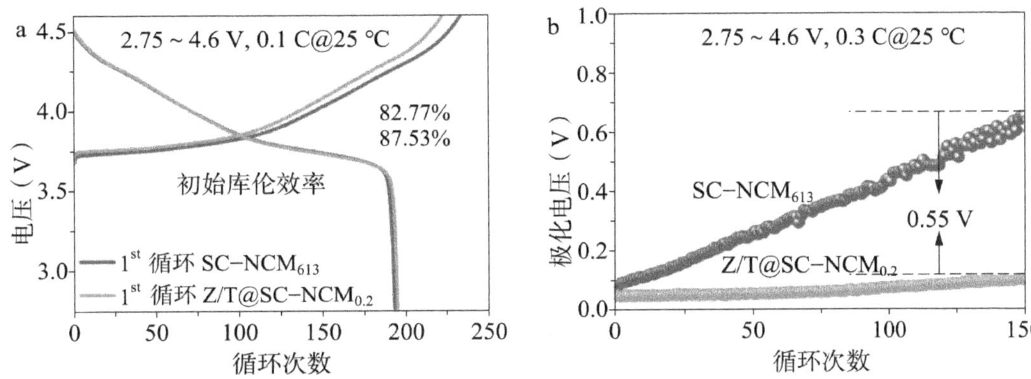

图6-9 a. 未掺杂 SC-NCM_{613} 和 Z/T@SC-$NCM_{0.2}$ 电极的在 2.75～4.6 V/0.1 C/25℃下首圈充放电曲线;b. SC-NCM_{613} 和 Z/T@SC-$NCM_{0.2}$ 电极在 0.3 C 下循环 150 圈的极化电压变化图,电压范围为 2.75～4.6 V

SC-NCM_{613} 和 Z/T@SC-$NCM_{0.2}$ 正极材料两种正极所组装电池容量保持率分别为 87.1%和 74.3%,证明 Z/T@SC-$NCM_{0.2}$ 正极表现出更优异的电化学稳定性。

此外,与文献中报道的各种改性 NCM 正极(包括单晶和多晶三元)电化学性能相比图 6-7i 和表 6-3,本研究制备的 Z/T@SC-$NCM_{0.2}$ 正极在 4.6 V 的高电压下也表现出优异的循环稳定性。特别是,文献报道的三元正极材料均是在较低充电电压下(通常低于 4.6 V)测试的电化学数据[1-6],这是因为在高电压下长循环时,多晶三元材料可能发生较严重的结构畸变及界面副反应。在第 5 章的研究中,我们已经证明了单晶三元材料本身的电化学性能、热稳定性能、机械压实性能均优于相应化学计量比的多晶三元材料。这说明,单晶三元正极在严苛工况下具有更优异的电化学性能(例如高温、高电压、高压实密度等条件下)。同时,我们通过微量掺杂将进一步稳固单晶三元材料的结构稳定性,以抵抗在上述恶劣的工作条件下产生的各种结构破坏和界面恶化。因此,掺杂单晶三元材料更适合在高电压下使用,这将有利于提高锂离子电池的能量密度和比容量值。

表6-3 文献报道的改性 NCM 正极(Ni≥0.6)扣式电池循环稳定性对比

成分	电压(V)	电流倍率(C)	初始容量($mAh \cdot g^{-1}$)	容量保持率(%)(cycles)	参考文献
Zr/Ti-SC-$NCM_{0.2}$	2.75～4.6	0.3	185	88.5(150 循环)	本工作
Se 涂层 PC-NCM_{811}	3.0～4.5	0.3	205	84.4(100 循环)	[7]
EPS 涂层 PC-NCM_{622}	2.8～4.3	0.2	179.2	93.1(200 循环)	[3]
Ti 掺杂 La_4NiLiO_8 涂层 PC-NCM_{811}	2.7～4.3	1	200.34	90.55(200 循环)	[4]
SC-NCM_{811}	2.7～4.3	1	203.4	95.5(300 循环)	[5]

（续表）

成分	电压(V)	电流倍率(C)	初始容量(mAh·g^{-1})	容量保持率(%)(cycles)	参考文献
Zr/ZrO_2-SC-NCM_{622}	2.8～4.5	1	188.9	98.5(150 循环)	[1]
P-SC-NCM_{613}	2.8～4.5	1	182.9	93.1(200 循环)	[6]
Zr 掺杂 $Li_xZr_yO_z$涂层 PC-NCM_{622}	2.8～4.5	2	153.2	91.4(100 循环)	[8]
SiO_2涂层 PC-NCM_{622}	3～4.6	1	198.5	91.68(50 循环)	[9]
Ta-PC-NCM_{622}	3～4.5	1	177.2	83.6(100 循环)	[10]
Cu-PC-NCM_{622}	3.0～4.3	0.33	180.5	95(90 循环)	[11]
B-PC-NCA_{88}	2.7～4.3	0.5	225	88.7(100 循环)	[12]

图 6-10 为 Z/T@SC-$NCM_{0.2}$||Li 和未掺杂 SC-NCM_{613}||Li 半电池在不同循环圈数(第 3 圈和第 150 圈)下电化学阻抗谱(EIS)。所有电池的 EIS 谱图包括了一个半圆(位于高频区)、一个半圆(位于中低频区)和一条直线(位于低频区)，分别对应于电解液分解产生界面膜电阻(R_{film})、界面处电荷传递阻抗(R_{ct})和锂离子在溶液中的扩散阻抗(Warburg 阻抗)。

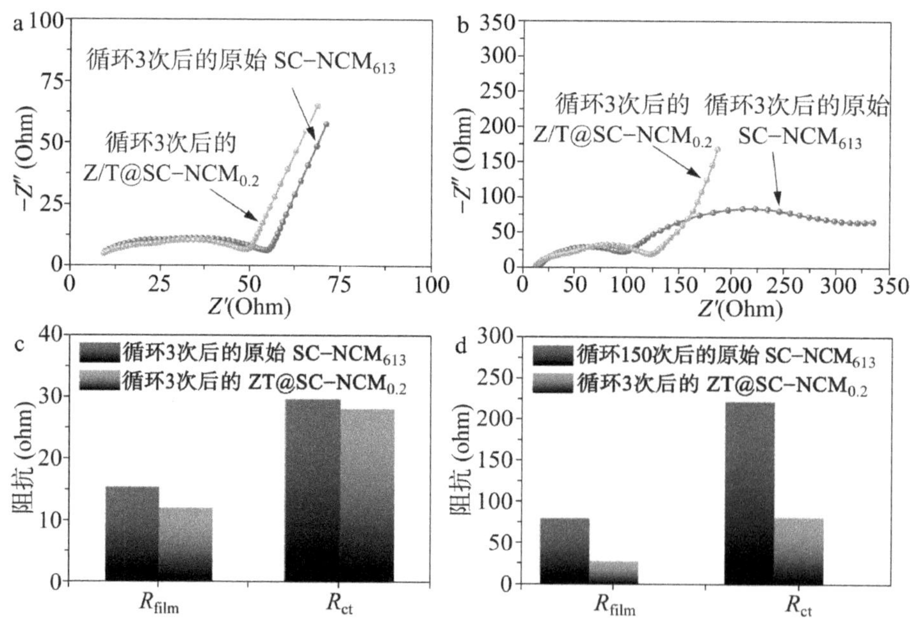

图 6-10 不同循环过程中未掺杂 SC-NCM_{613} 和 Z/T@SC-$NCM_{0.2}$ 电极的电化学阻抗谱(a、b)和对应的阻抗值(c、d)

在电流密度为0.1C下经过3次循环后两种正极组装电池的R_f值基本一样为12～15Ω。对于Z/T@SC-$NCM_{0.2}$||Li电池，0.3C下经过150次循环后R_f保持相对稳定(从12Ω变为28.3Ω)。而在相同测试条件下，未掺杂的SC-NCM_{613}正极组装的电池电阻从15.4Ω逐渐增加到80.7Ω(表6-4)。结果表明，由于电解液可能在4.6V的高电压下持续氧化分解，导致未掺杂SC-NCM_{613}正极/电解液界面副反应加剧。受益于Zr/Ti掺杂效应，Zr/Ti均匀分布在SC-NCM_{613}表面及体相，有助于抑制界面处的副反应，有效地提高Z/T@SC-$NCM_{0.2}$||Li电池在高工作电压下的界面稳定性。低频电荷转移电阻(R_{ct})也证明了这一观点(表6-4)，即SC-NCM_{613}正极的R_{ct}在150次循环后比Z/T@SC-$NCM_{0.2}$正极大1.4倍左右(215.8Ω vs. 82.3Ω)。这是因为未掺杂SC-NCM_{613}正极界面处堆积了更多不导电的电解液氧化分解产物，从而导致离子/电子在电极/电解液界面处的传输阻力显著增加。

表6-4 基于Z/T@SC-$NCM_{0.2}$和未掺杂SC-NCM_{613}正极循环前后的EIS拟合结果

样品	项目	R_f(Ω)	R_{ct}(Ω)
SC-NCM_{613}	3次循环后	15.4	29.7
	150次循环后	80.7	215.8
Z/T@SC-$NCM_{0.2}$	3次循环后	12.0	28.1
	150次循环后	21.4	82.3

6.4 Zr/Ti共掺作用机制研究

为了考察Zr/Ti掺杂对单晶三元材料结构和电化学性能的作用，我们采用密度泛函理论(DFT)方法来估计掺杂Zr和Ti离子在Z/T@SC-NCM中占据过渡金属TM位点(TM=Ni/Co/Mn离子)的形成能、锂离子迁移能和Li/Ni交换能如图6-11a。尽管单独的Ti或Zr掺杂也很容易取代TM位点，并在SC-NCM_{613}表面和体相中分布，但由于Zr/Ti共掺时具有最低形成能ΔE_{form}(-9.6eV，图6-11a和图6-12)，说明Zr/Ti共掺杂更容易实现。而且，根据不同TM位置的掺杂形成能，Ti离子优先取代Co，而Zr离子更容易取代Ni位(图6-12)。因此，可以推断Zr和Ti共掺杂在Z/T@SC-NCM的合成过程中不会因为竞争同一过渡金属位点而相互干扰。

图6-11b、d为不同掺杂条件下，Li^+迁移能垒对比图。相比于未掺杂SC-NCM的最高锂离子迁移能垒(0.5eV)，元素掺杂改性可以不同程度地降低Li^+迁移能垒。尽管单独掺杂Ti有利于形成最低的FS(终态)能级仅为(-0.42eV)，但共掺条件下打破了Li^+迁移的选择性，具有较低TS(过渡态)能量值(0.03eV)。这意味着Zr/Ti共掺杂极大地提升了SC-NCM_{613}材料中Li^+迁移的可能性，即证明了Zr/Ti取代TM位点可以有效地提高Li^+迁移效率。因此，采用Z/T@SC-NCM正极组装的电池电化学反应动力显著增强，这

与 GITT 测试结果、倍率性能和高倍率循环性能一致。

图 6-11c 所示，在纯相或 Ti 单独掺杂的情况下，Li-Ni 交换能处于非常低的水平（低于 0.5 eV），说明了当未掺杂或单独 Ti 掺杂时，材料合成过程和长循环测试过程中，单晶三元材料更容易失去原有的层状结构和电化学活性。然而，当单独掺杂 Zr 时，Li/Ni 交换能超过 1.77 eV，表明 Zr 掺杂可以显著地抑制 Li-Ni 阳离子混排，这与 Zr/Ti 共掺杂的结果类似。因此，上述 DFT 计算表明，Zr 掺杂在抑制 NiO 岩盐相/阳离子混排的形成中起主要保护作用，Ti 掺杂可激发快速 Zr/Ti 均匀分布的稳定性。为了最大限度地发挥 Zr/Ti 掺杂协同效应，在前面的充放电循环讨论中，采用最优选 Zr/Ti 掺杂量（0.2 at%）的 Z/T@SC-$NCM_{0.2}$ 正极表现出最优异电化学性能包括出色的容量保持率、优异的倍率性能和较小的极化过电位等。

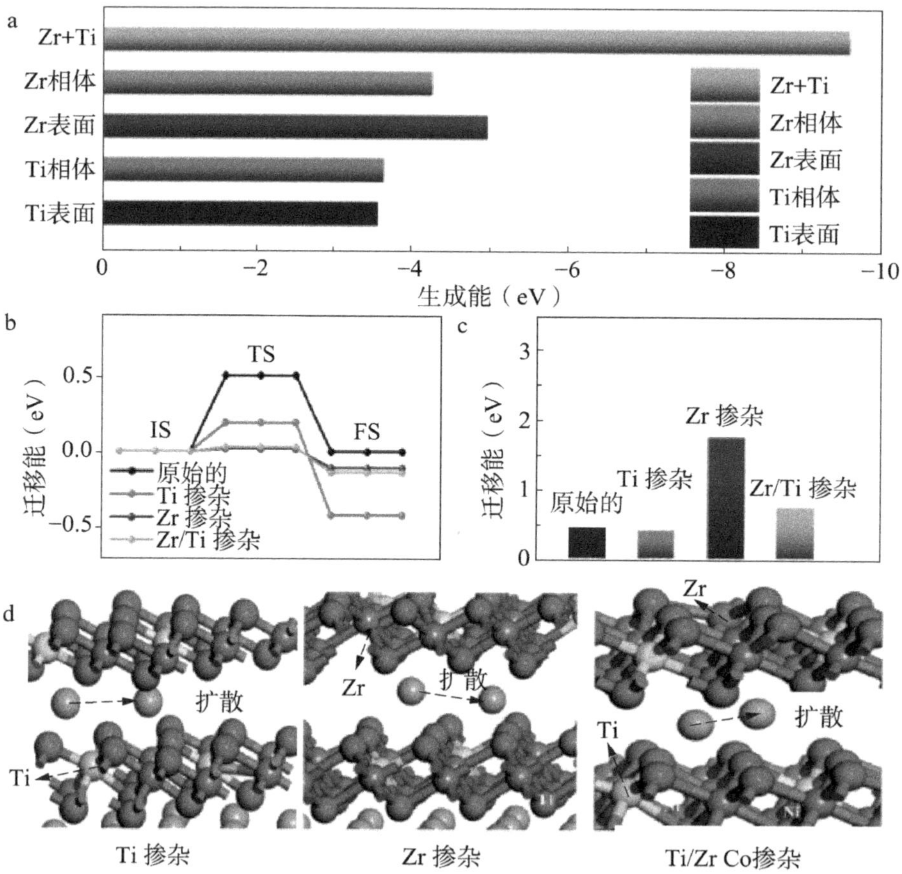

图 6-11　a. Zr/Ti 掺杂取代过渡金属的形成能；b. 锂迁移能；c. Li/Ni 交换能；d. 不同掺杂态下 Li^+ 扩散速率；蓝/绿球、紫球、黄球、银球和红球分别代表 TM、Li、Zr、Ti 和 O 原子

图 6-13 和图 6-14 为 SC-NCM_{613} 和 Z/T@SC-$NCM_{0.2}$ 正极在不同的充放电电位下的原位 XRD 谱图和对应的二维（2D）等高线图，以评估这两种正极在 2.75～4.6 V 和 0.1 C 条件下的首圈循环过程中的晶体结构变化规律。(003) 衍射峰（对应于 $2\theta=18.6°$）的

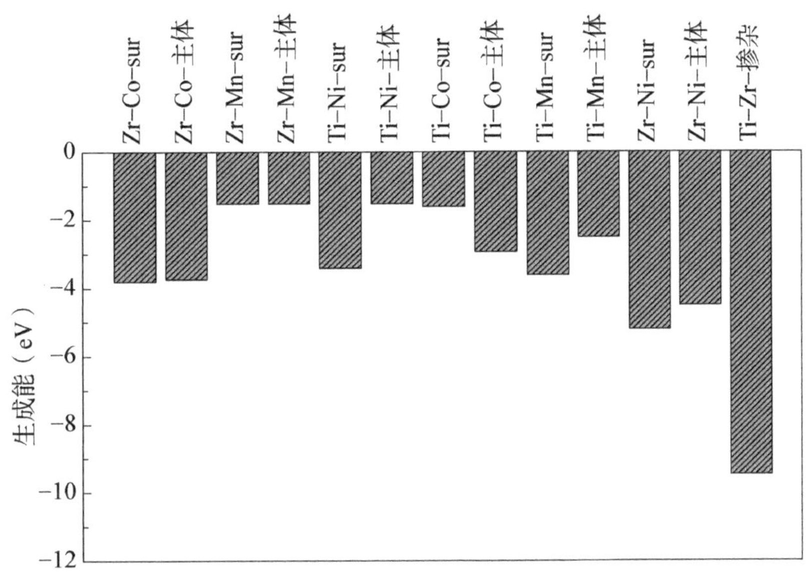

图 6-12 Zr/Ti 掺杂取代不同过渡金属位点的形成能

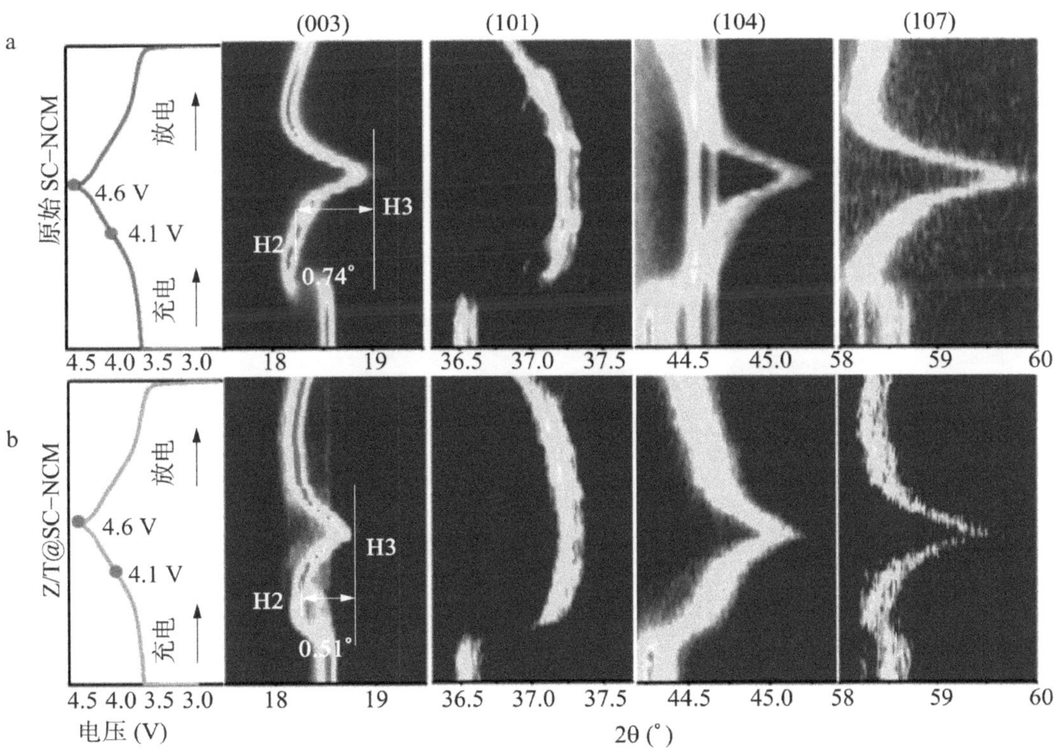

图 6-13 SC-NCM_{613}(a)和 Z/T@SC-$NCM_{0.2}$(b)正极在 0.1 C 和 2.75～4.6 V 条件下首圈充放电循环的原位 XRD 谱图及在(003)、(101)、(104)和(107)晶面二维等高线图

连续位移表明 SC-NCM_{613} 材料的晶体结构在 H1 和 H3 之间发生了连续的相变，伴随着晶格体积随 c/a 轴的变化。同时，锂化-脱锂过程中 2θ 的位移对称变化表明相变是可逆的，这与 CV 结果一致(图 6-15)。从脱锂过程中(003)衍射峰的位移趋势判断，晶胞在 c

轴上经历了初始的轻度膨胀，相变从 H1 到 M，其中 2θ 移动到最低值，对应于充电曲线在 2.75～4.1 V 阶段，这种膨胀是由相邻氧层之间的静电排斥触发的。随后，当充电到 4.6 V 时(对应充电曲线在 4.1～4.6 V)，(003)峰的 2θ 值迁移到对应于沿 c 轴急剧收缩的最大值，这标志着从 H2 相到 H3 相转变(图 6-15)[13,14]。特别是，与 Z/T@SC-$NCM_{0.2}$ 正极(2θ 最小值变到最大值之差为 $\Delta 2\theta=0.51°$)相比，(003)衍射峰更宽的肩峰($\Delta 2\theta=0.74°$)出现在未掺杂 SC-NCM_{613} 正极，这是由于 Li 层中 Li^+ 脱出后形成 Li^+ 空位引起的，导致 H2 和 H3 转化。而高价态的 Zr^{4+}/Ti^{4+} 共掺杂效应，使得 Z/T@SC-$NCM_{0.2}$ 正极在 4.6 V

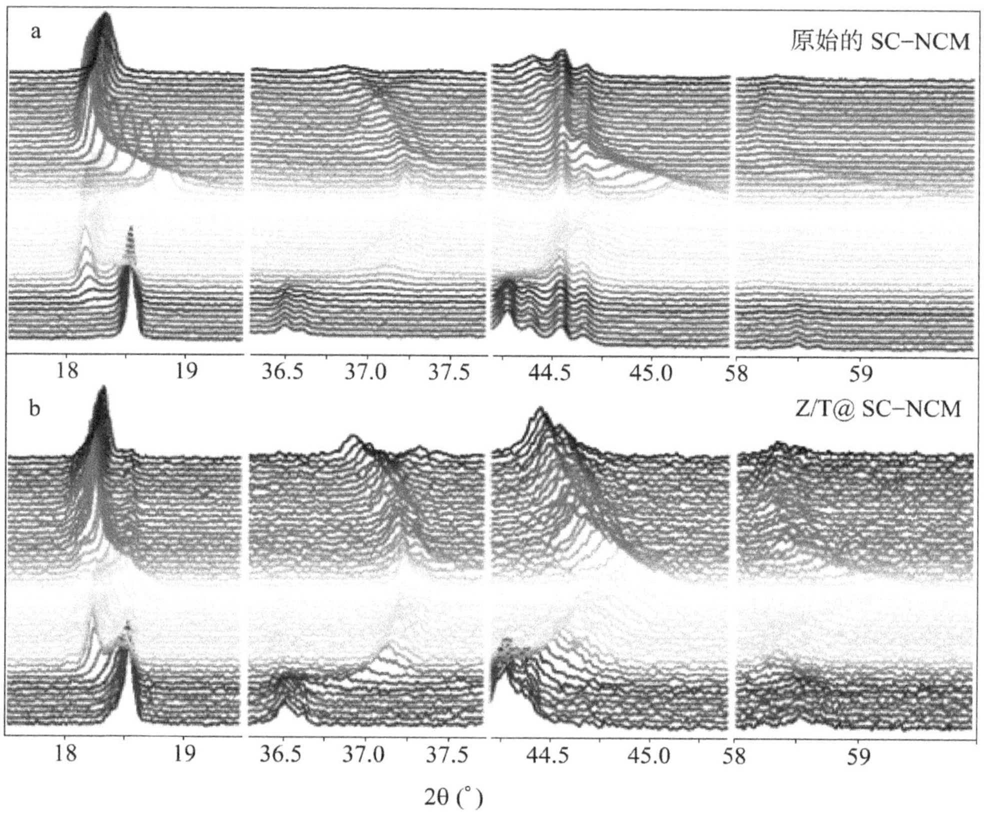

图 6-14　未掺杂 SC-NCM_{613}(a)和 Z/T@SC-$NCM_{0.2}$ 正极(b)在 0.1C 和 2.75～4.6 V 下充、放电的原位 XRD 图谱

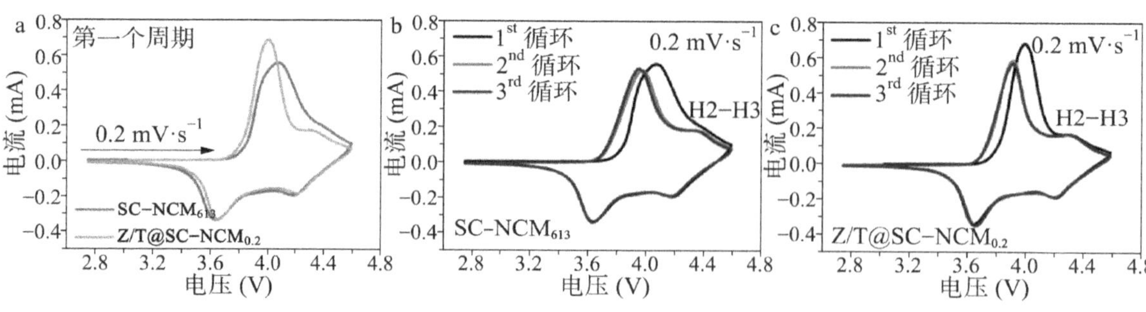

图 6-15　a. 2.75～4.6 V、扫描速率为 0.2 mV·s^{-1}、电压范围为 2.75～4.6 V 时 SC-NCM_{613} 和 Z/T@SC-$NCM_{0.2}$ 电极的首圈 CV 图；b、c. SC-NCM_{613} 和 Z/T@SC-$NCM_{0.2}$ 电极的前三圈 CV 曲线

高充电截止电压下的体积收缩略低于未掺杂 SC－NCM_{613} 正极材料的体积收缩。众所周知，一次粒子内部集中的应力与急剧的各向异性体积变化有关，在长期循环过程中很容易导致 NCM 正极应力集中并在颗粒内部形成微裂纹[15,16]。

更应该注意的是，当升高充电电压时，一方面可以脱出更多的 Li^+，使得电池的放电比容量提高，从而增加电池的能量密度。而另一方面则是带来更大的体积收缩和增加微裂纹产生风险。与未掺杂 SC－NCM_{613} 正极相比，Zr/Ti 掺杂可作为 SC－NCM_{613} 中较高机械强度支柱，可以缓解由 H2/H3 相变引起的 Li^+ 空位及电子重排[17]，有效降低高电压(4.6 V)引起的微裂纹生成风险。因此，在追求高电压下电池循环稳定性时，对单晶三元材料进行掺杂改性是十分有必要的。

为进一步研究正极/电解液界面膜(CEI)的组成浓度和深度分布对电池性能的影响，在 2.75～4.6 V/0.3 C 测试条件下经过 150 次循环后，对未掺杂 SC－NCM_{613} 和 Z/T@SC－$NCM_{0.2}$ 正极进行了飞行时间二次离子质谱(TOF－SIMS)测试(图 6－16 和图 6－17)。在进行 TOF－SIMS 测试之前，两种正极进行完全放电处理(放电至 2.75 V)，溅射速率为 0.03 nm · s^{-1}，溅射时长 1 500 s。TOF－SIMS 光谱主要比较分析 C_2HO^-、磷化物(PO_3^-、C_2P^-)、C_2F^-、LiF_2^- 和过渡金属氟化物(NiF_3^-、CoF_3^-、MnF_3^-)几种二次离子碎片，并将他们归一化处理。这些二次离子碎片分别对应于碳酸酯类溶剂/锂盐($LiPF_6$)的分解以及 NCM 本体中过渡金属离子(TM＝Ni/Co/Mn)溶解[18]。相比于未掺杂 SC－NCM_{613} 正极，Z/T@SC－$NCM_{0.2}$ 正极表面含有更少的 C_2HO^- 和 PO_3^- 有机物种，证实 Zr/Ti 元素富集在单晶三元正极表面有效抑制电解液的氧化分解(图 6－16a、b)。

此外，未掺杂 SC－NCM_{613} 正极中 LiF_2^- 信号明显比 Z/T@SC－$NCM_{0.2}$ 正极的更强(图 6－16c)，说明 LiF 在未掺杂 SC－NCM_{613} 正极表面相对含量更高。通常，CEI 中的 LiF 是电子绝缘物质，严重阻碍了 Li^+ 扩散穿过 CEI 膜层。因此，由未掺杂 SC－NCM_{613} 正极组装的电池电化学阻抗更大，这与上述 EIS 测试结果一致(在 2.75～4.6 V 下循环 150 次后较大的 R_{ct} 值)。图 6－16d 和图 6－17 所示，未掺杂 SC－NCM_{613} 正极中过渡金属氟化物含量的增加可能归因于正极/电解液界面恶化，加速 Ni/Co/Mn 离子从 NCM 本体中溶出。

图 6－16e、f 为 TOF－SIMS 的 2D 和 3D 化学成像图。由图可知，循环后未掺杂 SC－NCM_{613} 电极更直观地显示出 CH_2O^-、PO_3^-、LiF_2^- 和 NiF_3^- 等离子碎片表面和体相的浓度远高于 Z/T@SC－$NCM_{0.2}$ 正极相应的离子碎片浓度。此外，循环后未掺杂 SC－NCM_{613} 正极的表面含有丰富的过渡金属氟化物(NiF_3^-、CoF_3^-、MnF_3^-)，即使在溅射时间为 150 s 时这些物质的含量也相对较高。相比之下，Zr/Ti 掺杂元素部分聚集在 Z/T@SC－$NCM_{0.2}$ 正极材料的外表面，可能会一定程度上抑制界面副反应发生。

因此，在 Z/T@SC－$NCM_{0.2}$ 正极的 TOF－SIMS 光谱中，观测到过渡金属氟化物信号相对微弱，证明较少的过渡金属离子溶解[19]。上述 TOF－SIMS 测试结果显示，经过 150 次高电压长循环后，未掺杂的 SC－NCM_{613} 正极表面 CEI 膜更厚且不导电成分含量更多，正极过渡金属溶出更严重。Zr/Ti 掺杂在材料体相中有利于稳定高电压下晶格畸变引

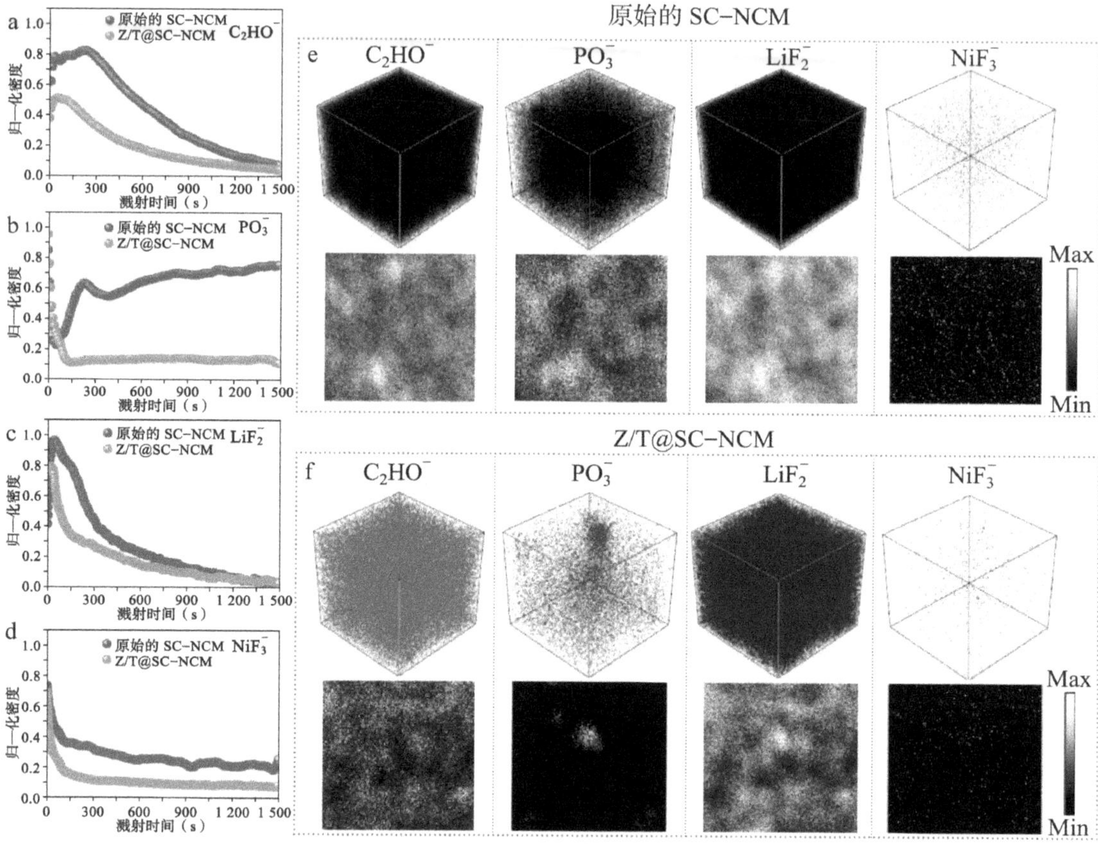

图 6-16　在 2.75～4.6 V/0.3 C/25 ℃测试条件下电池循环 150 次后，CEI 膜中 CH_2O^-、PO_3^-、LiF_2^- 和 NiF_3^- 物种在未掺杂 SC-NCM$_{613}$ 和 Z/T@SC-NCM$_{0.2}$ 电极表面的 TOF-SIMS 深度分布图：a～d. CH_2O^-、PO_3^-、LiF_2^- 和 NiF_3^- 物种的 TOF-SIMS 深度分布线性(1D)图；e、f. 相应物质的 TOF-SIMS 二维(2D)成像图及相应物质的 TOF-SIMS 三维(3D)成像图

起的应力集中及微裂纹产生，同时表面部分富集的掺杂元素有利于减少电解液对正极的侵蚀，降低界面副反应发生概率。因此，由 Z/T@SC-NCM$_{0.2}$ 正极组装的电池电化学性能明显增强，这也与其电化学性能测试结果一致。

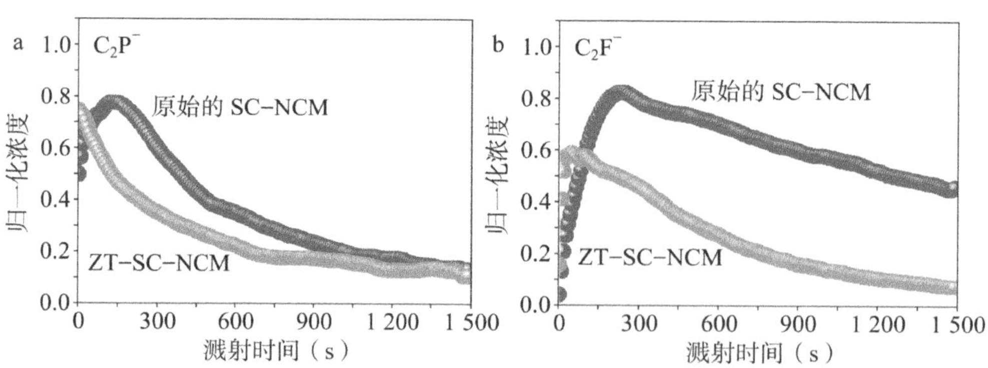

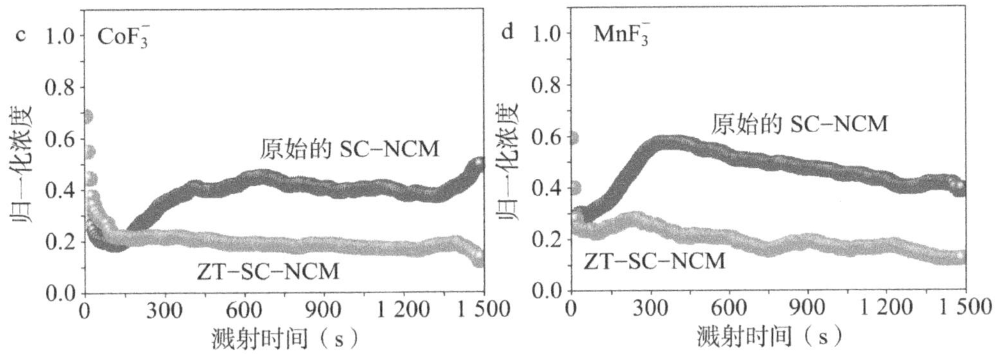

图 6-17　在 0.3 C 和 4.6 V 下循环 150 次后，循环后的未掺杂 SC-NCM$_{613}$ 和 Z/T@SC-NCM$_{0.2}$ 正极上 CEI 成分的归一化 TOF-SIMS 深度剖面分析：C_2P^- (a)，C_2F^- (b)，CoF_3^- (c)和 MnF_3^- (d)

图 6-18 为利用 SEM 和 HADDF-STEM 技术观察在 2.75～4.6 V 和 0.3 C 下循环 150 次后的未掺杂 SC-NCM$_{613}$ 和 Z/T@SC-NCM$_{0.2}$ 正极形貌及微观结构变化。如图 6-18a、b 所示，SEM 和 TEM 图像均观察到循环后未掺杂 SC-NCM$_{613}$ 正极的一次粒子内部出现了严重的微米/纳米级裂纹。这表明未掺杂 SC-NCM$_{613}$ 正极经历了相对严重的体积收缩变形，这可能源于在 4.6 V 高电压下深度充放电循环后内部产生了应力集中，最终导致裂纹产生。我们进一步将 TEM 中(图 6-18b)颗粒内部裂纹处放大后观察，内部裂缝附近出现较厚的 NiO 岩盐层(>12 nm)，这些区域更容易引发电解液渗透和侵蚀(图 6-18c～e 为 SC-NCM 电极的横截面 HRTEM 图)。这意味着副反应会进一步沿着裂纹处累积、传播并破坏层状结构，形成更多的不可逆 NiO 相并加速正极结构破坏。而且，SC-NCM$_{613}$ 电极表面的侵蚀程度(岩盐相厚度大于 10 nm)也相对严重，严重阻碍锂离子传输通道。在高电压下，未掺杂的 SC-NCM613 正极表面可能由于 Ni^{4+} 高价态的催化作用导致电解液的分解更严重，对正极结构的腐蚀作用更突出，这与 TOF-SIMS 结果一致。尽

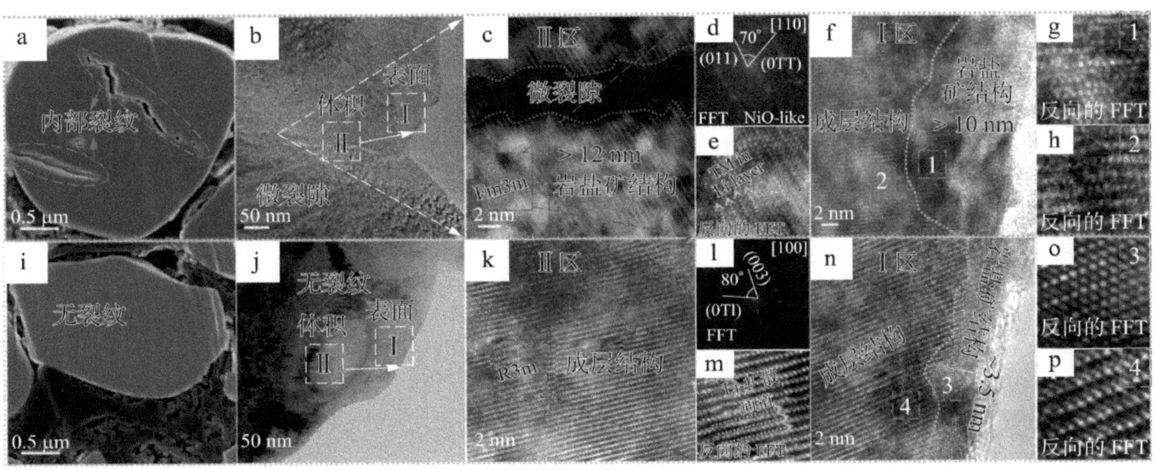

图 6-18　循环后 SC-NCM$_{613}$(a～h)和 Z/T@SC-NCM$_{0.2}$(i～p)电极横截面的 SEM 图像、HRTEM 图像和对应的 FFT(反 FFT)

管 Zr/Ti@SC－$NCM_{0.2}$ 一次粒子的外表面存在轻微的结构衰减（厚度约为 3.5 nm），但在循环过程中仍保持了保存完好的 $R\bar{3}m$ 层状结构和颗粒完整性。在相同测试条件下，Zr/Ti@SC－$NCM_{0.2}$ 正极表面及内部没有观察到明显的裂纹产生（图 6－18i、j）。由于 Zr/Ti 掺杂的锚定效应（表面和内部均匀分布），Z/T@SC－$NCM_{0.2}$ 正极的这种无裂纹特性及较低的界面副反应可以合理地解释其良好的循环性能、快速的电化学反应动力学和在升高的截止电压下（4.6 V）的低电化学阻抗。

基于上述实验分析，图 6－19 总结了未掺杂 SC－NCM_{613} 和 Z/T@SC－$NCM_{0.2}$ 正极的内部结构可能的演变过程。对于未掺杂的 SC－NCM_{613} 正极而言，一次活性颗粒的结构劣化主要来自三个方面（图 6－19a）：在高充电截止电压下长时间充放电循环过程中，单晶材料晶格反复的体积膨胀/收缩产生巨大的应力集中，导致一次颗粒内部产生剧烈的微应变，引发微裂纹的形成；电解液在界面处的腐蚀渗透，导致正极材料不可逆的相变；表面及裂纹附近产生了较厚的岩盐结构（不导锂离子的不可逆相）会阻止 Li^+ 扩散并加速电池极化积累并缩短循环寿命。

图 6－19b 所示，对于 Zr/Ti@SC－$NCM_{0.2}$ 正极而言，由于 Zr/Ti 掺杂在本征结构中具有以下优点：高价态的 Zr^{4+}/Ti^{4+} 有效减少了在高电压下脱锂后形成的 Li^+ 空位，降低各向异性微应变，从本质上减少微裂纹产生的可能性；Zr^{4+} 掺杂可以有效降低合成与充放电过程中的 Li/Ni 阳离子混排程度，阻碍不可逆相转变发生。Ti^{4+} 掺杂可以有效增加锂离子扩散动力，缩短了 Li^+ 扩散路径提高单晶材料的倍率性能和大倍率循环性能。Zr/Ti 掺杂具有不同的功能性作用，协同改善单晶三元材料的综合性能；Zr/Ti 微量掺杂均匀分布在材料的表面和体相，同时提供体相和表面结构稳定性，显著抑制由电解液侵蚀引起的界

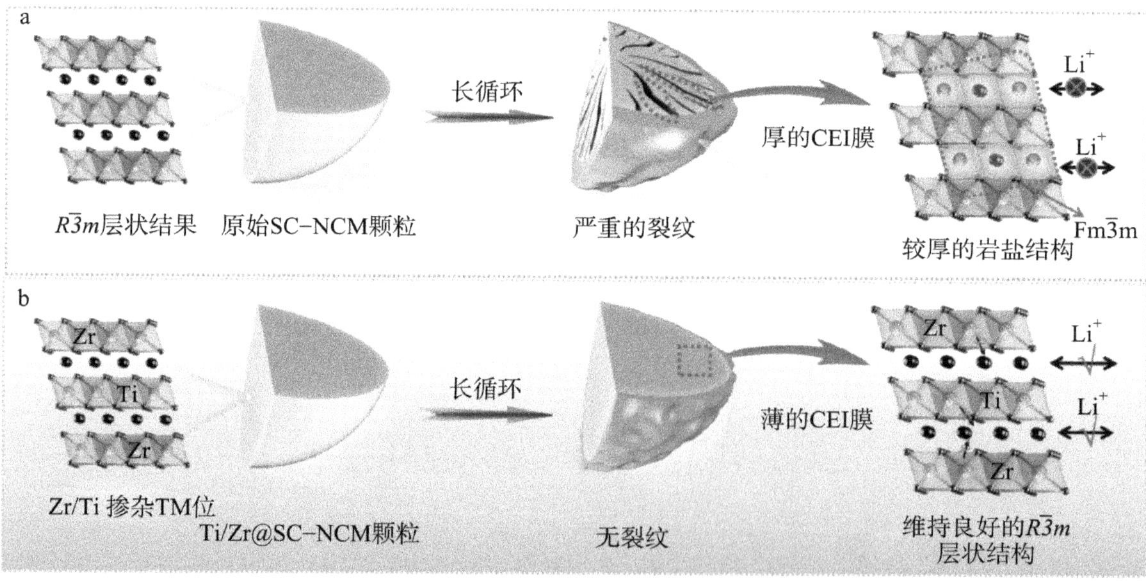

图 6－19　在 0.3C 和 2.75～4.6 V 下循环 150 次后的 SC－NCM_{613}（a）和 Z/T@SC－$NCM_{0.2}$（b）电极结构演化及内部形态差异示意图

面副反应，减少不可逆的岩盐相层和较厚的 CEI 层的连续生长。综上所述，Zr/Ti 共掺杂改性可以显著改善锂离子电池在高电压下的循环稳定性。

综上，本章系统分析了 Zr/Ti 元素不同掺杂量对单晶 $LiNi_{0.6}Co_{0.1}Mn_{0.3}O_2$（SC - NCM_{613}）正极材料电化学性能及微观结构调控的作用机理。此研究工作引入了一种有效的原位共掺杂策略来克服单晶富镍正极材料存在的一些问题（包括较低的 Li^+ 扩散动力学、恶劣的界面副反应和不可逆结构变化等），有利于获得优异的电化学性能。

参考文献

[1] Bao W, Qian G, Zhao L, et al. Simultaneous enhancement of interfacial stability and kinetics of single-crystal $LiNi_{0.6}Mn_{0.2}Co_{0.2}O_2$ through optimized surface coating and doping [J]. Nano Letters, 2020, 20: 8832 - 8840.

[2] Cho W, Kim S M, Song J H, et al. Improved electrochemical and thermal properties of nickel rich $LiNi_{0.6}Co_{0.2}Mn_{0.2}O_2$ cathode materials by SiO_2 coating [J]. Journal of Power Sources, 2015, 282: 45 - 50.

[3] Wang H, Ge W, Li W, et al. Facile fabrication of ethoxy-functional polysiloxane wrapped $LiNi_{0.6}Co_{0.2}Mn_{0.2}O_2$ cathode with improved cycling performance for rechargeable Li-ion battery [J]. ACS Applied Materials & Interfaces, 2016, 8: 18439 - 18449.

[4] Yang H, Wu H H, Ge M, et al. Simultaneously dual modification of Ni-rich layered oxide cathode for high-energy lithium-ion batteries [J]. Advanced Functional Materials, 2019, 29: 1808825.

[5] Xu X, Huo H, Jian J, et al. Radially oriented single-crystal primary nanosheets enable ultrahigh rate and cycling properties of $LiNi_{0.8}Co_{0.1}Mn_{0.1}O_2$ cathode material for lithium-ion batteries [J]. Advanced Energy Materials, 2019, 9: 1803963.

[6] Gao S, Wang L, Zhou C, et al. In-situ construction protective layer and phosphate doping synergistically improve the long-term cycle stability of $LiNi_{0.6}Co_{0.1}Mn_{0.3}O_2$ [J]. Chemical Engineering Journal, 2021, 426: 131359.

[7] Ding G, Li Y, Gao Y, et al. Uniform coating of Se on selenophilic surfaces of nickel-rich layered oxide cathode materials for high performance Li-ion batteries [J]. ACS Sustainable Chemistry & Engineering, 2020, 8: 9632 - 9640.

[8] Yao L, Li Y, Gao X, et al. Microstructure boosting the cycling stability of $LiNi_{0.6}Co_{0.2}Mn_{0.2}O_2$ cathode through Zr-based dual modification [J]. Energy Storage Materials, 2021, 36: 179 - 185.

[9] Chen Y, Tang S, Deng S, et al. Chemical coupling constructs amorphous silica modified $LiNi_{0.6}Co_{0.2}Mn_{0.2}O_2$ cathode materials and its electrochemical performances [J]. Journal of Power Sources, 2019, 431: 8 - 16.

[10] Chu B, Liu S, You L, et al. Enhancing the cycling stability of Ni-rich $LiNi_{0.6}Co_{0.2}Mn_{0.2}O_2$ cathode at a high cutoff voltage with Ta doping [J]. ACS Sustainable Chemistry & Engineering, 2020, 8: 3082 - 3090.

[11] Zhang R, Meng Z, Ma X, et al. Understanding fundamental effects of Cu impurity in different forms for recovered $LiNi_{0.6}Co_{0.2}Mn_{0.2}O_2$ cathode materials [J]. Nano Energy, 2020, 78: 105214.

[12] Ryu H H, Park N Y, Seo J H, et al. A highly stabilized Ni-rich NCA cathode for high-energy lithium-ion batteries [J]. Materials Today, 2020, 36: 73 - 82.

[13] Wu F, Liu N, Chen L, et al. Improving the reversibility of the H2 - H3 phase transitions for layered Ni-rich oxide cathode towards retarded structural transition and enhanced cycle stability [J]. Nano Energy, 2019, 59: 50 - 57.

[14] Cheng X, Zheng J, Lu J, et al. Realizing superior cycling stability of Ni-rich layered cathode by combination of grain boundary engineering and surface coating [J]. Nano Energy, 2019, 62: 30 - 37.

[15] Li H H, Yabuuchi N, Meng Y S, et al. Changes in the cation ordering of layered O3 $Li_xNi_{0.5}Mn_{0.5}O_2$ during electrochemical cycling to high voltages: An electron diffraction study [J]. Chemistry of Materials,

2007, 19: 2551-2565.

[16] Croguennec L, Pouillerie C, Mansour A N, et al. Structural characterisation of the highly deintercalated $Li_xNi_{1.02}O_2$ phases (with $x \leqslant 0.30$) [J]. Journal of Materials Chemistry, 2001, 11: 131-141.

[17] Min K, Seo S W, Song Y Y, et al. A first-principles study of the preventive effects of Al and Mg doping on the degradation in $LiNi_{0.8}Co_{0.1}Mn_{0.1}O_2$ cathode materials [J]. Physical Chemistry Chemical Physics, 2017, 19: 1762-1769.

[18] Chen Y, Zhao W, Zhang Q, et al. Armoring $LiNi_{1/3}Co_{1/3}Mn_{1/3}O_2$ cathode with reliable fluorinated organic-inorganic hybrid interphase layer toward durable high rate battery [J]. Advanced Functional Materials, 2020, 30: 2000396.

[19] Liu T, Dai A, Lu J, et al. Correlation between manganese dissolution and dynamic phase stability in spinel-based lithium-ion battery [J]. Nature Communications, 2019, 10: 10.

第7章

单晶 $LiNi_{0.63}Co_{0.07}Mn_{0.3}O_2$ 材料的界面层构筑研究

层状氧化物 $LiNi_xCo_yMn_{1-x-y}O_2$（NCM，$x \geqslant 0.6$）正极材料由于具有高的可逆容量，受到了广泛关注。近年来，Co 的价格持续走高，为了降低成本，开发低 Co 高 Ni 的三元正极材料成为了学术界和工业界关注的焦点。然而，NCM 中 Co 含量的降低容易导致材料结构不稳定，因此有必要探索出一种有效的方法解决这些问题，以推动低钴、无钴氧化物正极材料的发展。

7.1 实验部分

7.1.1 纯相正极材料的制备

采用两步固相反应法合成制备 $LiNi_{0.63}Co_{0.07}Mn_{0.3}O_2$ 正极材料。首先将商业 $Ni_{0.63}Co_{0.07}Mn_{0.3}(OH)_2$ 前驱体与锂源 $LiOH \cdot H_2O$ 按照 1∶1.05 的化学计量比在玛瑙研钵中充分混合 0.5 h，多出的 5%的锂源用于补偿高温反应条件下锂盐的蒸发。混合料在 O_2 流中进行 6 h 的 500 ℃烧结，待第一步烧结完成后，将材料取出，在 Ar 气氛下研磨 0.5 h，研磨完成后继续进行第二步烧结反应，具体条件为 750 ℃下烧结 12 h，最后得到产物纯相 $LiNi_{0.63}Co_{0.07}Mn_{0.3}O_2$（NCM）单晶正极材料。

7.1.2 改性正极材料的制备

$LiNi_{0.63}Co_{0.07}Mn_{0.3}O_2$ 的界面层构筑通过前驱体的湿法包覆实现。首先将 2 g 商业的 $Ni_{0.63}Co_{0.07}Mn_{0.3}(OH)_2$ 前驱体粉料加入 20 ml 乙醇溶液中，使其均匀分散，随后再加入一定量的硅酸四乙酯（TEOS）和一滴氨水，充分搅拌使其均匀混合。混合溶剂在 80 ℃的水浴锅中进行蒸发，完成后将蒸发产物置于 90 ℃烘箱中进行一整夜的干燥，最终得到 SiO_2 表面构筑的 $Ni_{0.63}Co_{0.07}Mn_{0.3}(OH)_2$@$SiO_2$ 前驱体。最后采用与均相 NCM 相同的制备工艺，将 $Ni_{0.63}Co_{0.07}Mn_{0.3}(OH)_2$@$SiO_2$ 与 $LiOH \cdot H_2O$ 混合烧可得到表面 Li_2SiO_3 构筑的 $LiNi_{0.63}Co_{0.07}Mn_{0.3}O_2$@$Li_2SiO_3$（LSO@NCM）单晶正极材料。

7.2 结果与讨论

7.2.1 材料结构分析

首先对制备样品进行了 XRD 测试，并通过 Rietveld 精修对样品的晶体结构进行更详细的分析(图 7-1 和表 7-1)。两种材料的衍射峰都很好地与标准卡片相对应(PDF＃81-2135)，初步说明成功合成了六方 α-$NaFeO_2$ 结构的层状氧化物[1]。同时，由于 Li_2SiO_3 的包覆量较低，LSO@NCM 的 XRD 结果中没有观察到 Li_2SiO_3 材料相关的衍射峰[2]。此外，两种材料在 38°和 65°左右都出现了明显的(006)/(102)和(108)/(110)峰的分裂，表明材料的层状结构良好。NCM 和 LSO@NCM 的(003)峰和(104)峰的强度相近，证明 Li_2SiO_3 在主体 NCM 材料表面生长，不会对 NCM 材料的层状晶体结构的生长产生影响。Rietveld 精修得出的 NCM 和 LSO@NCM 的晶格参数和阳离子混合情况没有出现明显差异，这也再次证明 Si 并没有进入 NCM 晶体结构中。

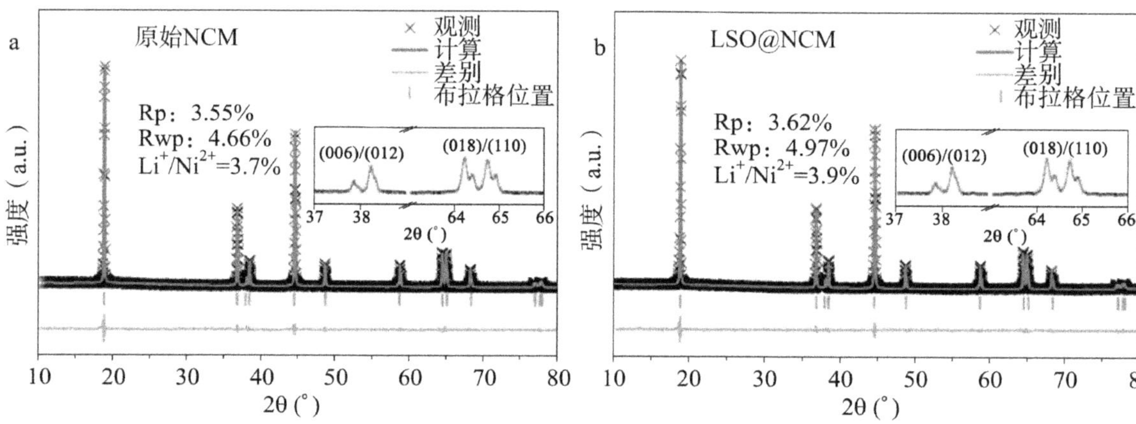

图 7-1 不同材料的 XRD 精修图：a. 纯相 NCM；b. LSO@NCM

表 7-1 纯相 NCM 和改性样 LSO@NCM 的 Rietveld 精修结果

样品	a/Å	c/Å	c/a	V/Å^3
原始 NCM	2.884 2	14.280 6	4.951 3	102.877
LSO@NCM	2.884 9	14.283 3	4.951 1	102.949

随后，对材料的表面形貌和微观结构进行研究。图 7-2a～c 显示了前驱体材料、纯相 NCM 和改性 LSO@NCM 的 SEM 结果。可以看到，前驱体为直径 3～5 μm 的均匀球形颗粒，其由许多形貌不规则的一次颗粒堆积组装而成。单晶 $LiNi_{0.63}Co_{0.07}Mn_{0.3}O_2$ 正极的合成，关键在于对颗粒形态转变过程的精准控制。根据 Ostwald 机制[3]，烧结温度的升高会诱导可移动的氧化物组分的高度聚集，形成机械强度更稳定的单晶结构。因此，最终烧结

出的正极材料都观察到了完整的单晶形貌，颗粒尺寸为2～4 μm，不存在一次颗粒无序随机取向度晶界，增强材料的结构稳定性[4]。对比纯相NCM，LSO@NCM的表面形貌并没有明显变化，这也说明从前驱体对材料进行表面异相结构构筑并不会影响晶体的正常生长。

图7-2 不同材料的形貌、结构表征。a. NCM前驱体；NCM(b)和LSO@NCM的表面SEM图(c)；LSO@NCM的TEM(d)；HRTEM(e)以及对应的线强度图(f)和FFT图(g)

进一步通过TEM和HRTEM对LSO@NCM的微结构进行研究，图7-2d～g所示，LSO@NCM表面观察到了明显区别于体相的纳米层，经测量，体相区域的晶格层间距为0.47 nm，对着应三元层状氧化物的(003)晶面，而表面纳米层也观察到了层状结构，层间距为0.23 nm，这很好地与 Li_2SiO_3 的(002)晶面相吻合，这也确认了 Li_2SiO_3 在NCM表面生长的LSO@NCM材料的成功制备。另外，还对LSO@NCM材料进行了表面的EDS扫描，结果如图7-3所示，Si和Ni、Co、Mn、O一样，都均匀分布在颗粒的表面，这意味着LSO@NCM中 Li_2SiO_3 涂层是均匀存在的。

除了对材料的晶体结构、颗粒形貌等进行研究，还利用X射线光电子能谱(XPS)对NCM和LSO@NCM的表面组成和元素状态进行了分析。图7-4a显示了Ni 2p的XPS结果，NCM和LSO@NCM的Ni $2p^{3/2}$ 峰出现在854.7 eV附近，这与报道的富镍三元材料的XPS检测结果相一致[5-7]。经过反卷积处理，确认了材料表面Ni的价态组成，LSO@NCM的表面 Ni^{2+} 含量约为42.9%，非常接近于纯相NCM的42.5%，这种细微的差异说明表面的 Li_2SiO_3 对NCM表面区域的晶格结构几乎没有影响[8]。

此外，材料表面的O 1s的XPS(图7-4b)出现了两个明显的峰，分别代表着晶格氧

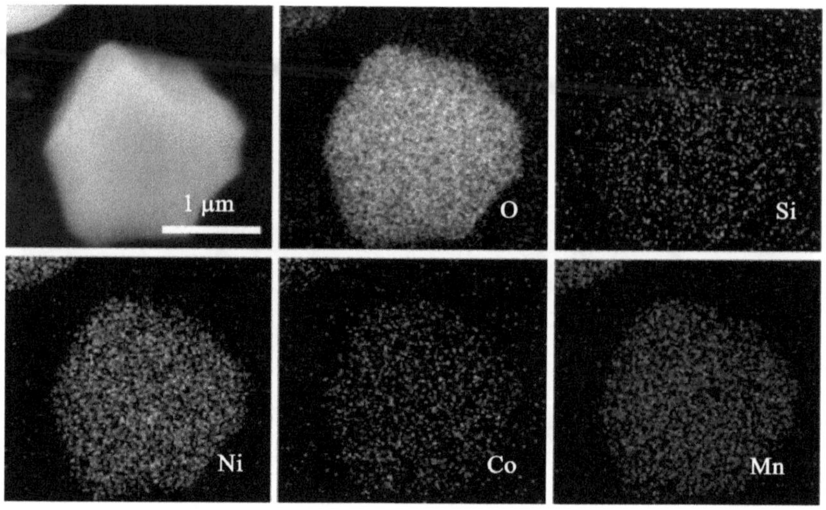

图 7-3 LSO@NCM 的表面元素分布(O、Si、Ni、Co 和 Mn)

与活性氧。纯相 NCM 材料表面,活性氧占比为 58.9%,而改性后的 LSO@NCM 材料该占比为 54.2%,说明表面的 Li_2SiO_3 能够降低活性氧的数量,这对于稳定材料结构,改善材料性能有着积极影响[9]。值得一提的是,在对 LSO@NCM 进行表面的 Si2p 的 XPS 检测中(图 7-4c),发现测出的 Si2p 峰的结合能与标准的 SiO_2(103.6 eV)相比,其化

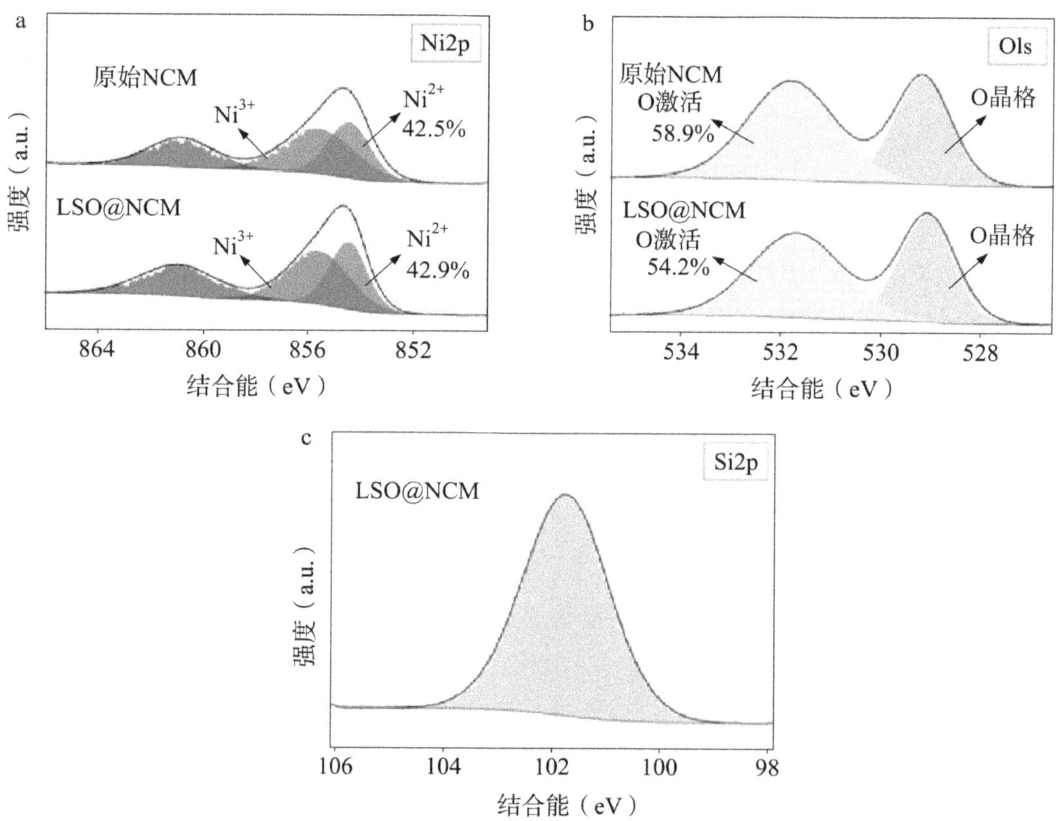

图 7-4 纯相 NCM 和 LSO@NCM 的 XPS 图谱:a. Ni2p;b. O1s;c. Si2p

学位移减小，这说明 LSO@NCM 表面包覆生长并不全是 Li_2SiO_3，存在着其他的 Li/Si 化合物[10]。

7.2.2　材料电化学性能测试分析

确认均相 NCM 和改性 LSO@NCM 的成功制备后，对两款材料进行了电化学性能的测试分析，以确认表面稳定界面层构筑的效果。首先对比了材料在 2.95～4.3 V 电压范围内的电化学性能，图 7－5a～f 所示。LSO@NCM 表现出更好的循环稳定性，1 C 循环 200 圈后仍具有 129.75 mAh·g^{-1} 的放电比容量，容量保持率为 83.6%，显著优于 NCM 材料的循环表现（100.88 mAh·g^{-1}，保持率 63.9%）。此外，还确认了 LSO@NCM 更稳定的库伦效率，更高、更稳定的库伦效率意味着更可逆的能量存储与释放，也意味的良好结构的保持。

图 7－5d、e 的放电曲线和放电中压的变化也反映出了两种材料不同的结构变化情况。放电曲线记录了前 200 圈循环中每 20 圈下的结果，可以看出，循环不到 100 圈，NCM 材料的放电曲线便出现了明显的偏移，曲线特征也开始变化。电极的 IR 降快速增加，同时放电平台逐渐消失，因而，电极的放电中压也出现了快速的衰减。相比之下，LSO@NCM 的放电曲线仅发生了轻微迁移，放电曲线的平台特征始终保持，放电中压的衰减也得到了有效的控制，这表明 LSO@NCM 表面稳定的 Li_2SiO_3，能有效保护正极材料主体，减少表面区域活性物质的损失，同时抑制副反应产物在表面的沉积，减小电极极化，保证良好的离子/电子传输。

另外，实验还比较了材料的倍率能力。图 7－5c，随着工作电流倍率的不断增大，纯相 NCM 和改性样 LSO@NCM 之间的电化学性能差异越来越明显。在 5 C 倍率下，纯相 NCM 提供了 122.27 mAh·g^{-1} 的可逆比容量，而 LSO@NCM 提供了 142.17 mAh·g^{-1} 的可逆比容量。而在 10 C 倍率下，这种容量差异进一步加大，NCM 只获得了 83.6 mAh·g^{-1} 的放电容量，远低于 LSO@NCM 的 126.49 mAh·g^{-1} 的可逆比容量。此外，在仅有 5 圈的 10 C 循环过程中，还观察到了 NCM 较明显的容量衰减，而 LSO@NCM 在该条件下依然能稳定循环，可见，表面原位构筑的 Li_2SiO_3 界面层能稳定材料结构，显著提高材料的电化学性能。

实验还从快充的角度研究了材料在大倍率下的充电表现。从图 7－5f 中可以看出，不论在 5 C 电流，还是在 10 C 电流下充电，纯相 NCM 电极都需要经历更长的时间才能到达相同的 SOC 状态。此外，还注意到 LSO@NCM 在高的 SOC 状态下依然能够进行更快速的充电，表明 LSO@NCM 材料更稳定的结构特征，在充放电过程中能更好地保持离子传输通道的完整，满足快速的离子脱嵌需求，使材料即使在大电流条件下依然能够实现顺畅的离子传输，获得优异的快充性能，这将能够极大地缓解人们对于充电缓慢的焦虑。因此，LSO@NCM 材料具有较好的实际应用潜力。

为了进一步了解改性材料在实际应用中的潜力，分别使用纯相 NCM 和改性样 LSO@NCM 正极材料与商业石墨负极装配成为软包全电池，并在 25 ℃ 的温度条件下，进行了

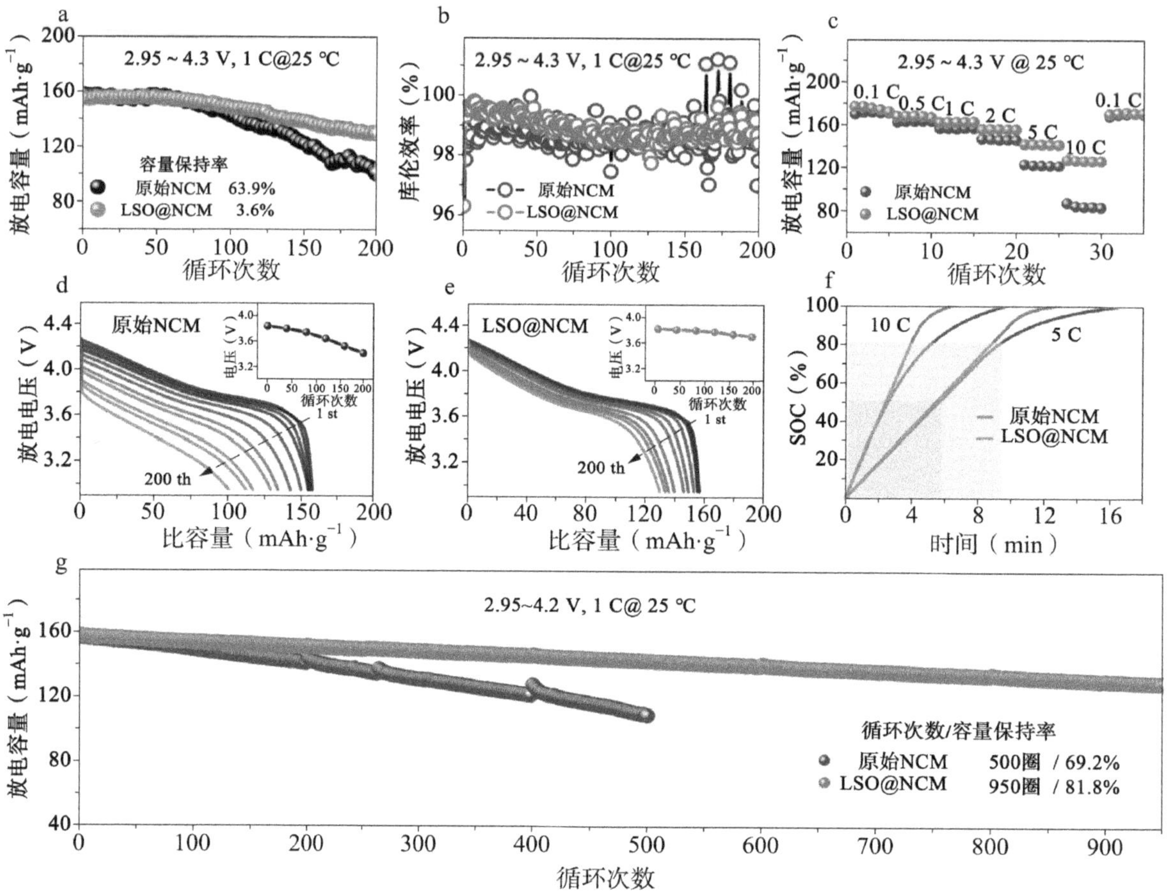

图 7-5 纯相 NCM 和 LSO@NCM 的电化学循环性能。a. 在 25℃下，2.95～4.3 V 电压范围内的 1C 循环稳定性；b. 1C 库伦效率；c. 倍率性能；d. 纯相 NCM 和改性样；e. LSO@NCM 的放电曲线及初始放电电压变化(插图)；f. 不同充电倍率下 SOC 与充电时间的关系曲线；g. 软包全电池在 2.95～4.2 V 电压范围内的循环表现

2.95～4.2 V 电压范围内的 1 C 循环测试。图 7-5g 所示，纯相 NCM 在循环过程中出现了快速的容量衰减，500 次循环后容量保持率较低，只有 69.2%。相比之下，LSO@NCM 表现出远超纯相 NCM 的循环稳定性，即使进行了 950 次循环，其容量保持率仍有 81.8%，可实现 129.3 mAh·g^{-1} 的可逆容量。因此，可以认为，改性后的 LSO@NCM 材料具有良好的应用潜力。

为了获得更高的能量密度，对电池的工作电压区间进行了调整，提高电池的上限截止电压。高的截止电压往往意味着严重的材料破坏和差的循环性能，为此，实验进一步研究了两款材料在高截止电压下的循环表现。首先将充电截止电压从 4.3 V 调整至 4.4 V(图 7-6a)在该测试条件下，LSO@NCM 在 1 C 循环 200 圈后可以提供 132.7 mAh·g^{-1} 的放电容量，实现了 81.3%的优异的容量保持，这与纯相 NCM 的 101.4 mAh·g^{-1} 的可逆容量，60.8%的容量保持率形成了鲜明对比。

随后，进一步恶化电池的工作条件，将电压提高的 4.5 V。图 7-6b 所示，4.5 V 电压条件下，材料的循环稳定性差异进一步增大。电压的增加一定程度上提高了电池的可逆容量，LSO@NCM 在循环 200 圈后仍可实现 144.2 $mAh \cdot g^{-1}$ 的高的可逆容量，容量保持率为 79.1%。与 4.4 V 的测试结果相比，200 圈循环后，LSO@NCM 在容量保持率没有明显降低的情况下，实现了近 10 $mAh \cdot g^{-1}$ 的放电比容量的增长，表明该材料在高电压条件下具有极高的稳定性。纯相 NCM 在 4.5 V 的高电压条件下的表现则截然不同，高的截止电压对 NCM 材料造成了严重的破坏，NCM 经历了比 4.4 V 条件下更快速的容量衰减，200 圈循环后容量保持率仅有 42.2%，可逆比容量不足 80 $mAh \cdot g^{-1}$，比 4.4 V 条件下少量约 20 $mAh \cdot g^{-1}$。

为了更充分说明两种材料不同的高电压特性，图 7－6c 还比较了两款材料的电压迟滞的变化。纯相 NCM 的电压迟滞随着充放电循环的进行快速增加，200 圈时，迟滞量已达 1.2 V，远高于 LSO@NCM 的 0.4 V，这说明 LSO@NCM 表面构筑的 Li_2SiO_3 保护层有效保护了材料结构的完整，同时有效抵御了电解质对材料界面结构的破坏，有效抑制了电极极化的增长。容量的衰减和电压迟滞的增长在图 7－6d、e 的充放电曲线中也有所体现，除此之外，NCM 和 LSO@NCM 充放电曲线还反映出了不同的结构退化行为。可以观察到，NCM 和 LSO@NCM 的初始的充放电曲线非常相似，在 4.2 V 左右可以观察到一个小的电压平台，其对应着材料所经历的 H2—H3 相变。这一相变过程中，材料的晶格结构急剧收缩，因而其对材料结构的破坏具有高的不可逆性。随着循环次数的增加，LSO@NCM 显示出相比于 NCM 更容易辨识的 4.2 V 处的电压平台。

此外，200 圈循环后，NCM 的放电中压从 3.87 V 下降至 3.22 V，而 LSO@NCM 放电

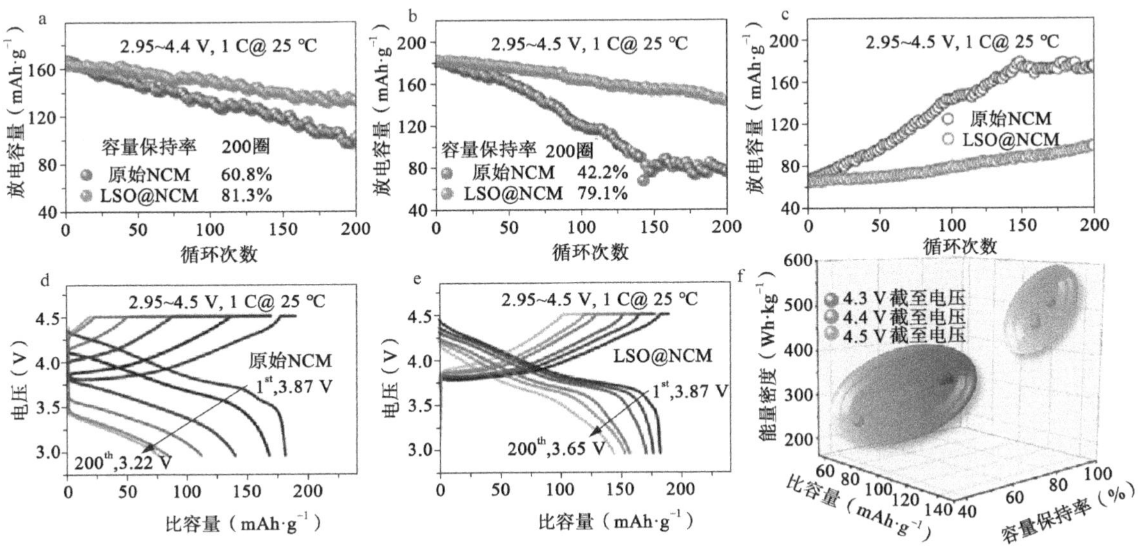

图 7－6　纯相 NCM 和 LSO@NCM 在高电压下的电化学循环性能。a. 在 25℃下，2.95～4.4 V 电压范围内的 1 C 循环稳定性；在 25℃下，2.95～4.5 V 电压范围内的 1 C 循环表现。b. 循环稳定性；c. 电压迟滞；纯相 NCM(d) 和 LSO@NCM(e) 的充放电曲线；f. 纯相 NCM 和改性样 LSO@NCM 在不同测试截止电压条件下的电化学性能比较

中压仅降至 3.65 V，这些都表明 NCM 材料在不可逆相变中结构遭受了严重破坏，而 LSO@NCM 依然能够保持结构的相对完整。值得注意的是，在容量循环曲线、电压迟滞曲线以及充放电曲线中都观察到了 NCM 材料在 150 圈循环后不明显的变化，由此认为，150 圈循环后 NCM 材料所经历的严重结构破坏没有继续扩大，NCM 的层状结构转变为更稳定的尖晶石或岩盐相结构，材料电化学活性显著降低，但抑制了材料结构的进一步破坏和容量的快速衰减。

一般认为，高的放电比容量和放电中压有助于提高材料和电池的能量密度。图 7-6f 对比了纯相 NCM 和改性 LSO@NCM 在三种不同的测试条件下的各项性能指标，可以看到，LSO@NCM 在放电容量、循环稳定性和能量密度等方面都显著优于纯相 NCM，可见表面构筑 Li_2SiO_3 层是有效的。

此外，为了更深入的了解两种材料的电化学行为和结构演化，对放电过程中电极的 dQ/dV 等高线图进行了分析(图 7-7a、b)。在 3.75 V 处，观察到了极强的还原峰，其对应着材料由 H1 相向 M 相的转变。此外，在 4.23 V 处，可以观察到另一个还原峰的存在，其对应这材料从 H2 相到 H3 相的转变。随着循环的进行，NCM 出现了严重的峰的偏移和峰强的减弱，最终几乎消失，表明材料在不可逆的结构变化，以及外部电解液的作用下，晶体结构发生了转变，材料结构破坏，导致电极极化增加，电荷传输受阻，容量迅速衰减。与此形成鲜明对比的是，LSO@NCM 在循环过程中的两个还原峰几乎没有发生变化，表明表面的 Li_2SiO_3 抑制了电解液对正极材料的侵蚀，晶格的转变得到了缓解，可逆性大大提高，材料在循环过程中始终保持着稳定的层状结构。

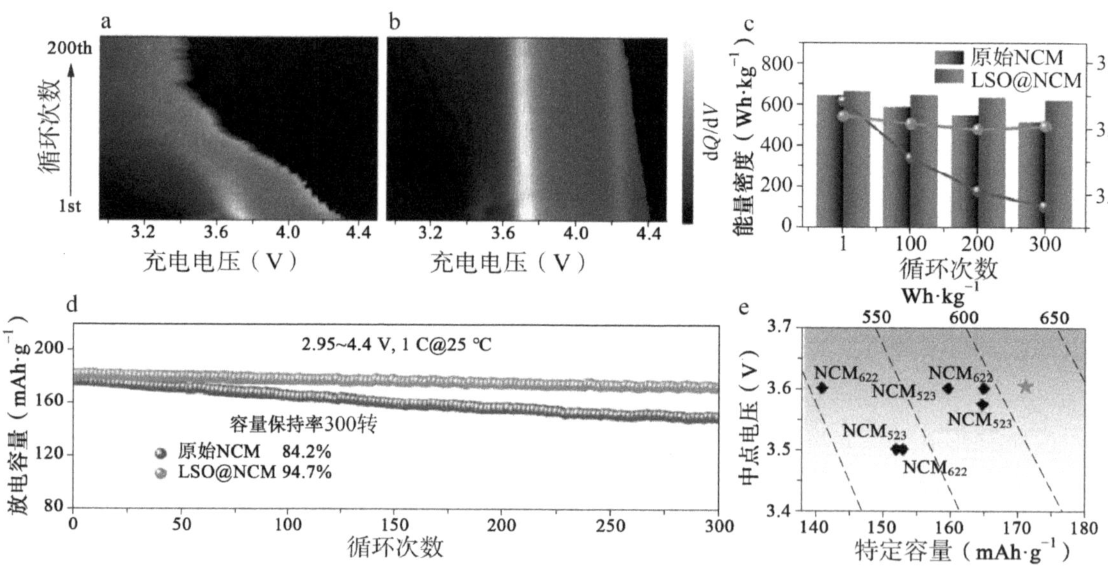

图 7-7 2.95～4.5V 电压范围内的放电过程的 dQ/dV 二维等高线填充图：a. 纯相 NCM，b. 改性样 LSO@NCM；纯相 NCM 和 LSO@NCM 在 2.95～4.4 V 电压范围内的全电池循环表现。c. 不同循环后的能量密度和放电中压；d. 循环性能；e. 本研究改性产品 LSO@NCM 与其他已报道研究中的产品的电化学性能比较

为了扩宽材料在电动汽车领域的应用，LSO@NCM 在实际的高电压条件下的表现需要进一步研究。实验中组装了新的软包全电池，并在 2.95～4.4 V 的高截止电压条件下进行了充放电循环测试，结果如图 7-7c、d 所示。LSO@NCM 在循环 300 圈后，仍保持了 171.2 mAh·g^{-1} 的可逆容量，容量保持率高达 94.7%，表现出了出人意料的卓越的高压循环稳定性。在相同的条件下，纯相 NCM 循环后的放电比容量只有 130 mAh·g^{-1}，容量保持率为 80.3%。此外，LSO@NCM 的放电中压能始终稳定在 3.6 V 左右，而 NCM 却经历了快速的放电中压的衰减，在 300 圈后放电中压便降至 3.48 V。从能量密度上看，采用 LSO@NCM 为正极的软包电池的能量密度能保持在 625 Wh·kg^{-1}，远高于 NCM 的 517 Wh·kg^{-1} 的能量密度。

此外，为了更全面、更客观的证明表面 Li_2SiO_3 构建的 LSO@NCM 的电化学优越性，与其他已报道的正极材料进行了比较[11-16]，图 7-7e 所示，LSO@NCM 在能量密度更高的情况下具有优异的容量保持能力，其保持的可逆容量甚至高于传统的二次球颗粒正极，这也充分证明了表面 Li_2SiO_3 修饰的单晶富镍正极在高电压下的独特优势，在高电压电动汽车的应用中具有较大的潜力。

通过电化学性能分析已经证实了表面 Li_2SiO_3 构筑的显著效果，为了更充分了解电化学差异形成的原因，对材料的动力学特性进行了研究。不同扫描速度的 CV 测试是研究电极材料中锂离子动力学的有用的工具。实验中分别对纯相 NCM 和改性样 LSO@NCM 进行了不同扫速下的 CV 测试，扫速从 0.2 mV·s^{-1} 增加值 1 mV·s^{-1}，增长步为 0.2 mV·s^{-1}，测试电压范围为 2.95～4.5 V，结果如图 7-8a、b 所示。可以看到，由于电极反应的动力学过程较为缓慢，当测试扫描速度的增加时，反应不能及时发生，氧化峰和还原峰分别向高电位和低电位方向移动，此外，峰电流（I_p）逐渐增大。通过对峰电流与扫速之间的关系进行拟合，根据拟合直线的斜率可以计算出电极的 Li^+ 的表观扩散系数[17-19]，图 7-8c 所示，容易看出，LSO@NCM 的斜率大于纯相 NCM，计算得出，LSO@NCM 在充电和放电过程的锂离子扩散系数分别为 2.87×10^{-11} $cm^2\cdot s^{-1}$ 和 1.53×10^{-11} $cm^2\cdot s^{-1}$，而 NCM 对应过程的锂离子扩散系数则分别只有 4.46×10^{-11} $cm^2\cdot s^{-1}$ 和 2.7×10^{-11} $cm^2\cdot s^{-1}$。因此，LSO@NCM 能更好地实现快速的锂离子传输。

界面阻抗是影响锂离子扩散的重要因素，也被认为时电极失效的重要原因[20, 21]。图 7-8d、e 分别测量了两种材料在循环前以及 200 圈循环后的 EIS，基于图 7-8f 的等效电路图拟合得出的阻抗结果记录在表 7-2 中。对比发现，循环前后 LSO@NCM 的阻抗都

表 7-2　纯相 NCM 和改性样 LSO@NCM 的 EIS 拟合结果

样品	循环前		循环后		
	R_{sol}/Ω	R_{ct}/Ω	R_{sol}/Ω	R_{sf}/Ω	R_{ct}/Ω
原始 NCM	3.69	89.98	6.59	117.3	572
LSO@NCM	1.58	83.77	2.83	41.93	464.4

要小于对应 NCM 的阻抗，这也再次证实 LSO@NCM 更适合锂离子传输。

此外，还测量了材料在充放电过程中的 GITT 曲线，并根据 GITT 结果计算出了过程中的锂离子扩散速率（图 7-8g），结果同样显示出 LSO@NCM 具有更大的锂离子扩散速率。

不同的测试方法都显示，LSO@NCM 的动力学特性要优于纯相 NCM 材料，这主要是因为 LSO@NCM 表面生长了一层稳定的 Li_2SiO_3 保护层，Li_2SiO_3 具有独特的三维传输通道，离子导电性优异，能够进行快速的锂离子的传输。此外，该界面层从前驱体上开始构建，保证了其与正极材料本体的紧密接触，在长期的循环过程中不会发生分离，始终能够有效保护活性材料，极大缓解了电极极化现象，调控电极/电解液界面的电荷传输，提高了界面的锂离子迁移效率，保证了良好的电化学特性。

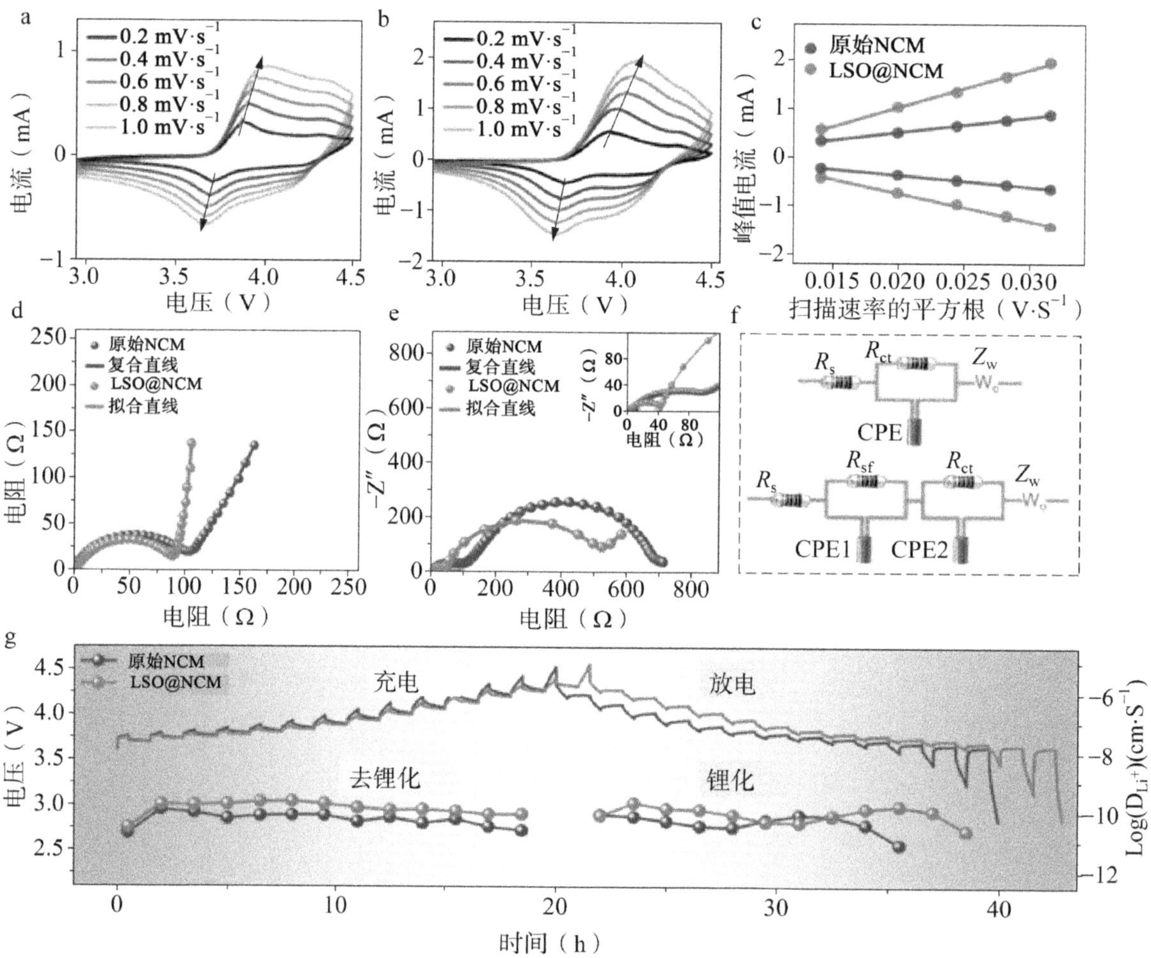

图 7-8　动力学性能比较。不同扫速下的 CV 曲线(a)纯相 NCM，改性样 LSO@NCM(b)以及相对应的 $I_p - v^{1/2}$ 拟合结果(c)；纯相 NCM 和 LSO@NCM 的电化学阻抗谱。循环前(d)，200 圈循环后(e)，以及相对应的等效电路图(f)；g. GITT 曲线以及所计算出的表观 Li^+ 扩散系数

电化学性能和动力学性能的提高在一定程度上说明了表面改性后的 LSO@NCM 的

结构稳定性大大增强。对于中高镍三元正极材料，循环过程中的有害 H2—H3 相变是降低材料结构稳定性的重要原因。因此，实验中对材料循环过程中的相转变行为进行了研究，以更好地了解材料结构变化和电化学性能之间的关系。图 7-9a 显示了纯相 NCM 和改性 LSO@NCM 在 2.95～4.5 V 电压区间 0.2 C 循环过程中的原位 XRD 测试结果。

众所周知，对于三元正极材料，(003)峰位置的变化反映了材料晶体结构中 c 轴晶格参数的变化情况，而(101)和(104)特征峰则揭示了 a 轴晶格参数的变化[22, 23]。可以看到，在充电过程中两种材料的(003)特征峰都出现了先向低角度偏移后再像高角度移动的变化，其反映了材料所经历的不同的结构转变过程。充电前期(003)峰向低角度方向偏移，正极材料从 H1 相逐渐转变为 H2 相，这一过程中，Li^+ 从晶体结构中脱出，相邻层间的 O—O 静电斥力逐渐增大，导致层间距离增大，因而 c 轴晶格参数增加[24]。随着充电的持续进行，越来越多 Li^+ 从层间逸出，材料进入高度缺锂态，Ni^{4+}—O^{2-} 的共价键增强，而 O—O 静电排斥大幅减弱，材料中残余的微量 Li 不足以支撑 Li 层，因此晶体结构出现剧烈收缩[25]，c 轴晶格参数快速减小，材料由 H2 相转变为 H3 相，这一过程在原位 XRD 中表现为(003)峰的高角度偏移。

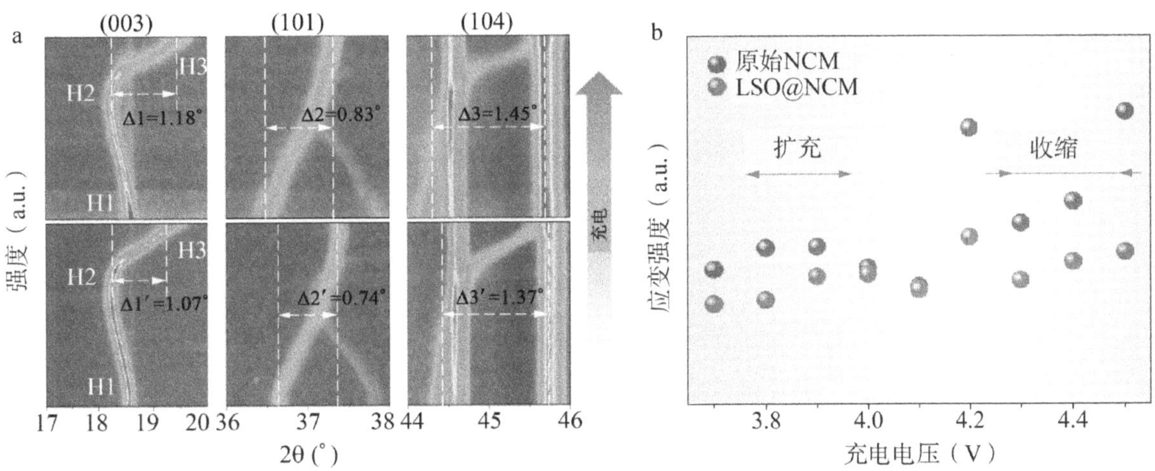

图 7-9　首圈充电过程中的相转变行为。a. NCM 和 LSO@NCM 的(003)、(101)和(104)峰的原位 XRD；b. 由 Williamson-Hall(W-H)方程计算的首次充电过程中颗粒内应变与电压的关系

与 c 轴不同的是，在充电过程中，过渡金属离子持续氧化，离子半径减小，导致 a 轴晶格的连续收缩，因而(101)和(104)峰在整个充电过程中都向着更高的角度移动[26]。值得注意的是，从 H2 到 H3 相，LSO@NCM 材料的(003)特征峰只偏移了 1.07°，小于纯相 NCM 的 1.18°，表明 LSO@NCM 的 c 轴收缩得到了控制，H2—H3 相变对晶体结构的损伤大大减小。另外，纯相 NCM 的(101)和(104)峰分别偏移了 0.83°和 1.45°，同样大于 LSO@NCM 的 0.74°和 1.37°，表明 LSO@NCM 的 a 轴收缩也小于 NCM。原位 XRD 结果表明，表面构筑的稳定的 Li_2SiO_3 保护层通过与 NCM 正极的紧密连接，抑制了正极材料充放电过程中的晶格畸变，强化了晶体结构，这也有效避免了晶格滑移等造成单晶颗粒

开裂。

随后，采用 Williamson-Hall 方法[27-29]计算出了纯相 NCM 和改性样 LSO@NCM 在不同充电状态下的应变，进一步了解材料的应变的演化过程，结果如图 7－9b 所示。计算结果显示，在电极充电到 4.2 V 之前，应变值为正，这与材料所经历的 H1—H2 相变，c 轴晶格膨胀相对应。当充电至 4.2 V 时，应变值突然转变为负值，材料开始由 H2 相向 H3 相转变，晶格急剧收缩。可以注意到，NCM 的应变值显著高于 LSO@NCM，这也说明了纯相 NCM 的晶格畸变严重，改性后的 LSO@NCM 的晶体结构相对稳定，晶格的膨胀与收缩得到有效缓解。一般认为，应变的增加容易诱导颗粒内部裂纹，影响体相锂离子传输，导致电荷分布不均匀等问题，从而对材料的结构及电化学性能产生不利影响，因此，可以认为 LSO@NCM 通过抑制相变，稳定了晶体结构，保证了锂离子的正常迁移，大大改善了 NCM 的长循环电化学表现。

7.2.3 材料循环后的测试分析

为了更充分地证明 NCM 表面构筑 Li_2SiO_3 层可以显著增强材料的结构稳定性，保证材料结构完整，对循环 200 圈的电池进行了拆解，并通过 SEM、TEM、HRTEM 等技术手段对相应的正极极片进行表征。颗粒裂纹被认为是富镍正极材料失效的主要因素，图 7－10a 所示，循环后的 NCM 材料观察到了几处明显的裂纹，这些裂纹成为电解液向颗粒内部侵蚀的通道，大大增加了电解液与活性材料直接接触的面积，界面副反应加剧，材料结构退化加速。图 7－10b 中 F 元素在颗粒表面大量且均匀的分布也证实了电解液对材料的严重侵蚀。

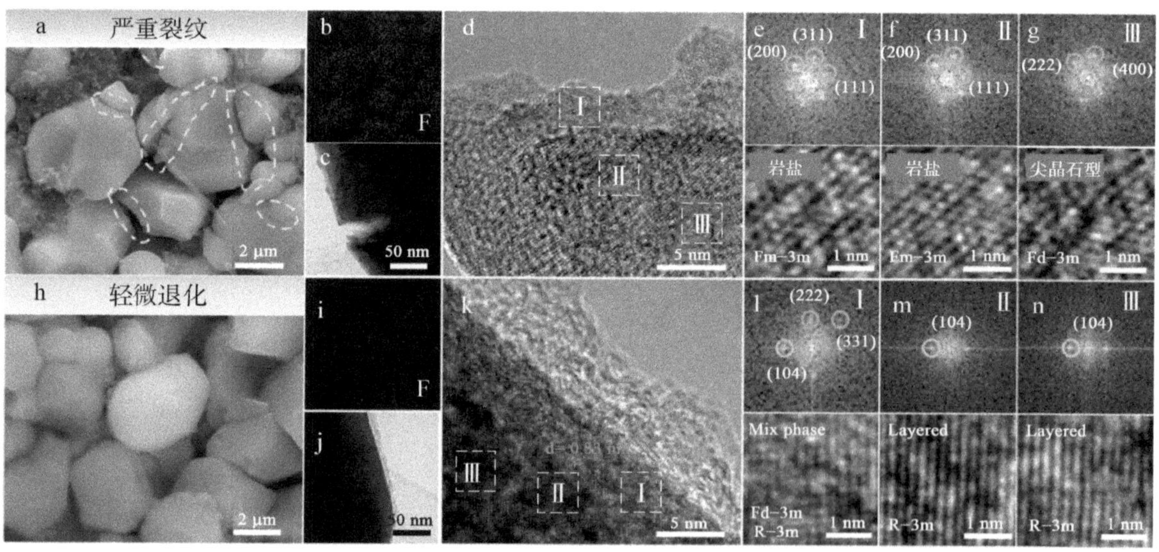

图 7－10 NCM 和 LSO@NCM 在 25 ℃下 2.95～4.5 V 电压范围内 1 C 循环 200 圈后的形貌结构。(a、b) NCM 和(h～i)的 SEM 图像和 F 元素的元素映射，(c～g) NCM 和(j～n) LSO@NCM 的 TEM，HRTEM 以及 FFT，选区 IFFT 结果

在图 7－10c 的 TEM 中也观察到了 NCM 颗粒表面明显的裂纹，而图 7－10d 中则观察到了材料表面严重的结构退化，从外向内分别选定了Ⅰ、Ⅱ、Ⅲ三个区域，进一步分析了不同区域内的晶体结构。图 7－10e、f 显示，区域Ⅰ、Ⅱ内材料为岩盐相结构，而区域Ⅲ中则观察到了尖晶石相结构(图 7－10g)，表明纯相 NCM 在循环过程中发生了严重的结构损伤，大量活性正极材料由有序的层状结构转变为尖晶石相结构，甚至进一步转变为无序的、非电化学活性的岩盐相结构。因此，纯相 NCM 动力学性能退化，进而导致了严重的不可逆的容量损失[30, 31]。

图 7－10h 显示了 LSO@NCM 循环后的表面 SEM，与纯相 NCM 明显不同，LSO@NCM 没有观察到裂纹的存在，颗粒依然保持着完整的结构。图 7－10i 的 F 元素的分布也显示，LSO@NCM 表面仅有较少的含 F 物沉积，说明材料表面的 Li_2SiO_3 层在循环过程中能始终保持稳定(图 7－10j)，这有效抑制了循环过程中的界面副反应。HRTEM 进一步确认了 LSO@NCM 的结构退化情况(图 7－10k)，Li_2SiO_3 层仍均匀分布在 NCM 表面。与纯相 NCM 一样，在正极材料部分从外向内选取了三个区域，除了最外层的Ⅰ区域观察到层状结构和尖晶石结构的混合外(图 7－10l)，向内的Ⅱ、Ⅲ区域都观察到了良好的 $R\bar{3}m$ 层状结构(图 7－10m、n)。这也进一步证明表面的 Li_2SiO_3 层有效保护了正极材料，抑制了材料结构退化，材料结构完整性大大提高。

综上，本章合成了单晶型纯相 $LiNi_{0.63}Co_{0.07}Mn_{0.3}O_2$ 正极材料，通过湿包覆法诱导含 Si 中间体在 $Ni_{0.63}Co_{0.07}Mn_{0.3}(OH)_2$ 正极前驱体表面生长，经锂化烧结后形成与正极材料本体紧密连接的三维特殊结构的稳定的 Li_2SiO_3 保护层，得到表面包覆改性的 $LiNi_{0.63}Co_{0.07}Mn_{0.3}O_2$@$Li_2SiO_3$ (LSO@NCM) 正极材料。实验结果证明表面构建的 Li_2SiO_3 保护层能够有效解决低钴三元材料结构稳定性和长循环稳定不佳的问题。

参考文献

[1] Li H, Li J, Ma X, et al. Synthesis of single crystal $LiNi_{0.6}Mn_{0.2}Co_{0.2}O_2$ with enhanced electrochemical performance for lithium ion batteries [J]. Journal of The Electrochemical Society, 2018, 165: A1038－A1045.

[2] Zheng J, Yang Z, He Z, et al. In situ formed $LiNi_{0.8}Co_{0.15}Al_{0.05}O_2$@$Li_4SiO_4$ composite cathode material with high rate capability and long cycling stability for lithium-ion batteries [J]. Nano Energy, 2018, 53: 613－621.

[3] Yec C, Zeng H. Synthesis of complex nanomaterials via ostwald ripening [J]. Journal of Materials Chemistry A, 2014, 2: 4843－4851.

[4] You L, Wen Y, Li G, et al. Nano－TiO_2 coated single-crystal $LiNi_{0.65}Co_{0.15}Mn_{0.2}O_2$ for lithium-ion batteries with a stable structure and excellent cycling performance at a high cut-off voltage [J]. Journal of Materials Chemistry A, 2022, 10: 5631－5641.

[5] Tao X, Sun Y, Xu Y, et al. Construction of Li_3PO_4 nanoshells for the improved electrochemical performance of a Ni-rich cathode material [J]. Chemical Communications, 2022, 58: 2556－2559.

[6] Liu Y, Li Y, Gao X, et al. Microstructure boosting the cycling stability of $LiNi_{0.6}Co_{0.2}Mn_{0.2}O_2$ cathode through Zr-based dual modification [J]. Energy Storage Materials, 2021, 36: 179－185.

[7] Lv F, Zhang Y, Wu M, et al. A molten-salt method to synthesize ultrahigh-nickel single-crystalline $LiNi_{0.92}Co_{0.06}Mn_{0.02}O_2$ with superior electrochemical performance as cathode material for lithium-ion batteries [J]. Small, 2022, 18: e2201946.
[8] Kosova N, Devyatkina E, Kaichev V. Optimization of Ni^{2+}/Ni^{3+} ratio in layered Li(Ni, Mn, Co)O_2 cathodes for better electrochemistry [J]. Journal of Power Sources, 2007, 174: 965 - 969.
[9] Li M, Cheng L, Zhang B, et al. The effect of B_2O_3/Li_3BO_3 coating and B^{3+} doping on electrochemical properties in nickel-rich single-crystal $LiNi_{0.7}Co_{0.2}Mn_{0.1}O_2$ cathodes [J]. Journal of Alloys and Compounds, 2022, 907: 164489.
[10] Li G, You L, Wen Y, et al. Ultrathin Li-Si-O coating layer to stabilize the surface structure and prolong the cycling life of single-crystal $LiNi_{0.6}Co_{0.2}Mn_{0.2}O_2$ cathode materials at 4.5 V [J]. ACS Applied Materials & Interfaces, 2021, 13: 10952 - 10963.
[11] Zang X, Sun S, Yu H, et al. The performances and degradation mechanisms of a commercial artificial graphite/$LiNi_{0.5}Co_{0.2}Mn_{0.3}O_2$ pouch cell at different cutoff voltages and temperatures [J]. Journal of Alloys and Compounds, 2021, 872: 159678.
[12] Mo Y, Guo L, Jin H, et al. Improved cycling stability of $LiNi_{0.6}Co_{0.2}Mn_{0.2}O_2$ through microstructure consolidation by TiO_2 coating for Li-ion batteries [J]. Journal of Power Sources, 2020, 448: 227439.
[13] Wu Z, Cao C, Yan X, et al. Effects of charge cut-off voltage on the performances of monocrystalline $LiNi_{0.5}Co_{0.2}Mn_{0.3}O_2$/graphite Li-ion cells [J]. Electrochimica Acta, 2019, 302: 153 - 160.
[14] Han J, Hwang E, Kim Y, et al. Dual-functional electrolyte additives toward long-cycling lithium-ion batteries: Ecofriendly designed carbonate derivatives [J]. ACS Applied Materials & Interfaces, 2020, 12: 24479 - 24487.
[15] Neudeck S, Walther F, Bergfeldt T, et al. Molecular surface modification of NCM622 cathode material using organophosphates for improved Li-ion battery full-cells [J]. ACS Applied Materials & Interfaces, 2018, 10: 20487 - 20498.
[16] Xu C, Xiang W, Wu Z, et al. Dual-site lattice modification regulated cationic ordering for Ni-rich cathode towards boosted structural integrity and cycle stability [J]. Chemical Engineering Journal, 2021, 403: 126314.
[17] Chen Z, Kim G, Bresser D, et al. $MnPO_4$-coated $LiNi_{0.4}Co_{0.2}Mn_{0.4}O_2$ for lithium(-ion) batteries with outstanding stability and enhanced lithiation kinetics [J]. Advanced Energy Materials, 2018, 8: 1801573.
[18] Hao S, Li Y, Yang J, et al. External-to-internal synergistic strategy to enable multi-scale stabilization of $LiCoO_2$ at high-voltage [J]. Journal of Energy Chemistry, 2023, 76: 516 - 527.
[19] Chen S, Wang C, Zhou Y, et al. Co/Li-dual-site doping towards $LiCoO_2$ as a highvoltage, fast-charging, and long-cycling cathode material [J]. Journal of Materials Chemistry A, 2022, 10: 5295.
[20] Li W, Dolocan A, Oh P, et al. Dynamic behaviour of interphases and its implication on high-energy-density cathode materials in lithium-ion batteries [J]. Nature Communications, 2017, 8: 14589.
[21] Liang J, Zeng X, Zhang X, et al. Mitigating interfacial potential drop of cathode-solid electrolyte via ionic conductor layer to enhance interface dynamics for solid batteries [J]. Journal of The American Chemical Society, 2018, 140: 6767 - 6770.
[22] Dang R, Qu Y, Ma Z, et al. The effect of elemental doping on nickel-rich NCM cathode materials of lithium ion battery [J]. The Journal of Physical Chemistry, 2022, 126: 151 - 159.
[23] Liu L, Chen L, Huang X, et al. Electrochemical and in situ synchrotron XRD studies on Al_2O_3-coated $LiCoO_2$ cathode material [J]. Journal of The Electrochemical Society, 2004, 151: A1344 - A1351.
[24] Xie Q, Li W, Manthiram A. A Mg-doped high-nickel layered oxide cathode enabling safer, high-energy-density Li-ion batteries [J]. Chemistry of Materials, 2019, 31: 938 - 946.
[25] Xu X, Zhu H, Tang Y, et al. Spreading monoclinic boundary network between hexagonal primary grains for high performance Ni-rich cathode materials [J]. Nano Energy, 2022, 100: 107502.
[26] Ghanty C, Markovsky B, Erickson E, et al. Li-ion extraction/insertion of Ni-rich $Li_{1+x}(Ni_yCo_zMn_z)WO_2$ ($0.005<x<0.03$; $y:z=8:1$, $w\approx1$) electrodes: In situ XRD and raman spectroscopy study [J].

ChemElectroChem, 2015, 2: 1479 - 1486.

[27] Aly K, Khalil N, Algamal Y, et al. Lattice strain estimation for $CoAl_2O_4$ nano particles using williamsonhall analysis [J]. Journal of Alloys and Compounds, 2016, 676: 606 - 612.

[28] Aly K, Khalil N, Algamal Y, et al. Estimation of lattice strain for zirconia nano-particles based on williamson-hall analysis [J]. Materials Chemistry and Physics, 2017, 193: 182 - 188.

[29] Zak A, Majid W, Abrishami M, et al. X-ray analysis of Zno nanoparticles by Williamson-Hall and size-strain plot methods [J]. Solid State Sciences, 2011, 13: 251 - 256.

[30] Li Y, Xiang W, Wu Z, et al. Construction of homogeneously Al^{3+} doped Ni rich Ni-Co-Mn cathode with high stable cycling performance and storage stability via scalable continuous precipitation [J]. Electrochimica Acta, 2018, 291: 84 - 94.

[31] He T, Lu Y, Su Y, et al. Sufficient utilization of zirconium ions to improve the structure and surface properties of nickel-rich cathode materials for lithium-ion batteries [J]. ChemSusChem, 2018, 11: 1639 - 1648.

第8章

电解液改性改善富镍单晶三元电极界面研究

富镍三元正极材料理论容量为278 mAh・g^{-1}，升高充电截止电压(≥4.5 V)可以脱嵌更多Li^+，从而获得额外多的比容量(15%～20%)，这对开发高能量密度电池具有足够的吸引力，也是目前工业界和学术共同追求的目标[1,2]。然而，当充电截止电压在4.5 V以上时，碳酸酯类电解液常用溶剂和锂盐($LiPF_6$)的分解将显著增强，加速了有害副产物(如HF)的产生。在高工作电压下，获得稳定的电极/电解液界面以及寻找适配高电压应用的电解液仍然具有挑战性。为了解决界面问题，文献报道了几种改性策略，例如利用高浓度电解液[3]、应用功能性电解质添加剂[4,6]和构建离子/电子导电包覆层[7]。在这些改性方法中，通过电解液添加剂改性在电极/电解液界面是一种可行且具有成本效益的方法。

因此，本章采用三(2-氰乙基)硼酸酯添加剂[tris(2-cyanoethyl) borate, TCEB]作为一种新型双功能电解液添加剂，改善超高电压(4.7 V)下SC-NCM_{613} ‖ Li电池的电化学性能。采用LSV、漏电流、恒电流充放电等电化学测试方法研究不同添加剂(TCEB)含量的电解液对SC-NCM_{613} ‖ Li电化学性能影响，并进一步利用SEM、TEM、XPS、EDS等技术手段研究了高电压下长循环后正、负极界面层的化学态和表面形貌的变化规律，从而探索TCEB对电池界面稳定机制。

8.1 电解液配制

将不同质量百分含量(1 wt%、2 wt%、3 wt%)的三(2-氰乙基)硼酸酯[tris(2-cyanoethyl) borate, TCEB]添加剂分别加入基础电解液(LB-037, baseline electrolyte)中，快速搅拌24～48 h后备用。对配制的电解液按照相应的添加剂含量分别标记为1-TCEB、2-TCEB、3-TCEB电解液，具体配比见表8-1。

表8-1 电解液配比表

成分	基础	1-TCEB	2-TCEB	3-TCEB
LB-037(g)	5.0	4.95	4.9	4.85
TCEB (g)	0.0	0.05	0.1	0.15

8.2 TCEB添加剂分子结构

图8-1为三(2-氰乙基)硼酸酯(TCEB)分子式及结构简式。由图可知,一个TCEB分子含有3个CN^-和3个B—O键,这样的结构具有良好的成膜特性与稳定正极的作用。特别是含有3个B—O键有利于形成富B的界面膜,而CN^-则有利于与SC-NCM_{613}材料表面的过渡金属离子络合,稳定三元材料结构。与此同时,通过文献调研,CN^-通常被用于改善电池高电压性能。因此,从添加剂选择原则上,选择TCEB作为添加剂理论上对改善高电压电池稳定性可能具有一定效果。

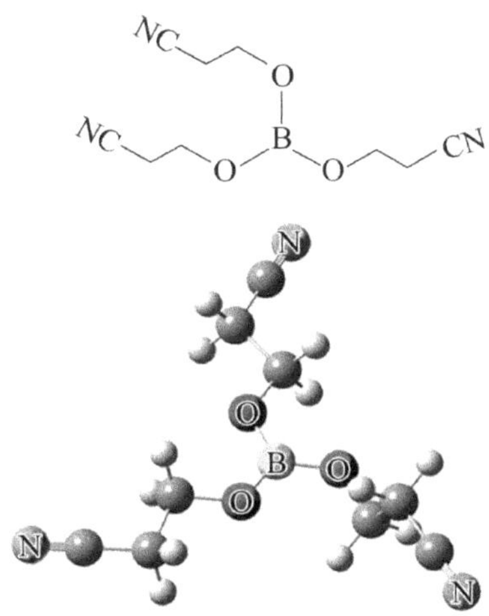

图8-1　三(2-氰乙基)硼酸酯(TCEB)分子结构示意图

为了评估含有2 wt%三(2-氰乙基)硼酸酯(TCEB)添加剂的电解液(命名为2-TCEB)和基础电解液电化学氧化窗口,采用线性扫描伏安法(LSV)测试法在扫描速度1 mV · s^{-1}下对两种电解液进行评估。两电极测试体系由不锈钢片(作为工作电极)和锂片(作为对电极)组成。图8-2a所示,基础电解液的氧化电流从4.2 V开始产生并在约5.0 V处急剧增加,这可能是由于碳酸酯溶剂在高电压下大量氧化分解所致。当添加TCEB后,在4.2 V左右出现一个明显的氧化峰,对应TCEB的氧化,而且电化学氧化窗口扩展至5.1 V左右,这表明TCEB添加剂分子可以优先在电极表面形成保护膜[6,8]。此外,为进一步评估TCEB对电解液氧化分解的抑制作用,我们对使用2-TCEB电解液和基础电解液的SC-NCM_{613} ‖ Li电池进行计时电流响应测试(图8-2b)。通常,在电极上构建钝化膜可以有效地阻隔电极与电解液直接接触,从而减少界面副反应,抑制电池的自放电现象。电池在2.75～4.7 V下预循环3次,然后充电至4.7 V并在恒定电压4.7 V下保持1 400分钟以记录剩余电流的变化情况。显然,在2-TCEB电解液中循环的电池显示出比在基础电解液中更低的剩余电流(0.004 7 mA vs. 0.001 6 mA),这意味着电解液的分解明显受到抑制。

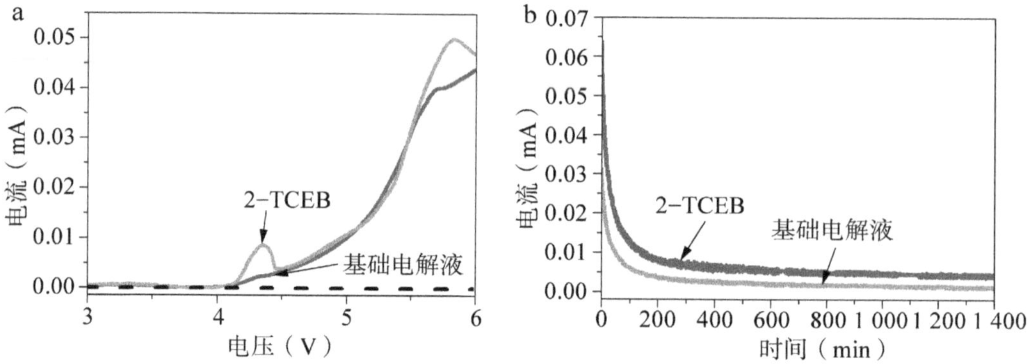

图 8-2　含 TCEB 电解液的电化学性能：a. 1 mV·s^{-1} 下的 LSV 曲线；b. SC-NCM_{613} ‖ Li 电池在基础电解液和 2-TCEB 电解液下充电至 4.7 V 下的漏电流测试

8.3　TCEB 添加剂对电池电化学性能影响

为了探究使用含 TCEB 电解液对高电压 SC-NCM_{613} ‖ Li 电池电化学性能的影响，我们采用单晶 $LiNi_{0.6}Co_{0.1}Mn_{0.3}O_2$（SC-$NCM_{613}$）作为正极，锂片作为负极，配合基础电解液和含 TCEB 电解液（1-TCEB，2-TCEB，3-TCEB）组装 SC-NCM_{613} ‖ Li 电池，并测试了其综合电化学性能（充放电循环、CV、EIS 等）。图 8-3 所示，在电压区间为 2.75～4.5 V

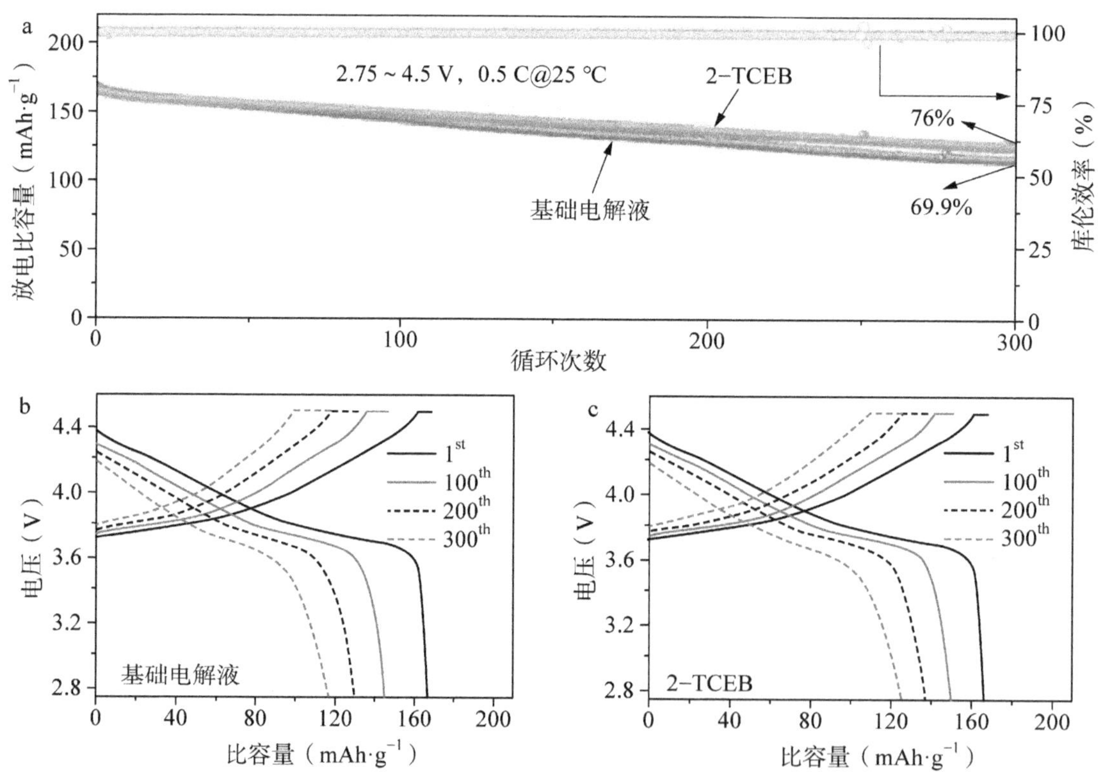

图 8-3　使用基础电解液和 2-TCEB 电解液组装 SC-NCM_{613} ‖ Li 电池在 2.75～4.5 V/0.5 C 测试条件下的充放电循环图(a)及不同圈数充放电曲线(b、c)

和电流密度为 0.5 C 测试条件下，使用基础电解液和 2 - TCEB 电解液的电池初始放电比容量分别为 167.5 mAh · g^{-1} 和 165.5 mAh · g^{-1}，经过 300 次循环后容量保持率分别为 69.9%和 76%。使用两种电解液的电池在 2.75～4.5 V 电压区间均保持着良好的充放电循环性能，且使用 2 - TCEB 电解液的电池电化学稳定性更优异，这可能得益于 TCEB 添加剂对电极界面的保护作用。

为了进一步探究 TCEB 添加剂对高电压下的作用机制，我们将电池的充电截止电压提升至 4.7 V。图 8 - 4 为基础电解液和添加不同含量 TCEB 电解液的 SC - NCM_{613} ‖ Li 电池在 2.75～4.7 V/1 C/25 ℃条件下的充放电循环图。采用 0.1 C 小电流对电池进行三次预循环以形成稳定的 TCEB 衍生保护膜。显然，使用不同电解液的电池在经过 100 次充放电循环后的电化学性能各不相同。含 TCEB 添加剂的电解液所组装电池的循环稳定性均优于基础电解液，说明 TCEB 添加剂有效地提高了电池循环稳定性。具体来说，使用基础电解液的电池在 2.75～4.7 V/1 C 条件下经过 100 次充放电循环后容量保持率仅为 51%。当基础电解液中加入 0.5 wt%，1 wt%，2 wt%和 3 wt%的 TCEB 添加剂时，电池在相同测试条件下的容量保持率分别提高到 62%，73%，80%和 81%。值得注意的是，添加过多的 TCEB 添加剂反而会导致电池比容量值下降，这是由于含量更多的 TCEB 将导致所形成的钝化层变厚，降低电荷在界面处的交换速率，导致电池性能下降。因此，综合考虑电池库伦效率、容量保持率和比容量值等性能指标，使用 2 - TCEB 电解液的电池性能优于使用其他浓度体系的电池。因此，在以下讨论中，选择基础电解液和 2 - TCEB 电解液进行重点比较研究。

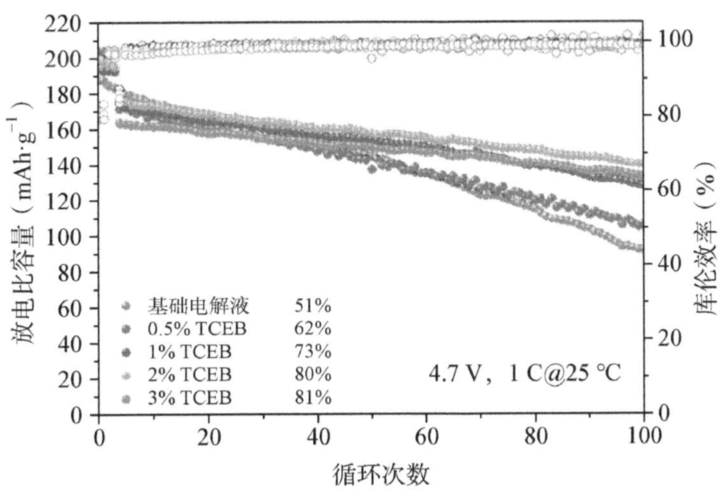

图 8 - 4 使用含不同 TCEB 量电解液的 SC - NCM_{613} ‖ Li 电池在 2.75～4.7 V/1.0 C 下的充放电循环

图 8 - 5 为 2.75～4.7 V/1 C 测试条件下使用基础电解液和 2 - TCEB 电解液的电池电化学性能对比图。图 8 - 5a 显示了使用两种电解液组装的 SC - NCM_{613} ‖ Li 电池首圈循环伏安曲线。显然，相比使用基础电解液的电池氧化峰位置(4.02 V 左右)，使用 2 -

TCEB 电解液的电池氧化峰(3.92 V 左右)明显向低电位偏移,说明 TCEB 可能优先氧化成膜,使得电池的电化学氧化反应提前发生。而两个还原峰电位相差无几,所以使用 2 - TCEB 电解液组装的电池的极化电压更小(0.19 V vs. 0.31 V)。同时,前三圈 CV 曲线良好的重合度,也说明使用 2 - TCEB 电解液的电池可逆性更高(图 8 - 6a、b)。此外,0.1 C(1 C=180 mAh · g^{-1})电池预循环(活化过程)中的初始充放电曲线也证明了这种现象。图 8 - 5b 和图 8 - 6c、d 所示,使用 2 - TCEB 电解液的电池起始氧化电位低于 3.8 V,与 LSV 测试结果一致。而且,使用 2 - TCEB 电解液组装的电池首圈库伦效率略低于基础电解液组装的电池(80.45% vs. 83.23%),这可能归因于 TCEB 添加剂在成膜过程中的氧化分解造成的首圈效率略微下降[9]。

图 8 - 5c 评估了使用这两种电解液的 SC - NCM_{613} ‖ Li 电池在 2.75～4.7 V/1 C 测试条件下的充放电循环稳定性。经过 100 次充放电循环后,使用基础电解液的电池仅剩余 92.0 mAh · g^{-1} 的放电比容量,容量保持率急剧下降至 51%。然而,在相同条件下,电池在 2 - TCEB 电解液中循环的容量保持率提高至 80%左右,放电比容量值维持

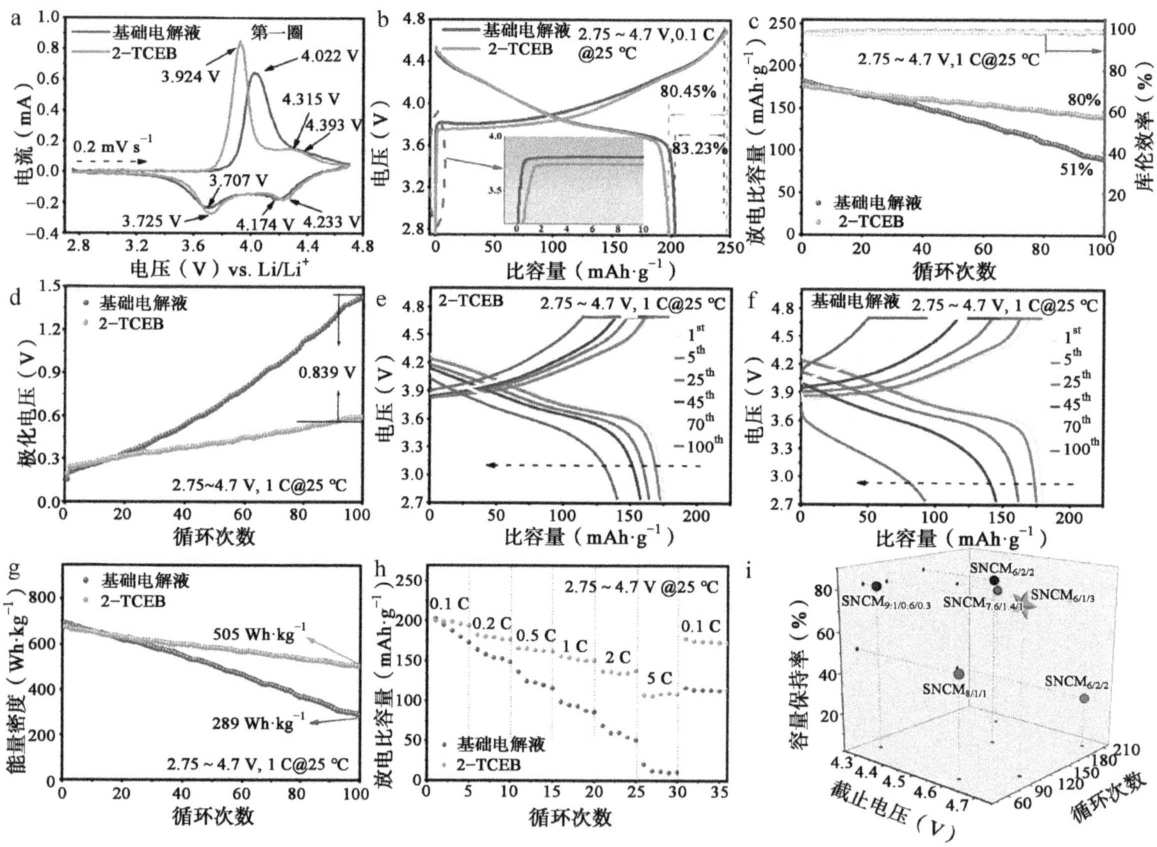

图 8 - 5　使用基础电解液和 2 - TCEB 电解液组装 SC - NCM_{613} ‖ Li 电池在 2.75～4.7 V/25 ℃下的电化学性能对比:a. 0.2 mV · s^{-1} 的首圈 CV 曲线;b. 0.1 C 下首圈充放电曲线;c. 1 C 下充放电循环图;d. 对应的极化电压曲线;e、f. 对应的充放电曲线;g. 根据活性材料重量计算得到相应的电池能量密度;h. 在 0.1 C 到 5 C 电流密度下的倍率循环图;i. 与文献报道的不同改性方法的 SC - NCM 正极循环性能比较

在 140.3 mAh · g^{-1} 左右。

在较高充电截止电压(4.7 V)下,使用 2 - TCEB 电解液的 SC - NCM_{613} ‖ Li 电池良好循环稳定性归因于电池中较低的电化学极化积累。图 8 - 5d 所示,在 2.75～4.7 V/1 C 测试条件下经过 100 次循环后使用 2 - TCEB 电解液组装电池的极化电压(0.595 V)远小于基础电解液的对应值(1.434 V)。众所周知,严重的电化学极化需要较长的恒压充电时间来补偿循环过程中的容量衰减[10]。图 8 - 5e、f 所示,在 4.7 V/1 C 条件下循环 100 次后,使用基础电解液 SC - NCM_{613} ‖ Li 电池的恒压充电平台无疑比使用 2 - TCEB 电解液的电池更长。通过计算可知,使用基础电解液的电池在 100 次充放电循环后的恒压平台贡献比容量值占总充电比容量值(包括恒流充电阶段容量和恒压充电阶段容量,CC + CV)比例是 47.3%(具体数值为 43.6 mAh · g^{-1})。而这种情况在添加了 TCEB 分子之后明显降低,该数值在使用 2 - TCEB 电解液的电池中仅为 19.1%(具体数值为 27.0 mAh · g^{-1})。电池在使用基础电解液时产生的严重极化电压可能归因于在 4.7 V 超高充电电压下碳酸酯溶剂的严重氧化分解和 SC - NCM_{613} 正极的表面结构衰退。使用两种电解液组装的 SC - NCM_{613} ‖ Li 电池 EIS 测试结果提供了更明确的证据(图 8 - 7)。

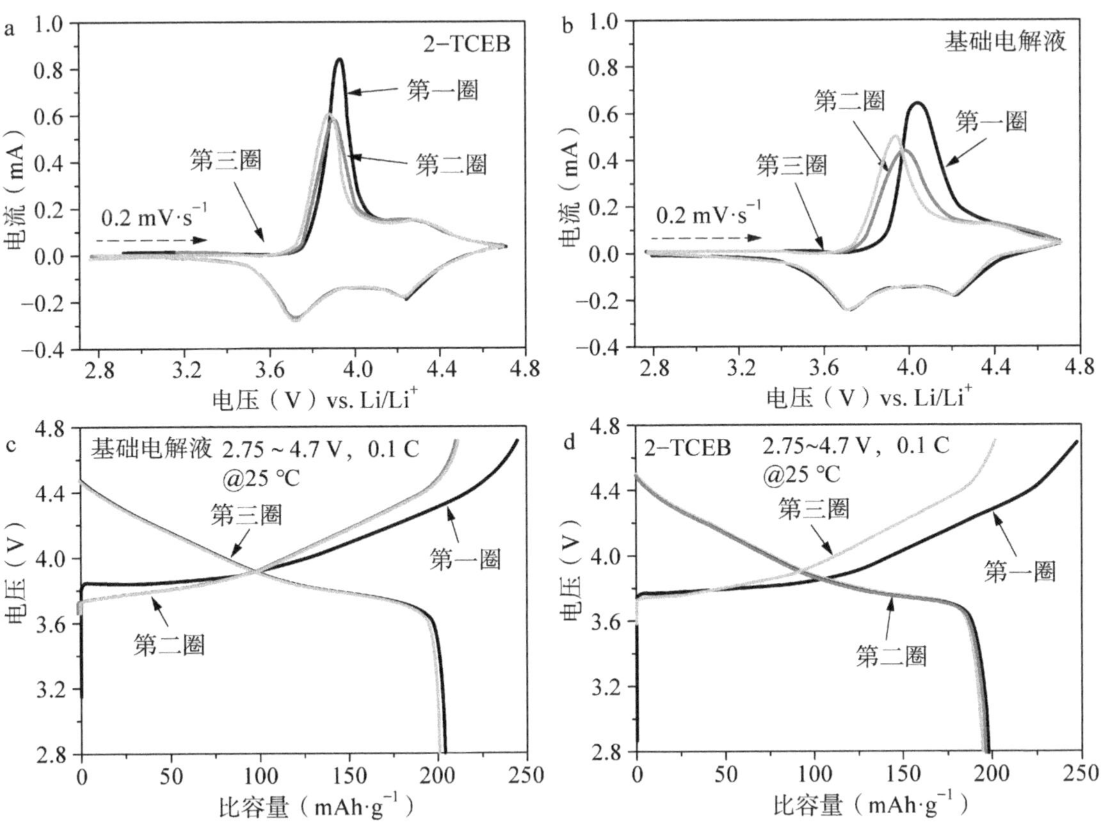

图 8 - 6　a、b. 使用基础电解液和 2 - TCEB 电解液的 SC - NCM_{613} ‖ Li 电池在 2.75～4.7 V 和 0.2 mV · s^{-1} 测试条件下的前 3 次 CV 曲线;c、d. 0.1 C 和 25℃下前 3 次充放电曲线

图 8－7a 所示，每条 EIS 曲线均由两个半圆和斜线组成。它们分别代表成膜电阻（R_{film}，对应高频区的半圆）、电荷转移电阻（R_{ct}，对应中频区的半圆）和 Li^+ 的扩散阻抗（对应低频区的斜线）[8]。使用基础电解液和 2－TCEB 电解液组装的电池在经过 3 次循环后的阻抗值没有太大差异。然而，在 4.7 V/1 C 测试条件下经过 100 次充放电循环后，使用基础电解液的电池 R_{film} 和 R_{ct} 远大于使用 2－TCEB 电解液的电池对应值（图 8－7b、c）。通常，较大的阻抗值意味着更多的电解液在电极表面分解和积累，这将严重影响电池的循环性能。

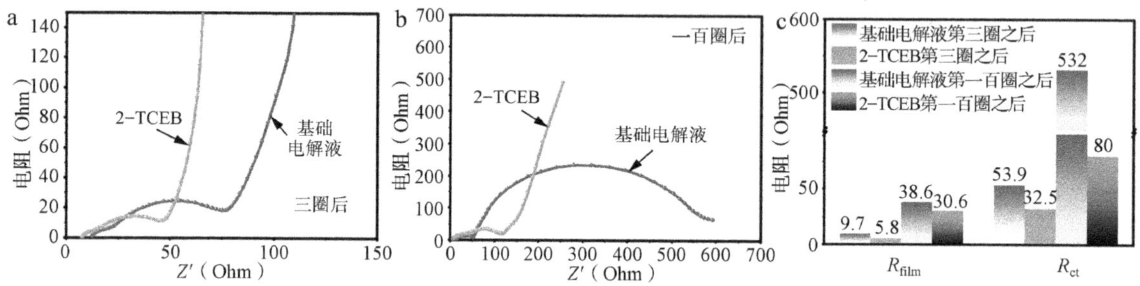

图 8－7　a、b. SC－NCM_{613} ‖ Li 电池在 1 C 下使用两种不同电解液进行第 3 次和第 100 次循环后的电化学阻抗谱；c. 两种电解质在不同循环下对应的 R_{film} 和 R_{ct}

此外，图 8－5g 计算了基于正极活性物质质量得出的 SC－NCM_{613} ‖ Li 电池能量密度值（ED）。在第三章的工作中，SC－NCM_{613} ‖ Li 电池的截至充电电压为 4.3 V 和电流密度为 1 C 的测试条件下的能量密度仅为 579 Wh · kg^{-1}。令人印象深刻的是，当截至电压由 4.3 V 提升到 4.7 V 时 SC－NCM_{613} ‖ Li 电池可以获得了 16.4％额外多的 ED 值（总共约为 674 Wh · kg^{-1}）。根据能量密度公式 ED＝电压×容量可知，升高充电截至电压可以使得更多的锂离子从正极材料本体中脱出，从而提高电池的放电比容量和能量密度。

图 8－5h 展示了在 0.1 C 到 5 C 不同电流密度下的倍率性能。与在基础电解液中电池倍率性能相比，采用 2－TCEB 电解液的 SC－NCM_{613} ‖ Li 电池在 5 C 电流密度下表现出较高放电比容量值（约 108.3 mAh · g^{-1}）。使用 2－TCEB 电解液的 SC－NCM_{613} ‖ Li 电池的优异倍率性能可能归因于 TCEB 衍生的 CEI/SEI 膜的保护作用，它可以显著减少电极表面的绝缘沉积物。使用 2－TCEB 电解液组装的电池极化电压和界面阻抗明显降低，上述电化学测试也证明这一观点（图 8－5d～g 和图 8－7）。这意味着使用 2－TCEB 电解液组装高压锂电池是提高电池能量密度和高电压电化学稳定性的一种实用且经济的方法。即使与文献中报道的单晶 NCM 其他改性方法相比，使用 2－TCEB 电解液的 SC－NCM_{613} ‖ Li 电池在 4.7 V 的超高截止电压下也显示出十分优异的容量保持率（图 8－5i 和表 8－2）。此外，TCEB 添加剂对提高钴酸锂电池的循环稳定性也具有良好效果[16]。

表 8-2　与最近在高截止电压下的富镍单晶 NCM‖锂电池性能比较

成分	正极	截止电压（V）	电流倍率（C）	循环稳定性	参考文献
1 M $LiPF_6$ in EC-DEC-EMC-2 wt% TCEB	SC-NCM (6/1/3)	4.7	1	80.0 %（100 次循环）	本工作
1 M $LiPF_6$ in EC：DMC：EMC	SC-NCM (9.1/0.6/0.3)	4.3	0.5	80.8%（70 次循环）	[11]
1.2 M $LiPF_6$ in EC：EMC-2 % VC	SC-NCM (6/2/2)	4.5	0.5	82.7%（150 次循环）	[12]
1 M $LiPF_6$ in EC：EMC-2% VC	SC-NCM (6/2/2)	4.7	1	25.6%（200 次循环）	[13]
1.2 M $LiPF_6$ in EC：EMC	SC-NCM (8/1/1)	4.6	0.1	50%（60 次循环）	[14]
1 M $LiPF_6$ in EC：EMC-2%VC	SC-NCM (7.6/1.4/1.0)	4.4	0.33	72%（200 次循环）	[15]

8.4　TCEB 对 SC-NCM_{613} 正极界面影响机制

为了更直观地观察电极表面形貌变化情况，对未循环的新鲜电极和循环后电极（使用基础电解液和 2-TCEB 电解液）进行 SEM 和 TEM 分析。图 8-8a、b 所示，新鲜 SC-NCM_{613} 极片的一次颗粒表面光滑洁净，边缘锐利。在基础电解液中循环 100 次后的 SC-NCM_{613} 正极表面被一层不均匀的沉积物覆盖（图 8-8c、d），厚度约为 85 nm。通常，该钝化层被认为是由碳酸酯溶剂和锂盐分解的无机/有机化合物组成[11]。电解液的持续氧化分解对电池性能将产生负面影响，如不导电 CEI 层增厚，产生大量气体和酸性副反应产物（如 HF 和 PF_5 等），过渡金属离子溶出及正极结构损坏等。幸运的是，当在基础电解液中添加 TCEB 添加剂后这种情况明显得到改善。其中，重要原因之一是 TCEB 添加剂分子在 SC-NCM_{613} 正极表面优先氧化分解形成 CEI 保护膜。从图 8-8e、f 可以清楚地发现，使用 2-TCEB 电解液循环的 SC-NCM_{613} 正极颗粒表面被一层 TCEB 衍生的 CEI 薄膜包裹（厚度仅为 12 nm 左右），低于使用基础电解液的 CEI 膜厚。薄而均匀 CEI 膜可以有效地将电解液与电极隔离，抑制电解液的持续氧化分解。

X 射线光电子能谱（XPS）进一步分析使用两种电解液循环后的 SC-NCM_{613} 正极表面的化学物质种类和价态变化（图 8-9）。对于使用 2-TCEB 电解液循环的 SC-NCM_{613} 极片（图 8-9a），C1s 光谱中位于 286.5 eV 和 287.7 eV 处的拟合峰连同 O1s 光谱中的 534.3 eV 和 532.2 eV 处的拟合峰，分别对应于 C—O 键和 C═O 键（图 8-9a、b）[11]。然而，使得基础电解液循环的极片的 C—O 键和 C═O 键的信号变得更强，这表明在使用基础电解液循环后，SC-NCM_{613} 正极表面覆盖了大量沉积物，这些沉积物可能源自碳酸酯溶剂的连续氧化分解。此外，对于 O1s 谱，位于 529.7 eV 处的强峰对应于 Me—O 键

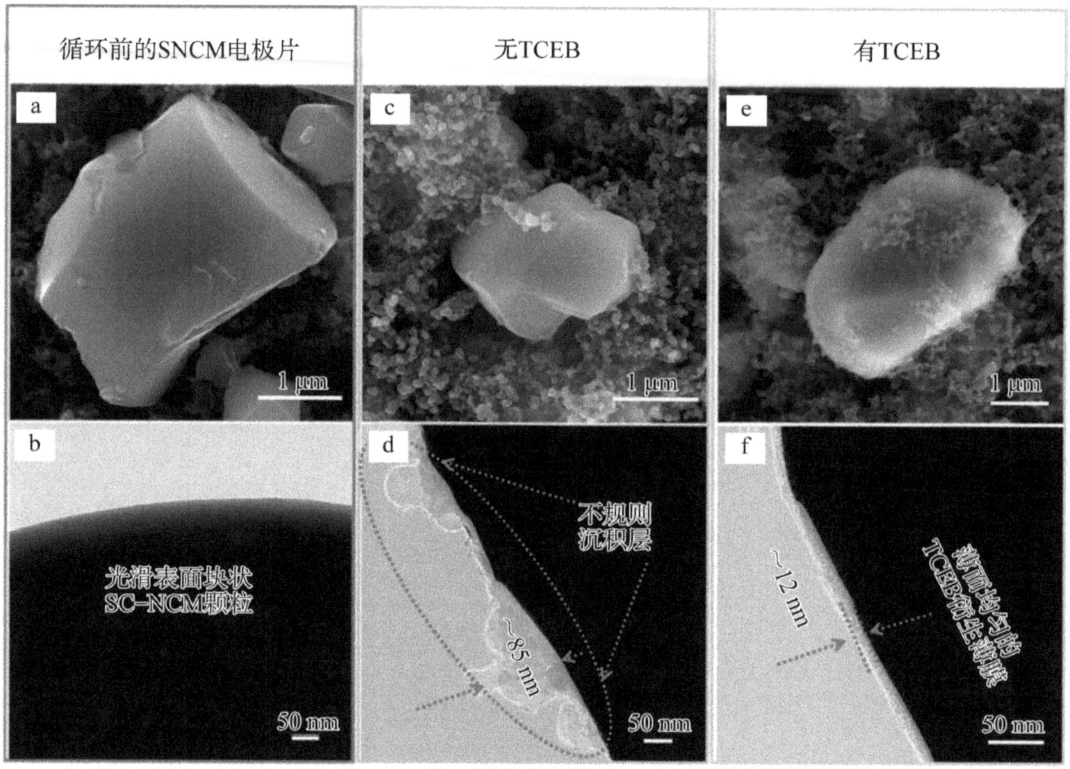

图 8-8　SEM 和 TEM 图像：a、b. 新鲜 SC-NCM_{613} 正极；c、d. 在基础电解液中循环 100 次后的 SC-NCM_{613} 正极；e、f. 在 2-TCEB 电解液中循环 100 次后的 SC-NCM_{613} 正极

(Me＝Ni、Co、Mn)仅出现在使用 2-TCEB 电解液循环的 SC-NCM_{613} 正极表面(图 8-9b)[17]。这进一步证明，在 2-TCEB 电解液中循环的 SC-NCM_{613} 正极表面上形成 TCEB 衍生 CEI 膜比基础电解液中的更薄，且此 CEI 膜能有效抑制电解液的分解。

在 F1s 谱图中(图 8-9c)，使用两种电解液循环后 SC-NCM_{613} 正极表面均出现 3 个拟合峰位于 688.2 eV、687.3 eV 和 685.3 eV 处，分别对应于 C—F 键(来自 PVDF 分解产生)、$Li_xPO_yF_z$(来自电解液中锂盐分解产生)和 LiF(来自电解液中锂盐分解产生)[18]。与 2-TCEB 电解液中循环的 SC-NCM_{613} 极片相比，在基础电解液中经过 100 次循环后的 SC-NCM_{613} 正极表面出现了含量更高的 $Li_xPO_yF_z$ 和 LiF，表明在充电截止电压提高至 4.7 V，锂盐分解更严重。当在基础电解液中添加少量 TCEB 添加剂分子时，$LiPF_6$ 的水解能极大地被抑制，同时有效地减少 LiF 在正极表面的积累。通常，在基础电解液中循环后 SC-NCM_{613} 正极表面沉积了大量电子绝缘的 LiF，这将可能增加电池的电化学阻抗值(图 8-7)，从而导致电池性能衰减。而且，P2p 光谱测试结果进一步证明了这一观点。其中，使用 2-TCEB 电解液的 SC-NCM_{613} 正极中可以观察位于 136.3 eV 的 Li_xPF_y 和位于 133.8 eV 的 $Li_xPO_yF_z$ 物种信号均弱于使用基础电解液循环后的 SC-NCM_{613} 正极(图 8-9d)。

图 8-9e 所示，B1s 光谱中 194.8 eV 和 192.3 eV 的强信号分别对应于 B-F 键和 B—O 键[20]，且仅出现在 2-TCEB 电解液循环的 SC-NCM_{613} 电极表面。相比之下，在使

用基础电解液循环后 SC - NCM_{613} 正极的 B1s 光谱中，这些峰信号几乎没有。这强烈表明 TCEB 可能参与构建 CEI 膜，并形成了 B—F/B—O 键来抵抗 HF 副产物的攻击。而且，与在基础电解液中循环的极片相比，如图 8 - 9f 所示，在使用 2 - TCEB 电解液中循环的 SC - NCM_{613} 正极 N1s 光谱中可以观察 CN^- 物质强的信号峰(位于 399.7 eV 的拟合峰)[21]，进一步证明了形成的 CEI 膜部分源自 TCEB 添加剂分解产生。同时，CEI 中的 CN^- 物种可以通过配位效应将过渡金属离子(Ni/Co/Mn)固定在 SC - NCM_{613} 正极主体侧，阻碍过渡金属离子的溶出。

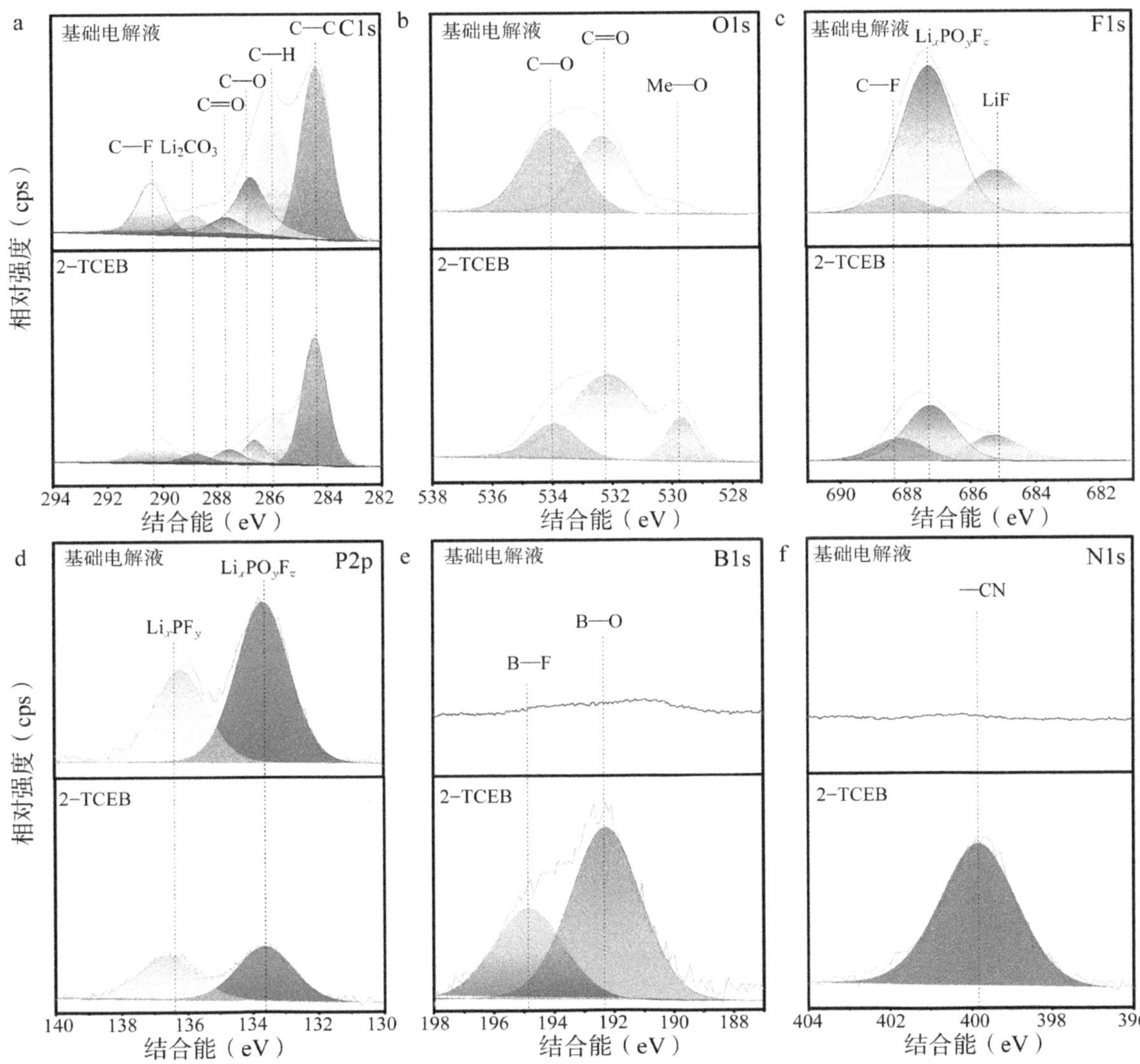

图 8 - 9　在 2.75～4.7 V/1 C 下 SC - NCM_{613} 正极在基础电解液和 2 - TCEB 电解液中经过 100 次后循环的 XSP 谱图：a. C1s；b. O1s；c. F1s；d. P2p；e. B1s 和 f. N1s

8.5　TCEB 对锂金属负极界面影响机制

有趣的是，我们发现 TCEB 添加剂不仅对正极具有优异的钝化能力，而且对锂负极也具有类似的保护作用。图 8－10a～d 显示了使用两种电解液循环后锂负极的平面和横截面的 SEM 图像。对于在基础电解液循环后的负极，SEM 图像显示锂负极表面覆盖着不均匀且多孔界面膜，此膜可能导致电解液的连续渗透和连续副反应发生，其厚度为 362 μm（图 8－10a、b）。从图 8－10a 可以清楚地观察到锂枝晶或生成的“死锂”，这些不断生长的锂枝晶或“死锂”会刺破隔膜，形成微短路，进而引起大电流放电并释放大量热量。相比之下，使用 2－TCEB 循环的锂负极观察到光滑且致密、无枝晶的界面膜，厚度约为 77 μm（图 8－10c、d）。

同时，我们对两种电解液下循环后锂负极横截面的 C、O、F、P、B 和 N 6 种元素进行 SEM－EDS 面部扫描测试（图 8－10e～p）。在用基础电解液循环的锂负极中可以看到 C、O、F 和 P 元素的信号更强（归结于电解液中碳酸酯溶剂的氧化分解），但 B 和 N 元素的信号非常弱（图 8－10e～j）。相比之下，使用 2－TCEB 电解液的情况则大不相同，其中在 LMA 表面上覆盖了薄而致密的沉积层，其中富含 B 和 N（图 8－10k～p）。这与使用两种电解液循环的锂金属负极的照片结果保持一致。图 8－11 所示，在使用基础电解液循环的锂负极表面覆盖了严重的黑色沉积物，这可能是电池正极极片中的过渡金属离子穿梭到负极侧形成的。相反，使用 2－TCEB 电解液循环的锂负极表面观察到相对干净的表面，进一步证明使用 TCEB 添加剂后可以有效抑制过渡金属穿梭效应。

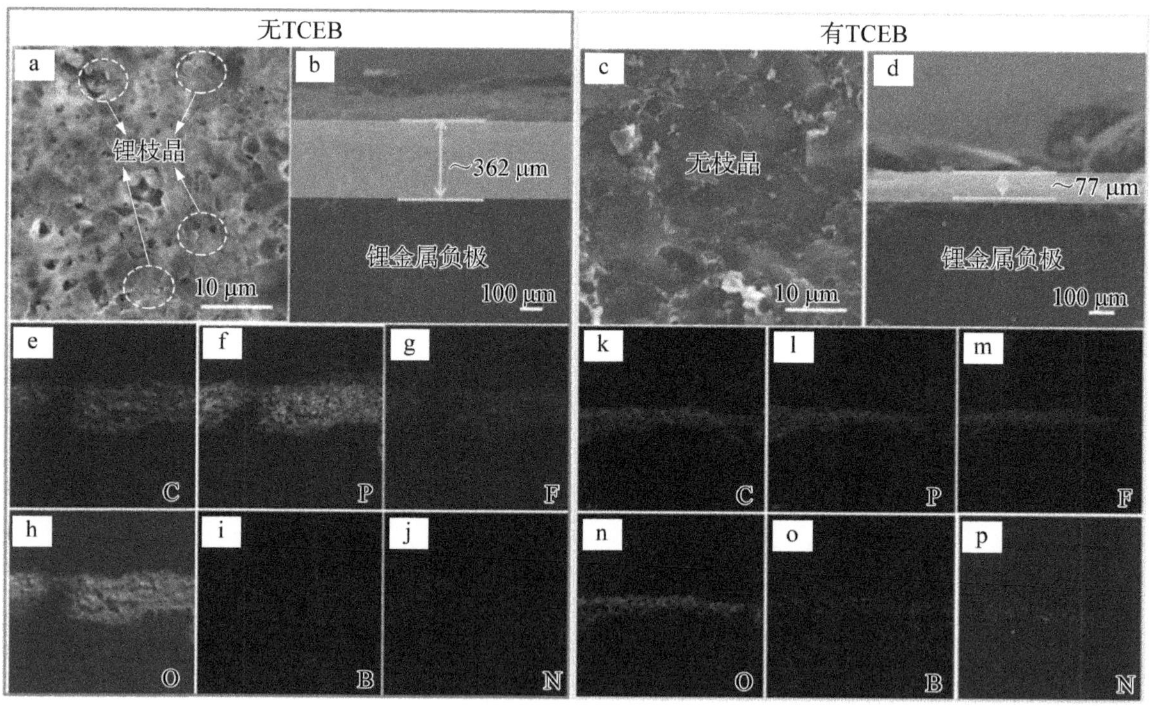

图 8－10　在 2.75～4.7 V/1 C 下经过 100 次后循环锂金属负极的顶部表面和横截面 SEM 图像：a、b. 使用基础电解液；c、d. 使用 2－TCEB 电解液；对应的 C、P、F、O、B、N 元素的 SEM－EDS 面部扫描图 e～j. 使用基础电解液；k～p. 使用 2－TCEB 电解液

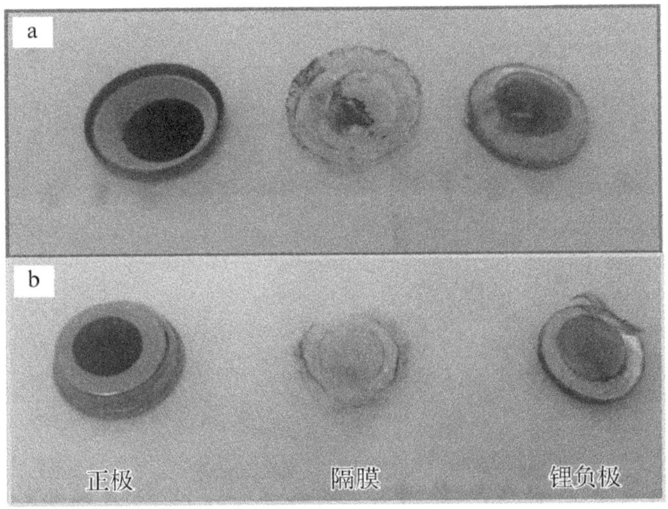

图 8-11 在 1 C 和 2.75～4.7 V 下使用基础电解液(a)和 2-TCEB 电解液(b)循环 100 次后的 SC-NCM_{613} 正极、隔膜和锂金属负极的照片

图 8-12 为使用这两种电解液的 Li‖Li 对称电池电压曲线。使用 2-TCEB 电解液循环的对称电池在 1 mA・cm^{-2}/1 mAh 测试条件下经过 100 小时循环后过电位仅为 0.025 V 左右，表明锂负极表面的副反应得到有效抑制。相比之下，基础电解液的电压值迅速超过 0.1 V(约 0.11 V)，这意味着严重的极化和锂枝晶的生长。结合上述测试结果可知，TCEB 添加剂可以促进锂的均匀沉积并抑制电解液的氧化分解。

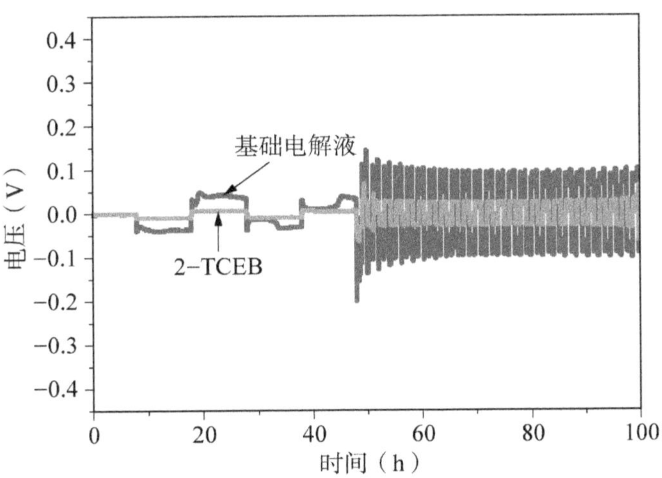

图 8-12 不同电解液的 Li‖Li 对称电池在 1 mA・cm^{-2} 和 1 mAh 恒流循环时的过电位测试

与正极侧类似，我们对使用这两种电解液循环的锂负极表面形成 SEI 层的化学成分进行了 XPS 分析。图 8-13 显示了使用两种电解液充放电循环 100 次后锂负极表面的 C1s、O1s、F1s、P2p、B1s 和 N1s 的光谱。使用不同电解液的负极 XPS 光谱具有几乎相同

的峰位置，但一些特征峰的强度各不相同。对于 C1s 光谱，在基础电解液循环后的锂负极在约 290 eV 处显示出非常强的 Poly(CO_3)峰(图 8 - 13a)。众所周知，poly(CO_3)是电解液的主要分解产物之一，其含量代表电解液的分解程度。此外，在 2 - TCEB 电解液中循环后的锂金属负极 O1s、P2p 和 F1s 图谱中，相对较弱的信号表明碳酸酯电解液溶剂和锂盐的分解明显受到了一定程度的抑制(图 8 - 13b～d)，这与 LMA 的 SEM 图结果一致(图 8 - 10)。此外，B1s 和 N1s 特征峰(如 B—O/B—F 和—C≡N 键等)也仅在使用 2 - TCEB 电解液循环后锂负极上观察到(图 8 - 13e、f)，进一步证明了 SEI 膜源自 TCEB 衍生而来。此外，B1s 光谱中额外的 B—F 键是由酸性副产物(如 HF)和 TCEB 添加剂之间的防御作用形成。众所周知，电解液中不可避免地会存在微量的水，容易引发 $LiPF_6$ 的水解反应，产生一些有害的副产物(如 HF 和 PF_5 等)。特别是在 4.7 V 的超高截止电压下，电解液中

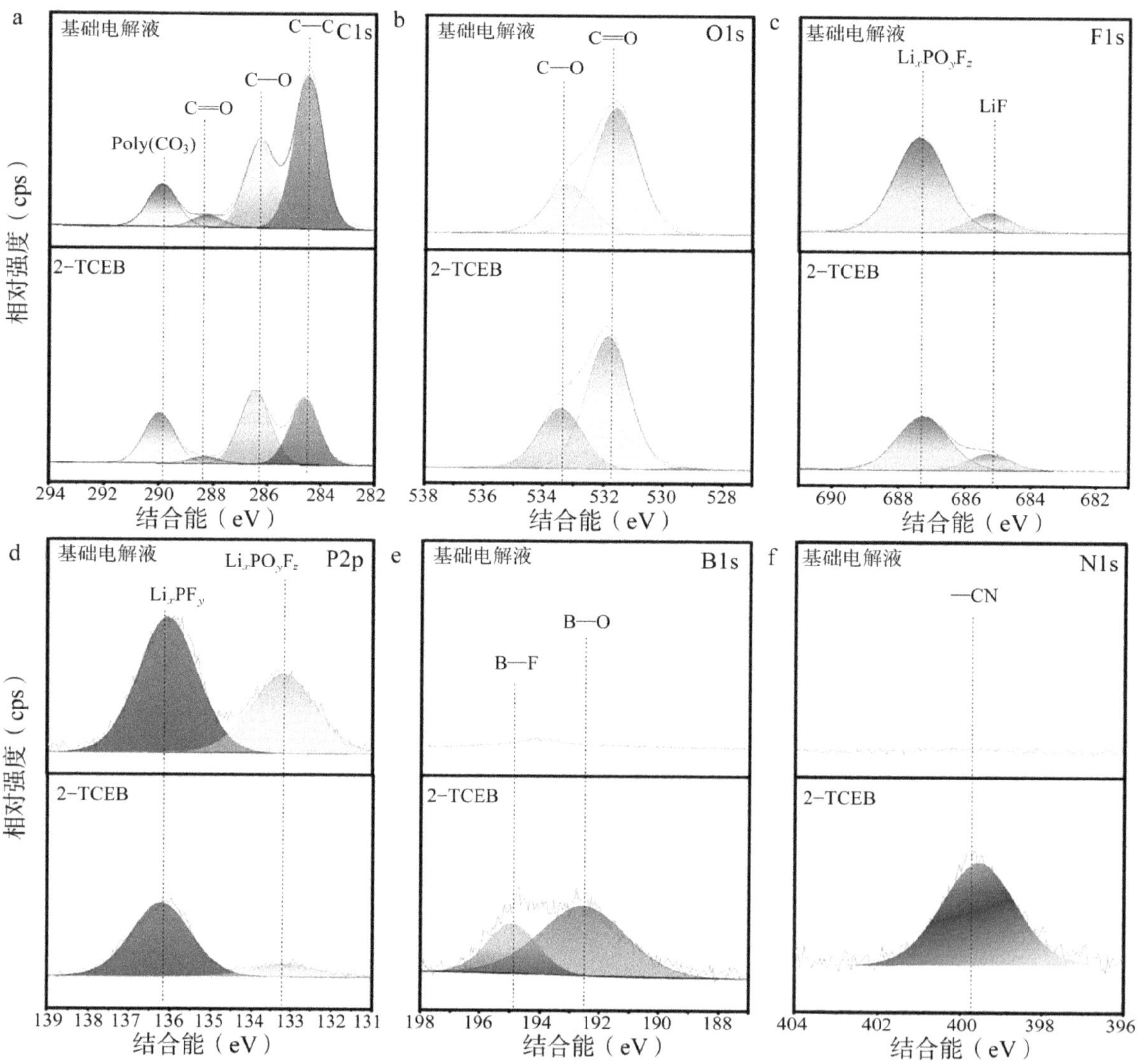

图 8 - 13　在 2.75～4.7 V/1 C 测试条件下，使用基础电解液和 2 - TCEB 电解液循环 100 次后的锂金属负极 XSP 谱图：a. C1s；b. O1s；c. F1s；d. P2p；e. B1s 和 f. N1s

诱导产生 HF 等酸性物质的含量明显增多，可攻击正、负极表面，导致过渡金属离子（Ni/Co/Mn）溶解和过度生长锂枝晶。综上所述，TCEB 添加剂衍生的成分参与了钝化膜的改性，有效地消除了锂盐水解引起界面副反应，促进锂的均匀沉积，这些作用共同提高了电池的电化学性能。

基于上述讨论，图 8-14 和 8-15 所示，我们合理地推测了使用 2-TCEB 电解液的 SC-NCM_{613} ‖ Li 电池具有优异电化学性能的可能机理。首先，TCEB 添加剂可以通过聚合反应优先在 SC-NCM_{613} 正极和锂金属负极表面构建致密均匀的 CEI/SEI 保护层。它不仅能有效阻碍了由超高压引起的碳酸酯溶剂和锂盐（$LiPF_6$）的分解，而且减少了电解液对正、负极的表面结构破坏，有利于提高界面稳定性和电化学性能。此外，TCEB 衍生的带

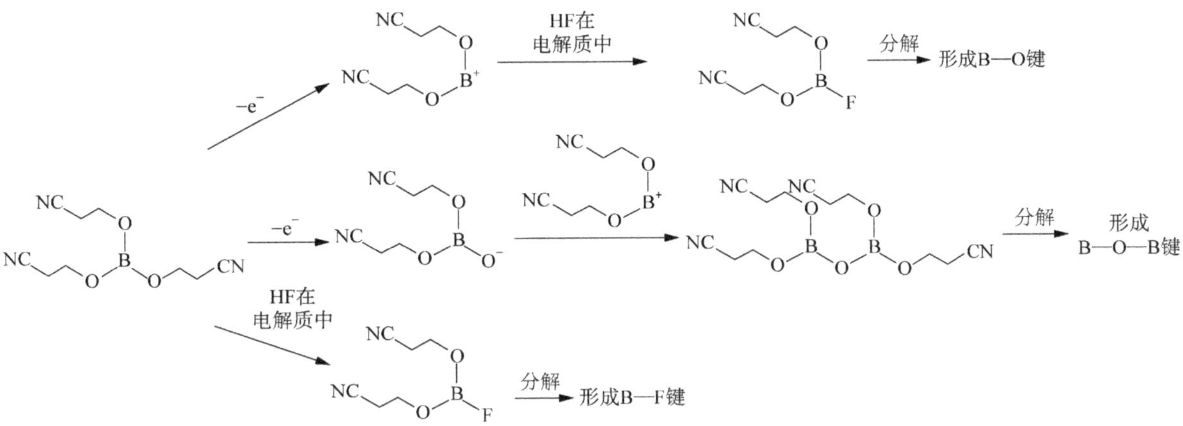

图 8-14　TCEB 添加剂氧化分解可能机理分析

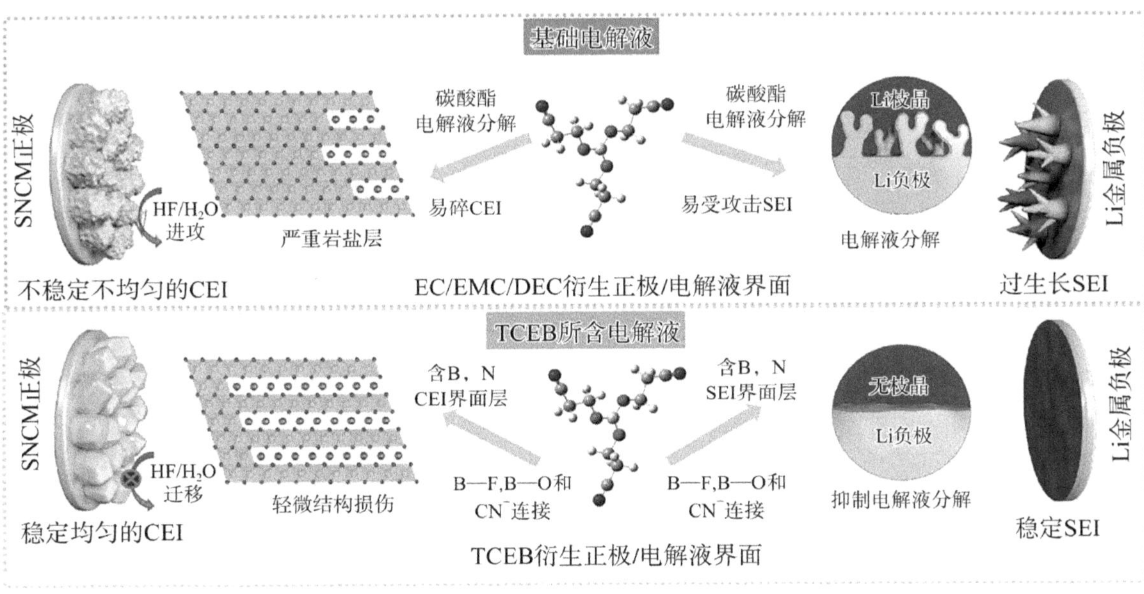

图 8-15　TCEB 添加剂对高电压锂电池正极和负极的作用机理示意图

有硼烷官能团参与形成了CEI/SEI保护层，可以消除酸性副产物(如HF)对电极的侵蚀作用，有效去除痕量H_2O和残余HF对电池性能的负面影响。因此，电解液添加剂改性大大提高了超高电压下SC-NCM_{613} ‖ Li电池的电化学性能。

综上，本章采用三(2-氰乙基)硼酸酯(TCEB)分子作为电解液添加剂，研究了电解液中TCEB含量对单晶$LiNi_{0.6}Co_{0.1}Mn_{0.3}O_2$(SC-NCM613)||Li电池的电化学性能及其界面保护机制。实验结果表明，TCEB的氧化分解有效隔离了正极与电解液直接接触，抑制了电解液氧化分解，有效降低了界面副反应。

参考文献

[1] Li W, Erickson E M, Manthiram A. High-nickel layered oxide cathodes for lithium-based automotive batteries [J]. Nature Energy, 2020, 5: 26-34.

[2] Zhang R, Meng Z, Ma X, et al. Understanding fundamental effects of Cu impurity in different forms for recovered $LiNi_{0.6}Co_{0.2}Mn_{0.2}O_2$ cathode materials [J]. Nano Energy, 2020, 78: 105214.

[3] Wang J, Yamada Y, Sodeyama K, et al. Superconcentrated electrolytes for a high-voltage lithium-ion battery [J]. Nature Communications, 2016, 7: 1-9.

[4] Zhao H, Yu X, Li J, et al. Film-forming electrolyte additives for rechargeable lithium-ion batteries: progress and outlook [J]. Journal of Materials Chemistry A, 2019, 7: 8700-8722.

[5] Li S, Luo Z, Li L, et al. Recent progress on electrolyte additives for stable lithium metal anode [J]. Energy Storage Materials, 2020, 32: 306-319.

[6] Yim T, Han Y K. Tris (trimethylsilyl) phosphite as an efficient electrolyte additive to improve the surface stability of graphite anodes [J]. ACS Applied Materials & Interfaces, 2017, 9: 32851-32858.

[7] Hou G, Ci C, Guo H, et al. Facile construction of a hybrid artificial protective layer for stable lithium metal anode [J]. Chemical Engineering Journal, 2020, 391: 123542.

[8] Dong Z, Wei J, Yue H, et al. Multifunctional organosilicon compound contributes to stable operation of high-voltage lithium metal batteries [J]. Journal of Colloid and Interface Science, 2021, 595: 35-42.

[9] Yang X, Chen J, Zheng Q, et al. Mechanism of cycling degradation and strategy to stabilize a nickel-rich cathode [J]. Journal of Materials Chemistry A, 2018, 6: 16149-16163.

[10] Zhang C, Wan J, Li Y, et al. Restraining the polarization increase of Ni-rich and low-Co cathodes upon cycling by Al-doping [J]. Journal of Materials Chemistry A, 2020, 8: 6893-6901.

[11] Lee S H, Sim S J, Jin B S, et al. High performance well-developed single crystal $LiNi_{0.91}Co_{0.06}Mn_{0.03}O_2$ cathode via LiCl-NaCl flux method [J]. Materials Letters, 2020, 270: 127615.

[12] Bao W, Qian G, Zhao L, et al. Simultaneous enhancement of interfacial stability and kinetics of single-crystal $LiNi_{0.6}Mn_{0.2}Co_{0.2}O_2$ through optimized surface coating and doping [J]. Nano Letters, 2020, 20: 8832-8840.

[13] Zhang F, Lou S, Li S, et al. Surface regulation enables high stability of single-crystal lithium-ion cathodes at high voltage [J]. Nature Communications, 2020, 11: 1-11.

[14] Zhu J, Chen G. Single-crystal based studies for correlating the properties and high-voltage performance of $LiNi_xMn_yCo_{1-x-y}O_2$ cathodes [J]. Journal of Materials Chemistry A, 2019, 7: 5463-5474.

[15] Bi Y, Tao J, Wu Y, et al. Reversible planar gliding and microcracking in a single-crystalline Ni-rich cathode [J]. Science, 2020, 370: 1313-1317.

[16] Zhang Z, Liu F Y, Huang Z Y, et al. Tris (2-cyanoethyl) borate as a bifunctional electrolyte additive for enhancing the performance of a high-voltage $LiCoO_2$ cathode at high voltage [J]. ACS Applied Energy Materials, 2021, 4: 12954-12964.

[17] Yang X, Lin M, Zheng G, et al. Enabling stable high-voltage $LiCoO_2$ operation by using synergetic interfacial modification strategy [J]. Advanced Functional Materials, 2020, 30: 2004664.
[18] Liu J, Song X, Zhou L, et al. Fluorinated phosphazene derivative-A promising electrolyte additive for high voltage lithium ion batteries: from electrochemical performance to corrosion mechanism [J]. Nano Energy, 2018, 46: 404-414.
[19] Mai S, Xu M, Liao X, et al. Tris (trimethylsilyl) phosphite as electrolyte additive for high voltage layered lithium nickel cobalt manganese oxide cathode of lithium ion battery [J]. Electrochimica Acta, 2014, 147: 565-571.
[20] Liu Q, Yang G, Liu S, et al. Trimethyl borate as film-forming electrolyte additive to improve high-voltage performances [J]. ACS Applied Materials & Interfaces, 2019, 11: 17435-17443.
[21] Lee S H, Hwang J Y, Park S J, et al. Adiponitrile ($C_6H_8N_2$): a new bi-functional additive for high-performance Li-metal batteries [J]. Advanced Functional Materials, 2019, 29: 1902496.

第9章

级配效应提升富镍单晶三元正极安全性

提升工作电压是提高富镍层状氧化物正极材料 $LiNi_xCo_yMn_zO_2$（NCM，$x \geqslant 0.8$）可逆容量和解决电动汽车“里程焦虑”的有效途径之一。然而，高截止电压引起的不良表面重构对三元材料的热力学稳定性造成致命的影响，不可避免地导致快速的容量衰减和安全问题。因此，本文提出采用醇溶液辅助的机械熔融法，为单晶富镍正极材料（$LiNi_{0.92}Co_{0.04}Mn_{0.04}O_2$）构建了理想的微-纳米颗粒分级，显著降低了正极材料的生产成本，并协同提升了电池循环稳定性和安全性。

9.1 微纳米级配的 $LiNi_{0.92}Co_{0.04}Mn_{0.04}O_2$@$LiFePO_4$ 复合材料（SC－N_{92}@LFP）制备

首先，单晶 $LiNi_{0.92}Co_{0.04}Mn_{0.04}O_2$（SC－$N_{92}$）材料同样采用共沉淀-高温煅烧方法[1,2]。首先，将 $NiSO_4 \cdot 6H_2O$、$CoSO_4 \cdot 7H_2O$ 和 $MnSO_4$ 按照摩尔比为 92∶4∶4 配制 100 ml 水溶液，分别以氢氧化钠和氨作为沉淀剂和络合剂加入上述混合溶液中。该沉淀反应的温度控制在 70℃，pH 设置为约 11.3，连续搅拌 12 h。经过过滤、洗涤和干燥过程后，获得了 NCM_{92} 前驱体。最后，将 NCM_{92} 前驱体与氢氧化锂（氢氧化锂）以 1∶1.06 的摩尔比完全混合。在氧气气氛下，870 ℃煅烧 5 小时，然后是 800 ℃煅烧 20 h 后，破碎过筛即得 $LiNi_{0.92}Co_{0.04}Mn_{0.04}O_2$（SC－$N_{92}$）样品（图 9－1）。

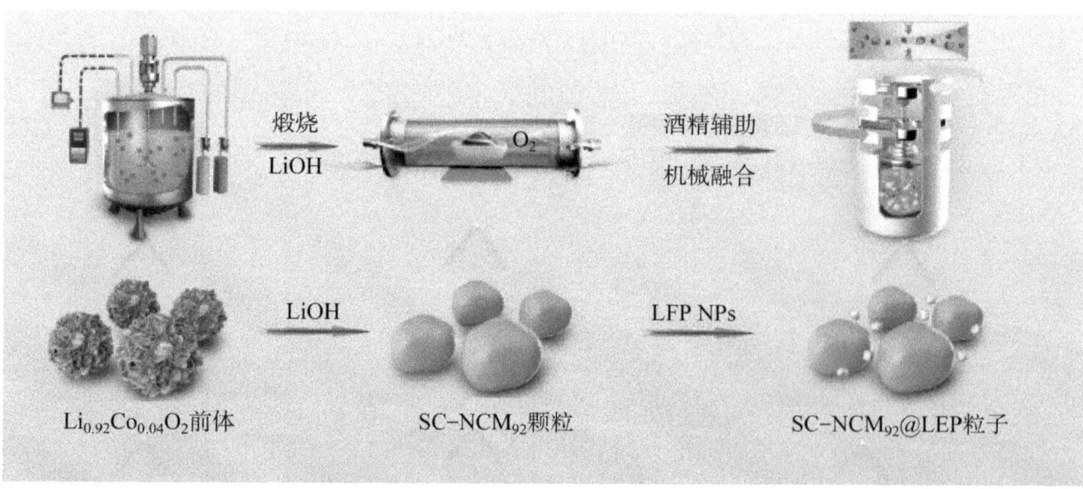

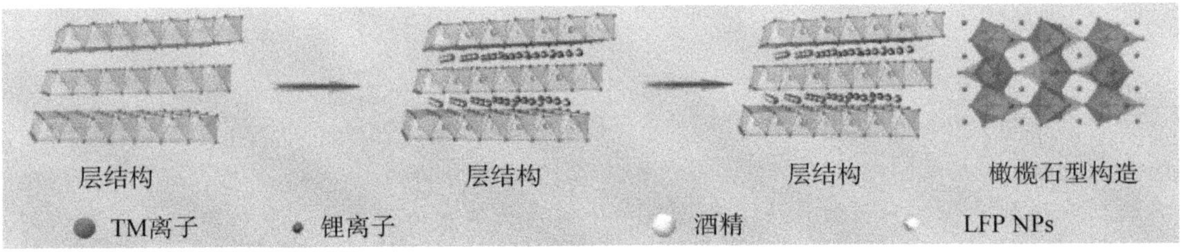

图 9-1　SC-N_{92}@LFP 合成示意图

采用醇辅助机械融合法制备了不同颗粒配比的 SC-N_{92}@LFP 复合材料。其中，SC-N_{92} 粉末和 LFP 纳米颗粒的重量比分别为 0∶100、25∶75、50∶50、75∶25 和 100∶0，分别标记为 x%SC-N_{92}@(100-x)%LFP(x=0、25、50、75 和 100)。

9.2　SC-N_{92}@LFP 正极材料结构表征

采用 XRD 图谱对单晶 $LiNi_{0.92}Co_{0.04}Mn_{0.04}O_2$(SC-$N_{92}$)材料的晶体结构进行检测(图 9-2a、b)。通过对制备的 SC-N_{92} 样品进行分析，可以清楚地看到强而尖锐的衍射峰，并且这些峰可以与标准衍射卡(PDF No. 87-1652)中的标准相匹配，没有杂质相。此外，SC-N_{92} 样品中(006)/(102)和(108)/(110)衍射峰明显的峰分裂表明该材料具有有序的层状结构，空间群为 $\overline{R}3m$。此外，在经过乙醇辅助机械混合后，在 XRD 图谱中不同重量比的 x%SC-N_{92}@(100-x)%LFP 样品(75%SC-N_{92}@25%LFP，50%SC-N_{92}@50%LFP，25%SC-N_{92}@75%LFP，和 LFP)均出现 LFP(PDF No. 83-2092)和 SC-N_{92} 的特征衍射峰[3,4]，这表明 LFP 和 SCN_{92} 材料成功地混合在一起，没有其他杂质相(图 9-2c)。

从 SEM 图可以看出，SC-N_{92} 材料呈现不规则的一次颗粒，平均粒径约为 3 μm(图 9-2d)。通过能量色散 X 射线光谱(EDS)映射图 9-2e 可以看出，SC-N_{92} 粒子中 Ni/Co/Mn 元素的分布相对均匀。此外，SC-N_{92} 的高分辨透射电子显微镜(HRTEM)图像与层状结构相吻合，层间距为 0.47 nm(图 9-2f)。EDS 图同样证明了 SC-N_{92} 微米级材料(尺寸在 3 μm)与 LFP 纳米颗粒(尺寸小于 1 nm)混合均匀(图 9-2g～k)，进一步可以增强电化学性能和安全性能。

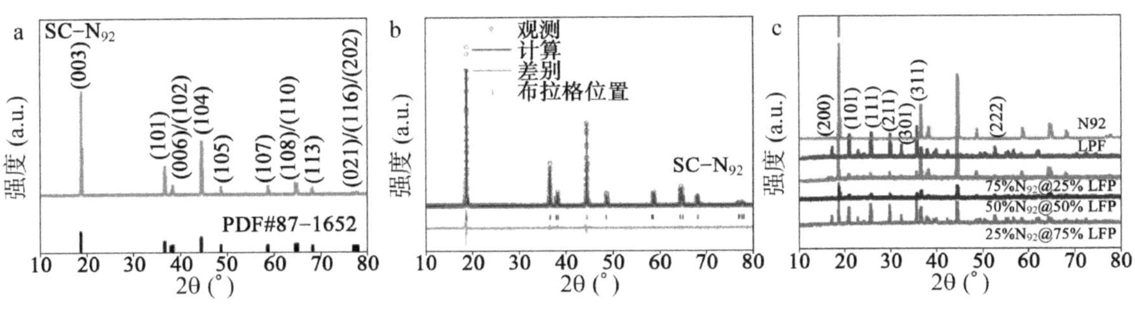

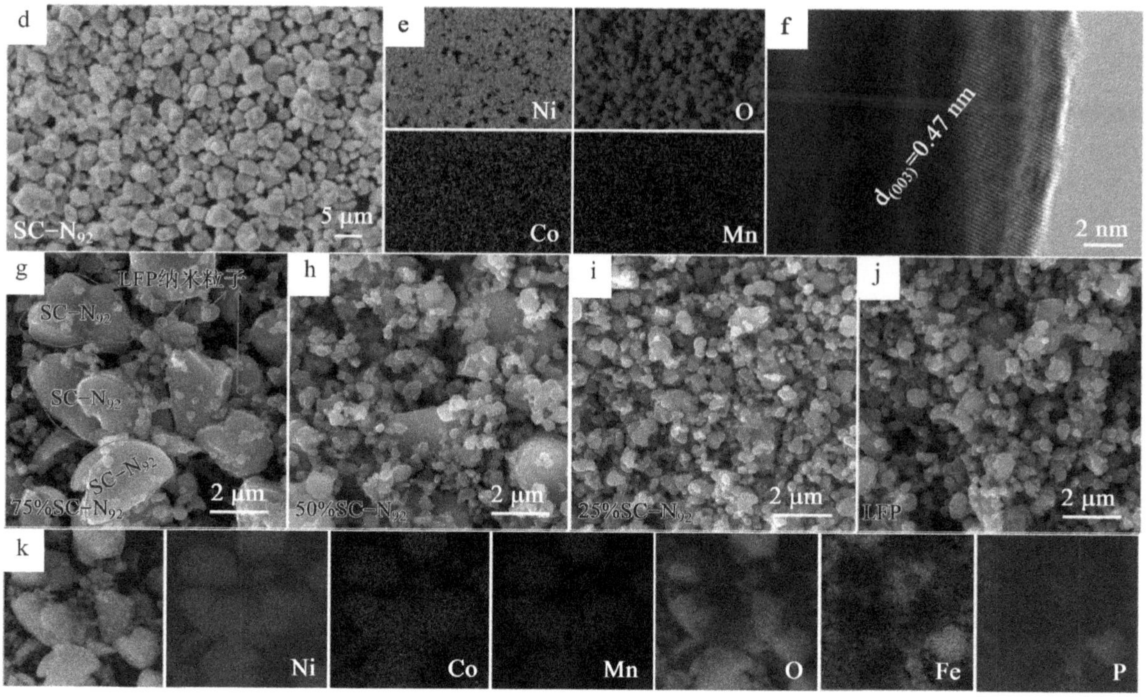

图 9-2　a. SC-N_{92} 的 XRD 图谱；b. SC-N_{92} 的相应的 Rietveld 精修结果；c. SC-N_{92}、75%SC-N_{92}@25%LFP、50%SC-N_{92}@50%LFP、25%SC-N_{92}@75%LFP 和 LFP 样品的 XRD 图谱；d. SC-N_{92} 粉末的 SEM 图像；e. 相应的 EDS 元素映射；f. SC-N_{92} 的 HRTEM 图像；SEM 图像：g. 75%SC-N_{92}@25%LFP；h. 50%SC-N_{92}@50%LFP；i. 25%SC-N_{92}@75%LFP 和 j. LFP；k. 样品 75%SC-N_{92}@25%LFP 的 EDS 映射

9.3 SC-N_{92}@LFP 正极电化学性能

图 9-3a 所示，在 SC-N_{92} 正极的 CV 曲线中在 3.799/3.675 V、4.035/3.946 V 和 4.232/4.096 V 出现了 3 对氧化还原峰，分别对应于其典型的 H1/M、M/H2 和 H2/H3 的相变[5]，这与 SC-N_{92} 正极的充放电平台一致(图 9-3b)。在 LFP 正极的 CV 图中，只有一对氧化还原峰位于 3.45/3.48 V，对应于其充放电平台的特征，这与 Fe^{2+}/Fe^{3+} 的氧化还原反应有关。75%SC-N_{92}@25%LFP、50%SC-N_{92}@50% LFP 和 25%SC-N_{92}@75% LFP 正极的 CV 图均显示了 4 对氧化还原峰，对应 SC-N_{92} 和 LFP 这两种活性材料的特征氧化还原反应。特别是，与纯的 SC-N_{92} 正极相比，75%SC-N_{92}@25%LFP 正极具有更小的极化和更高的可逆性(0.118 V vs. 0.164 V)。此外，随着 x%SC-N_{92}@(100-x)%LFP 样品中 LFP 纳米颗粒比重增加，SC-N_{92} 的 H2-H3 相变强度也降低，表现出其优异的库伦效率和循环稳定性(75%SC-N_{92}@25%LFP，50%SC-N_{92}@50%LFP，25%SC-N_{92}@75%LFP，和 LFP 分别是 215.9 mAh·g^{-1}/81.4%，201.5 mAh·g^{-1}/84.1%，196.2 mAh·g^{-1}/85.3%，168.7 mAh·g^{-1}/85.9%，和 163.1 mAh·g^{-1}/90.8%)。

为了进一步研究 x%SC-N_{92}@(100−x)%LFP(x=0、25、50、75 和 100)样品的粒径

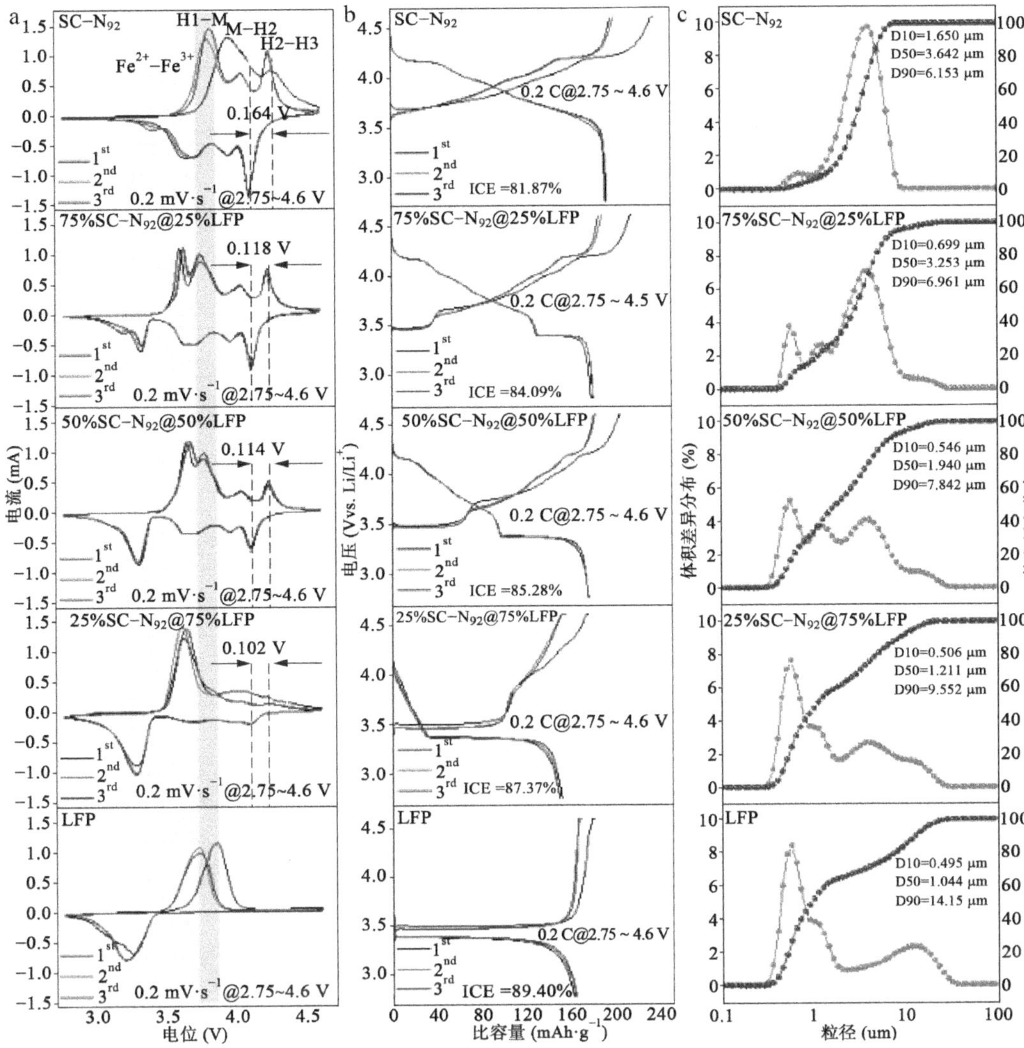

图 9-3　a. $SC-N_{92}$、75%$SC-N_{92}$@25%LFP、50%$SC-N_{92}$@50%LFP、25%$SC-N_{92}$@75%LFP 和 LFP 正极的 CV 曲线；b. 对应的电流充放电曲线；c. 对应的颗粒大小累积分布图

范围和分布，使用 Batteries 2 000 颗粒尺寸分析仪对样品粒径的分级效应进行研究(图 9-3c)。$SC-N_{92}$、75%$SC-N_{92}$@25%LFP、50%$SC-N_{92}$@50%LFP、25%$SC-N_{92}$@75%LFP 和 LFP 粉末分别为 3.642 μm、3.253 μm、1.940 μm、1.211 μm 和 1.044 μm。可以观察到，随着 LFP 含量的增加(从 0 增加到 100 wt%)，x%$SC-N_{92}$@$(100-x)$%LFP (x=0、25、50、75、100)样品中的粒径分布逐渐减小。受益于 LFP 纳米尺寸颗粒，在 $SC-N_{92}$ 中混合 LFP 颗粒可以构建一个理想的纳-微米颗粒分级，有效地降低电解液侵蚀[6]。因此，可以推断，该 x%$SC-N_{92}$@$(100-x)$%LFP 复合材料拥有稳定的电化学性能。

x%$SC-N_{92}$@$(100-x)$%LFPLi 电池的恒流充放电测试(图 9-4)表明，在 0.5C/2.75～4.6 V 下，$SC-N_{92}$ 正极的首次放电比容量为 208.7 mAh・g^{-1}，经过 200 次循环后的容量保留率仅为 65.8%，容量仅剩 137.1 mAh・g^{-1}。$SC-N_{92}$ 正极拥有较高表面反应活性，引发了严重的界面副反应，导致循环稳定性较差。将 LFP 纳米颗粒混合后，在相同条件下，高电压电化学性能得到了显著提高，其中 75%SC－N_{92}@25%LFP、50%SC－N_{92}@50%LFP 和 25% SC－N_{92}@75% LFP 正极的容量保留率分别为 91.5%、91.7%和 92.6%。基于活性材料重量计算的能量密度(ED)结果分析可知，构建颗粒分级的 75%SC－N_{92}@25%LFP 正极能量保留率优于 SC－N_{92} 正极(90.3% vs. 58.2%)。此外，当充放电倍率提高到 2 C 时，75%SC－N_{92}@25%LFP 正极经过 1 000 次循环后容量保持率为 86.3%，显著大于 SC－N_{92} 正极(58.8%)。即使与类似的复合正极相比，75%SC－N_{92}@25%LFP 正极在 4.6 V 的高电压下表现出更好的循环稳定性(图 9－4f)[7-11]，进一步证明了该正极材料有望解决电动汽车的“里程焦虑”和“寿命短”问题。75%SC－N_{92}@25%LFP 石墨软包全电池经过 800 次循环后容量保留率维持在 88.2%，而 SC－N_{92} 石墨软包全电池在相同循环次数下容量保持率仅为 68.1%，表明颗粒分级处理后的 75%SC－N_{92}@25%LFP 正极具有更好的循环稳定性。

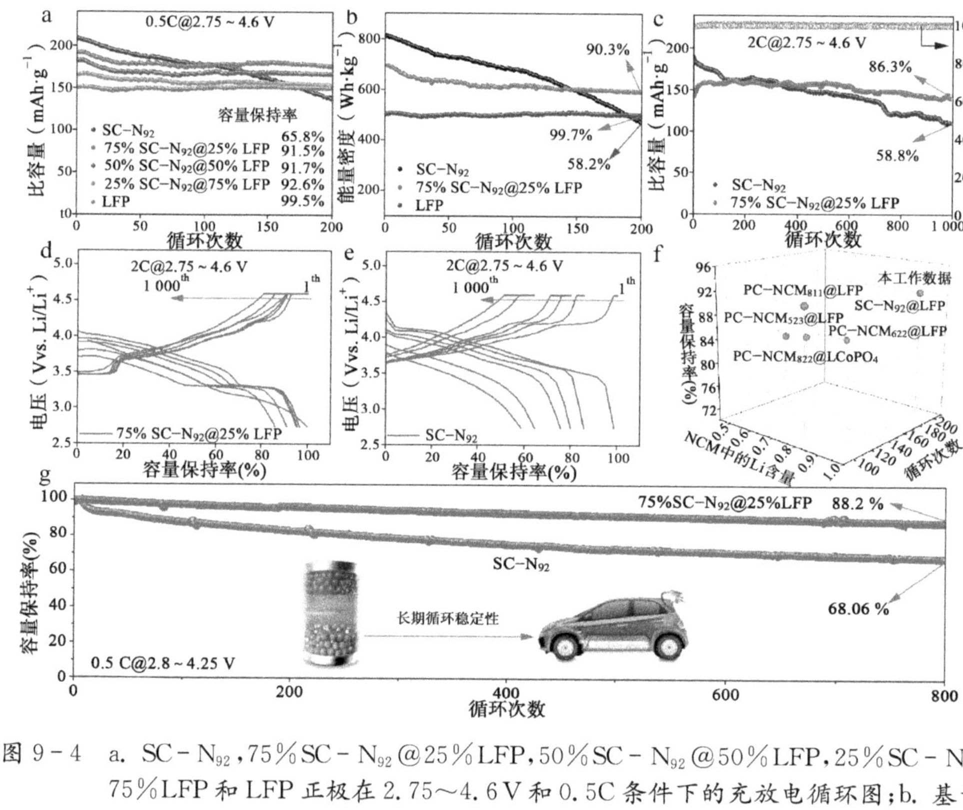

图 9－4 a. SC－N_{92}，75%SC－N_{92}@25%LFP，50%SC－N_{92}@50%LFP，25%SC－N_{92}@75%LFP 和 LFP 正极在 2.75～4.6 V 和 0.5C 条件下的充放电循环图；b. 基于正极活性物质重量的能量密度；c. 75%SC－N_{92}@25%LFP 和 SC－N_{92} 正极 2C 大倍率下的循环性能对比；d、e. 对应的充放电曲线图；f. 掺混电极性能对比图；g. SC－N_{92} 和 75%SC－N_{92}@25%LFP 软包电池的循环性能对比

9.4 SC－N_{92}@LFP 成本及热失控分析

根据基于化学计量比的生产成本计算结果，得益于 LFP 的低成本(21 300 元/吨)，与

SC-N_{92} 材料(87 400 元/吨)相比，SC-N_{92}@25%材料(66 170 元/吨)的成本降低了 24.3%。75% SC-N_{92}@25% LFP 材料的生产成本接近于相对较低镍含量的 $LiNi_{0.7}Co_{0.2}Mn_{0.1}O_2$(图 9-5a)。更重要的是，结果显示，75%SC-N_{92}@25%LFP 材料拥有最低的按时成本，仅为 0.35 元/Ah(图 9-5b)，是一个非常有前途的商业正极材料选择。

为了研究 SC-N_{92} 和 75%SC-N_{92}@25%LFP 正极材料的热稳定性，满充的 SC-N_{92} 和 75%SC-N_{92}@25%LFP 正极进行热重测试(图 9-5c)。SC-N_{92} 和 75%SC-N_{92}@25%LFP 正极的热重曲线上出现了三个明显的放热峰。在～200 和～270 ℃之间有两个放热峰，对应于电解液和正极材料之间的氧化反应和正极材料侧氧气释放[12,13]。与 SC-N_{92} 正极材料相比，其放热峰值延迟到 226 ℃(vs. 213 ℃)，且 DSC 曲线的起始温度高达 210.6 ℃(vs. 162.2 ℃代表 SC-N_{92})。此外，75%SC-N_{92}@25%LFP 样品的第一个放热峰的总释放热仅为 119 J·g^{-1}，小于 SC-N_{92} 材料(229.8 J·g^{-1})。进一步表明，SC-N_{92} 上的 LFP 纳米颗粒对抑制正极的分解具有显著的积极作用。采用 ARC 分析评估每个软包全电池的安全性(图 9-5d～i)。随着电池的加热速率持续增加，氧化物质(来自正极材料，如 O_2、O^{2-}、O^- 等)与电解液发生氧化反应，电池发生热失控。与 SC-N_{92} 的电池热失控临界温度(T_c=173.4 ℃)相比[14,15]，75%SC-N_{92}@25%LFP 正极 T_c 更高(180.9 ℃)，表明电池的安全性更高。

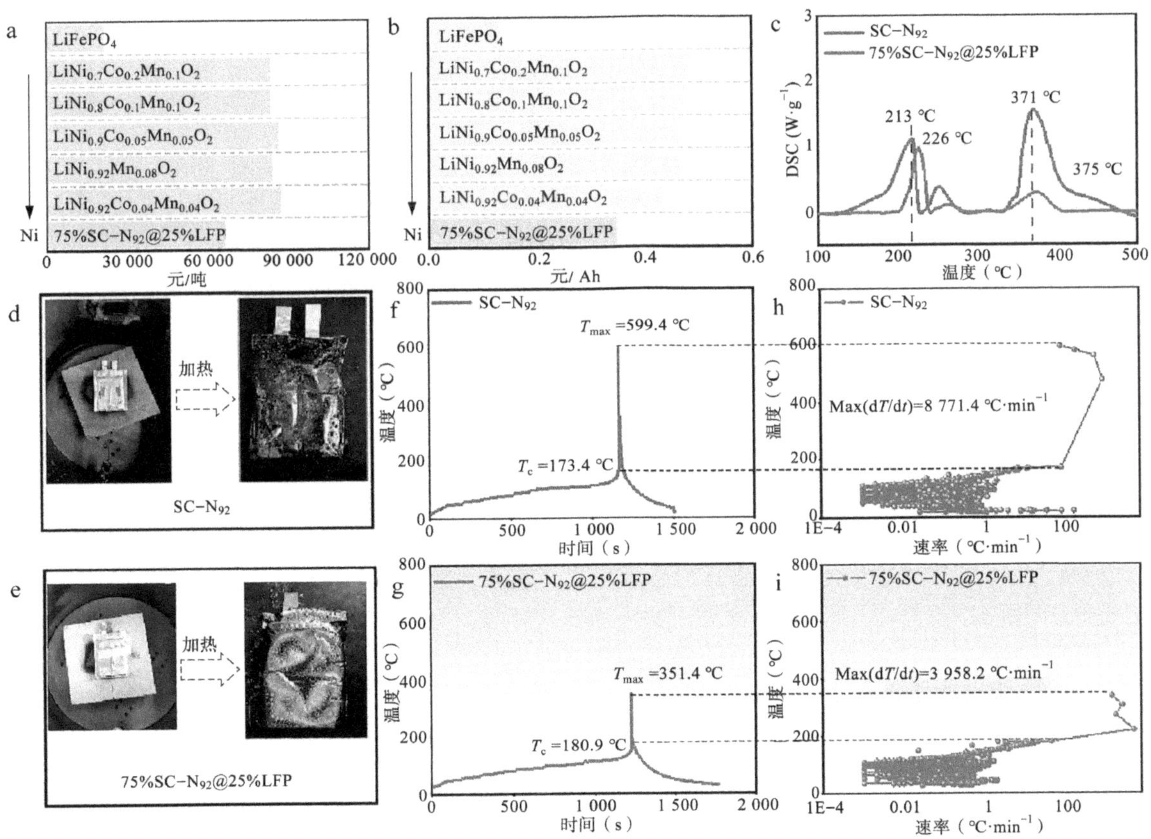

图 9-5　a、b. 基于化学计量比和 1-Ah 的制造成本对比；c. SC-N_{92} 和 75%SC-N_{92}@25%的 DSC 图；d～i. 对应正极的软包全电池 ARC 测试

此外，循环后 SC - N_{92} 正极的 SEM 图像显示出明显的裂纹，而循环后 75%SC - N_{92}@25%LFP 正极结构几乎看不见裂纹(图 9 - 6a、b)，说明其结构衰退可以忽略不计。这可能是由于循环过程中，SEM - EDS 映射结果表明，循环后 SC - N_{92} 正极具有较强的 F 元素信号(6.16 at% vs. 4.59 at%)，这归因于电解液在高电压下持续的氧化分解。因此，$LiFePO_4$ 纳米颗粒可以有效屏蔽高活性 SC - N_{92} 颗粒与电解液的界面反应，最终提高 75%SC - N_{92}@25%LFP 正极的循环稳定性。HRTEM 测试进一步证明(图 9 - 6c～f)，在循环后 SC - N_{92} 正极表面有明显的裂纹和较厚岩盐相层(厚度≥15 nm)，而在循环后的 75%SC - N_{92}@25%LFP 正极表面仅有较薄的结构退化(岩盐相层小于 5 nm)。进一步结果表明，75%SC - N_{92}@25%LFP 正极在高电压长循环后具有更好的结构完整性。

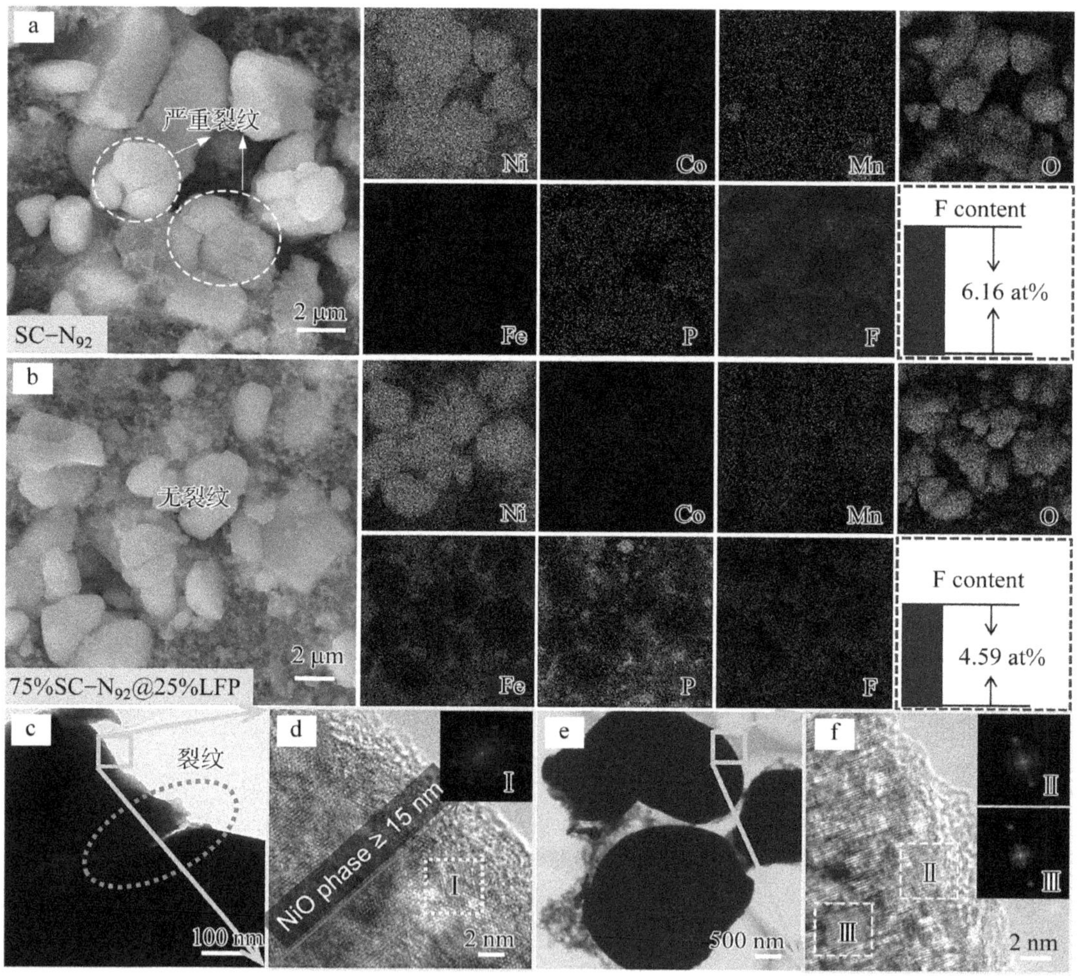

图 9 - 6 循环后 SC - N_{92}(a)和 75%SC - N_{92}@25%LFP 正极的 SEM 和 EDS 映射(b)；循环后 SC - N_{92}(c、d)和循环后 75%SC - N_{92}@25%LFP(e、f)的 HRTEM 图像(插图：相应的快速傅里叶变换，FFT)

揭示 SC - N_{92}@LFP 正极优异的循环稳定性和安全性能的原因可归因于三个方面(图 9 - 7)。首先，纳微米粒子分级效应有效地屏蔽了 SC - N_{92} 的高活性表面，减少了界面副反应。其次，将 LFP 纳米颗粒导入 SC－N_{92} 正极，可以缓解不可逆相变(H2/H3)，抑制不可逆相转变。第三，LFP 纳米颗粒提高了 SC－N_{92}@LFP 电池的热稳定性，抑制了电动汽车的热失控。

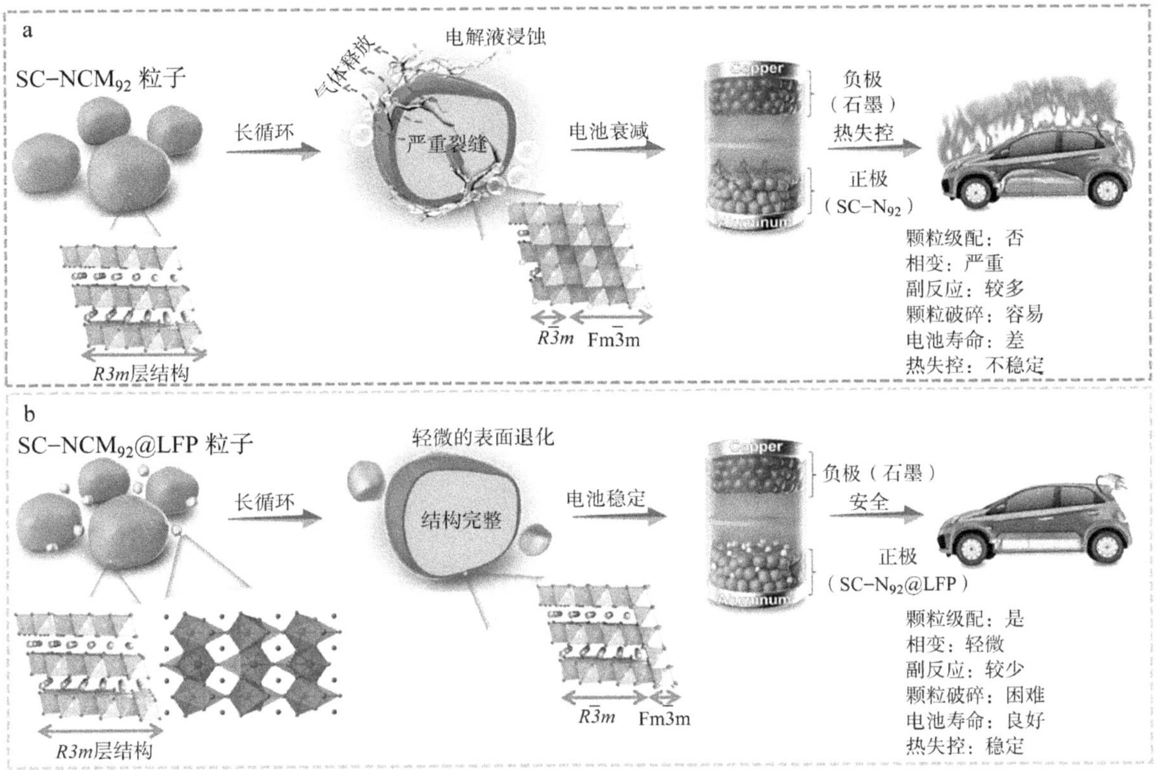

图 9－7　SC－N_{92}(a)和 SC－N_{92}@LFP 正极(b)的结构演化示意图

综上，本章节采用醇辅助机械融合法成功制备了 SC－N_{92}@LFP 复合正极材料。这种简单、物理混合技术可实现在 LFP 纳米颗粒和 SC－N_{92} 微米颗粒之间建立颗粒分级效应，且还会有效减少其副反应和不可逆相变，协同提高电池综合性能，这种层状/橄榄石混合结构为低成本、高电压稳定、高安全正极材料开发提供了具有应用前景的思路。

参考文献

[1] Mizushima K, Jones P C, Wiseman P J, et al. Li_xCoO_2 ($0<x<1$): A new cathode material for batteries of high-energy density [J]. Materials Research Bulletin, 1980, 15: 783－789.

[2] Rossen E, Jones C D W, Dahn J R. Structure and electrochemistry of $Li_xMn_yNi_{1-y}O_2$ [J]. Solid State Ionics, 1992, 57: 311－318.

[3] Taminato S, Hirayama M, Suzuki K, et al. Lithium intercalation and structural changes at the $LiCoO_2$ surface under high voltage battery operation [J]. Journal of Power Sources, 2016, 307: 599－603.

[4] Wang Z, Wang Z, Peng W, et al. Structure and electrochemical performance of $LiCoO_2$ cathode material in different voltage ranges [J]. Ionics, 2014, 20: 1525－1534.

[5] Croguennec L, Palacin M R. Recent achievements on inorganic electrode materials for lithium-ion batteries

[J]. Journal of the American Chemical Society, 2015, 137: 3140 - 3156.
[6] He P, Yu H J, Li D, et al. Layered lithium transition metal oxide cathodes towards high energy lithium-ion batteries [J]. Journal of Materials Chemistry, 2012, 22: 3680 - 3695.
[7] Xie H M, Wang R S, Ying J R, et al. Optimized $LiFePO_4$-polyacene cathode material for lithium-ion batteries [J]. Advanced Materials, 2006, 18: 2609 - 2613.
[8] Wang B, Al Abdulla W, Wang D, et al. A three-dimensional porous $LiFePO_4$ cathode material modified with a nitrogen-doped graphene aerogel for high-power lithium ion batteries [J]. Energy & Environmental Science, 2015, 8: 869 - 875.
[9] Shi Y, Chou S L, Wang J Z, et al. Graphene wrapped $LiFePO_4$/C composites as cathode materials for Li-ion batteries with enhanced rate capability [J]. Journal of Materials Chemistry, 2012, 22: 16465 - 16470.
[10] Zhang Z, Liu F Y, Huang Z Y, et al. Tris(2 - cyanoethyl) borate as a bifunctional electrolyte additive for enhancing the performance of a high-voltage $LiCoO_2$ cathode at high voltage [J]. ACS Applied Energy Materials, 2021, 4: 12954 - 12964.
[11] Dixit M, Markovsky B, Schipper F, et al. Origin of structural degradation during cycling and low thermal stability of Ni-rich layered transition metal-based electrode materials [J]. The Journal of Physical Chemistry C, 2017, 121: 22628 - 22636.
[12] Seong W M, Manthiram A. Complementary effects of Mg and Cu incorporation in stabilizing the cobalt-free $LiNiO_2$ cathode for lithium-ion batteries [J]. ACS Applied Materials & Interfaces, 2020, 12: 43653 - 43664.
[13] Fehse M, Bessas D, Mahmoud A, et al. The Fe^{4+}/Fe^{3+} redox mechanism in $NaFeO_2$: a simultaneous operando nuclear resonance and x-ray scattering study [J]. Batteries & Supercaps, 2020, 3: 1341 - 1349.
[14] Moshtev R, Zlatilova P, Vasilev S, et al. Synthesis, XRD characterization and electrochemical performance of overlithiated $LiNiO_2$ [J]. Journal of Power Sources, 1999, 82: 434 - 441.
[15] Park K Y, Zhu Y, Torres-Castanedo C G, et al. Elucidating and Mitigating High-Voltage Degradation Cascades in Cobalt-Free $LiNiO_2$ Lithium-Ion Battery Cathodes [J]. Advanced Materials, 2022, 34(3): 2106402.

第10章 单晶三元正极材料结构设计展望

10.1 单晶三元正极设计

10.1.1 晶体结构调控

三元正极材料通常具备一种层状结构，例如在典型的 $LiNi_xCo_yMn_zO_2$（NCM）和 $LiNi_xCo_yAl_zO_2$（NCA）体系中可以观察到这种特征。在单晶设计的过程中，精确地控制晶体的晶格参数和层间距等结构特征显得尤为重要。通过精心调整镍（Ni）、钴（Co）、锰（Mn）或铝（Al）等元素的比例，可以有效地改变晶体的结构稳定性和电化学性能。例如，适当增加镍含量可以显著提升材料的比容量，但这种做法往往会以牺牲结构稳定性为代价。因此，在元素配比上进行精细优化显得尤为关键，目的是在高比容量与良好结构稳定性之间找到一个最佳的平衡点。

10.1.2 颗粒形态设计

单晶三元正极材料的颗粒形态对其性能有着显著的影响。与传统的多晶材料相比，后者是由许多小晶粒团聚而成的，存在晶界等缺陷，这些缺陷容易导致副反应的发生和锂离子传输的阻碍。而单晶颗粒则具有完整的晶体结构，不存在晶界问题，从而在一定程度上提高了材料的性能。

为了进一步优化单晶三元正极材料的性能，设计合适的颗粒形状显得尤为重要。颗粒形状的选择包括球形、类单晶或多面体等，这些形状可以优化颗粒的堆积方式（晶面暴露），提高电极压实密度，进而增加电池的体积能量密度。

此外，控制颗粒的尺寸也是重要的设计因素之一。较小的颗粒尺寸能够缩短锂离子的扩散路径，从而提高倍率性能。然而，过小的颗粒可能会增加表面活性，导致与电解液的副反应加剧，影响电池的稳定性和寿命。因此，需要根据具体的应用需求，确定合适的颗粒尺寸范围。一般来说，几百纳米到几微米之间的颗粒尺寸较为合适，既能保证良好的倍率性能，又能避免过大的表面活性带来的负面影响。

10.1.3 表面结构设计

单晶三元正极材料表面特性与电解液的相容性以及界面稳定性三者息息相关。为了优化这些性能，研究人员开发了多种表面处理技术，其中一种有效的方法是在材料表面形成一层均匀的保护膜。这层保护膜可以通过表面包覆技术实现，例如，可以使用氧化物如氧化铝（Al_2O_3）或二氧化钛（TiO_2）、磷酸盐如磷酸锂（Li_3PO_4）以及氟化物如氟化锂（LiF）等材料进行包覆。这些包覆层的作用是多方面的。首先，它们能够有效地阻止电解液对正极材料的直接侵蚀，从而延长电池的使用寿命。其次，这些保护层可以显著减少副反应的发生，这些副反应通常会导致电池性能的下降和安全风险的增加。此外，这些包覆层还可以改善锂离子在界面处的传输动力学，从而提高电池的充放电效率和整体性能。通过这些表面处理技术，单晶三元正极材料的电化学性能得到了显著提升，为高能量密度和高稳定性的锂离子电池的开发提供了有力支持。

10.1.4 前驱体结构调控

前驱体结构调控是提升单晶三元正极材料性能的重要策略之一。通过精确控制前驱体颗粒的尺寸、形状及元素分布，可以显著改善正极材料的电化学性能，如提高能量密度、循环稳定性和倍率性能。

具体来说，通过控制前驱体的合成条件（如反应温度、pH、搅拌速度等），可以精确调控纳米颗粒的尺寸。例如，通过在较低温度下合成前驱体，可以形成更小的纳米颗粒。此外，使用表面活性剂或模板剂也可以有效控制纳米颗粒的尺寸。

10.1.5 合成工艺优化

为了获得具有优异电化学性能的单晶三元正极材料，合成工艺的优化是至关重要的。采用先进的合成方法，如溶胶-凝胶法、共沉淀法、水热合成法等，可以实现对材料微观结构的精细调控。例如，溶胶-凝胶法通过控制溶胶的形成和凝胶化过程，可以得到均匀且高纯度的前驱体，进而合成出具有优良电化学性能的单晶材料。此外，合成过程中的热处理条件，如温度、气氛和保温时间，对材料的晶体结构和电化学性能也有显著影响。适当的热处理可以促进晶体的生长，减少缺陷，提高材料的结晶度。然而，过高的温度可能会导致材料的分解或晶粒的过度生长，影响其电化学性能。因此，需要通过实验优化热处理工艺，找到最佳的合成条件。

10.1.6 电极制备工艺

电极的制备工艺同样对电池性能有着重要影响。在电极制备过程中，将单晶三元正极材料与导电剂、黏结剂等混合，涂覆在集流体上，形成均匀的电极膜。选择合适的导电剂和黏结剂，如乙炔黑、碳纳米管、聚偏氟乙烯（PVDF）等，可以提高电极的导电性和机械强度。电极涂覆工艺的优化，如涂覆厚度、干燥条件等，也是提高电池性能的关键。涂覆厚度需要适中，过厚会导致锂离子传输路径过长，影响倍率性能；过薄则可能导致电极材料利用率低。干燥条件，如温度和时间，需要严格控制，以确保溶剂完全挥发，同时避免材料的热损伤。通过以上各方面的综合优化，可以实现单晶三元正极材料在锂离子电池中的优异电化学性能，为高性能电池的开发提供有力支持。

10.1.7　结构发展趋势

三元正极材料是锂离子电池中重要的组成部分，其结构的发展趋势着重于提高电池性能、增强循环寿命和安全性。以下是三元正极材料结构的发展趋势：

更高镍含量的材料：高镍三元正极材料因其具有更高的比能量和能量密度而备受关注，然而，容量衰减和循环寿命短等问题成为制约其广泛应用的挑战。为了应对这些挑战，未来的发展趋势将集中在改善高镍材料的结构和稳定性，以提高其循环寿命和容量保持率。通过优化材料的微观结构和表面处理，可以有效抑制材料在充放电过程中的体积变化和界面反应，从而延长电池的使用寿命。

晶体工程和界面优化：通过晶体工程技术和界面优化，可以显著改善三元正极材料的离子和电子传导性能，减轻界面反应和电极膨胀等问题。这包括晶格控制、表面涂层和成键调控等技术，以提高电池的动力性能和稳定性。例如，通过精确控制材料的晶体结构，可以优化锂离子的扩散路径，从而提高电池的充放电效率。表面涂层技术可以有效防止电极材料与电解液的直接接触，减少副反应的发生，进一步提高电池的循环稳定性。

多功能设计和复合材料：多功能设计和复合材料的应用能够通过结合不同性能的材料，提供更好的电池性能和安全性。例如，采用核壳结构、多孔材料和纳米颗粒等的组合设计，可以实现更高的比表面积、更快的离子扩散和更好的电极稳定性。核壳结构可以有效保护活性材料，防止其在循环过程中的结构破坏，而多孔材料可以提供更多的活性位点，促进离子的传输。纳米颗粒则可以缩短锂离子的扩散距离，提高电池的快速充放电性能。

可持续发展和环保：在材料结构设计中，可持续发展和环保性也是重要的考虑因素。开发低成本、高效率和环境友好的制备方法，如基于水溶液制备、可回收和可再生的工艺，将是未来的发展方向。通过采用环保的原材料和制备工艺，可以减少电池生产过程中的环境污染，同时降低生产成本。此外，开发可回收的电池材料和结构设计，可以实现电池的循环利用，减少资源浪费和环境污染，推动电池产业的可持续发展。

智能电池管理系统：随着电池技术的进步，智能电池管理系统（BMS）在提高电池性能和安全性方面发挥着越来越重要的作用。BMS 能够实时监控电池的电压、电流、温度等参数，通过精确的算法预测电池的健康状况和剩余寿命。未来，BMS 将更加智能化，集成更多的传感器和控制功能，以实现更高效的能量管理和故障预防。

先进制造工艺：为了满足大规模生产和降低成本的需求，先进的制造工艺在电池制造过程中变得越来越重要。例如，采用干法涂布技术替代传统的湿法涂布，可以减少溶剂的使用，提高生产效率。此外，自动化和智能化的生产线将有助于提高电池的一致性和质量控制。

综上所述，未来的发展将着眼于进一步改善和提升三元正极材料的性能与稳定性。这包括通过材料科学的创新，优化其化学成分和结构，从而显著提高电池的能量密度。同时，研究者们也将致力于开发更环保、更可持续的生产工艺和材料来源，以减少对环境的影响。这些努力将有助于推动电动汽车、储能系统以及其他依赖高能量密度电池技术的领域实现大规模应用。通过这些改进，我们能够为市场提供更可靠、更高效、更安全的电池解决方案，从而加速清洁能源技术的普及和应用，进一步推动全球能源结构的转型。

10.2 单晶三元正极材料的应用前景

随着新能源汽车和便携式电子设备的迅猛发展，市场对高能量密度和长寿命电池的需求呈现出显著的增长趋势。单晶三元正极材料凭借其卓越的电化学性能和出色的结构稳定性，已经成为满足这些需求的关键材料之一。研究人员将继续优化单晶三元正极材料的合成工艺，以提高其电化学性能和降低成本。通过改进合成方法和工艺参数，可以进一步提升材料的比容量、循环稳定性和倍率性能，从而满足更高标准的应用需求。

对单晶三元正极材料的结构进行深入研究，以揭示其优异性能的内在机制。通过采用先进的表征技术，如高分辨率透射电子显微镜（HRTEM）和同步辐射 X 射线衍射（SXRD），研究人员可以更好地理解材料的晶体结构和表面特性，从而为材料设计提供理论支持。

研究者将致力于开发新型单晶三元正极材料，以应对不同应用场景的需求。例如，通过调整材料的化学组成和掺杂元素，可以进一步提升其热稳定性和安全性，这对于高温环境下的应用尤为重要。研究人员还将关注单晶三元正极材料在实际应用中的表现，特别是在大规模生产和长期使用过程中的性能稳定性。通过模拟实际使用条件，进行循环寿命测试和高温老化实验，可以评估材料在长期使用中的可为商业化应用场景提供有力支持。

研究单晶三元正极材料在不同温度和充放电条件下的行为，以确保其在极端环境下的可靠性。为了深入理解单晶三元正极材料在极端环境下的性能表现，研究人员采用了多种先进的表征技术。首先，通过 X 射线衍射（XRD）分析，研究了材料在不同温度下的晶体结构稳定性。实验结果显示，在高温条件下，单晶三元材料的晶体结构保持完整，未出现明显的相变现象，这表明其具有优异的热稳定性。此外，为了模拟实际应用中的极端环境，研究人员还对单晶三元材料进行了高温和低温下的充放电测试。在高温测试中，电池在 60 ℃的环境下依然表现出稳定的放电容量和良好的循环性能，这说明材料在高温条件下具有良好的电化学稳定性。而在低温测试中，即使在 −20 ℃的环境下，电池依然能够正常充放电，尽管放电容量有所下降，但其低温性能依然优于传统正极材料。

综上所述，单晶三元正极材料的环境影响和可持续性是一个多方面的课题，涉及原材料的开采、生产过程、使用和废弃等多个环节。通过综合考虑和优化这些环节，可以确保其在商业化应用中的环境友好性，推动绿色能源技术的发展。

10.3 单晶三元正极材料的产业化前景

随着新能源汽车和储能设备市场的快速发展，单晶三元正极材料因其出色的循环稳定性和高能量密度，正逐渐成为市场的新宠。其在提高电池寿命和安全性方面的优势，使其在高端电池市场中占据了重要的地位。此外，随着生产技术的不断进步和规模化生产带来的成本下降，单晶三元正极材料的市场竞争力有望进一步增强。预计在未来几年内，随着全球对清洁能源需求的不断增长，单晶三元正极材料的产业化将呈现出强劲的增长势头。

整体来看，企业间的这种动态合作将有助于整个单晶三元正极材料产业的健康发展。通过合作与并购，企业可以更好地应对市场变化，提升整体产业的竞争力，从而在全球市场中占据更有利的地位。这种合作与并购的趋势不仅有助于优化资源配置，还能推动技术创新和产业升级，最终实现整个产业的可持续发展。

这种紧密的合作关系有助于显著缩短产品从研发阶段到最终进入市场的整个周期时间，从而大幅提高企业的市场响应速度和灵活性。定制化解决方案的开发不仅能增强企业的竞争力，还能通过提供差异化和个性化的电池产品来满足不同客户群体的多样化需求，使企业在激烈的市场竞争中脱颖而出，赢得更多的市场份额和品牌影响力。

10.4 展望

针对 SC - NCM 材料性能特点，未来电池技术的发展趋势包括以下方面：

提升电池的安全性是当前技术发展的重要方向之一。为了实现这一目标，可以从多个角度进行探索和改进。首先，改进电池材料是关键的一环。通过研发和应用更加稳定和安全的电池材料，可以有效降低电池在使用过程中发生“热失控”现象的风险。此外，设计更加精密和高效的保护系统也是至关重要的。这种保护系统可以实时监测电池的状态，及时发现并处理潜在的安全隐患，从而确保电池在各种使用环境下的安全性。通过这些综合措施，我们可以显著减少或避免电池“热失控”现象带来的危险，进一步提升电池的整体安全性。

提高电池的能量密度是推动电池技术进步的重要目标之一。通过采用新型材料和优化电池组装工艺，可以显著提升电池的能量密度。新型材料具有更高的能量存储能力，能够在相同体积或重量下存储更多的电能。而优化电池组装工艺则可以提高电池内部结构的紧凑性和一致性，从而进一步提升能量密度。提高能量密度不仅可以显著延长电池的使用时间，还能为各种高科技应用提供更强大的动力支持。例如，在大型电动车、无人机以及其他前沿科技产品中，高能量密度的电池可以提供更长的续航时间和更强的性能表现，从而推动这些产品的广泛应用和快速发展。

加速快充技术的发展是当前电动汽车领域的重要研究方向之一。目前，已经开发出的大功率充电技术能够在短短15到30分钟内为电动汽车增加数百公里的行驶续航里程。这种快速充电技术大大缩短了电动汽车的充电时间，提高了用户的使用便利性。与此同时，大容量交流充电站的普及也为快充技术的广泛应用提供了基础设施支持。随着技术的不断进步和充电基础设施的不断完善，我们可以期待电池快速充电技术将有更快的普及速度，从而为电动汽车用户提供更加便捷和高效的充电体验。这不仅将推动电动汽车的普及，还将进一步促进整个新能源汽车产业的发展。

高价元素替代与多元掺杂。未来，在单晶三元正极材料的设计中，有望继续探索新型的高性能元素替代方案。除了现有的常用元素组合外，寻找更合适的过渡金属元素或主族元素来替代部分镍、钴、锰等，以进一步优化材料的性能。例如，一些稀土元素可能具有独特的电子结构和化学性质，若能成功引入到三元正极材料体系中，或许能够带来意想不到的性能提升。可以借助先进的材料计算模拟手段，预先筛选出具有潜力的掺杂元素组合和掺杂浓度，提高研发效率。

智能化结构设计与制备。随着人工智能和大数据技术的不断发展，有望将其应用于单晶三元正极材料的结构设计和制备过程中。通过建立材料结构、性能与制备工艺之间的大数据模型，利用人工智能算法进行数据分析和预测，实现对材料设计和制备的智能化优化。例如，根据电池的具体应用场景和性能要求，智能地推荐最佳的元素配比、颗粒形态、表面处理等设计方案，并指导制备工艺的精准控制，以确保生产出符合要求的高性能单晶三元正极材料。

3D打印等先进制造技术也可能在未来被应用于单晶三元正极材料的制备。可以实现对材料结构的精确构建，如制造出具有复杂内部结构的单晶颗粒，进一步拓展材料结构设计的空间，为提升材料性能提供新的途径。

跨学科融合是推动创新的关键力量。单晶三元正极材料的未来发展将高度依赖于不同学科之间的深入合作与交流。材料科学与化学、物理、电子工程、机械工程等多个学科领域的交叉合作将不断加深，形成一个多元化的研究网络。例如，与化学学科的合作将使我们能够深入研究材料表面的化学反应机理，从而开发出更有效的表面处理技术，以提高材料的稳定性和性能。通过与电子工程学科的结合，我们可以探索单晶三元正极材料在高功率电子设备中的应用特性和优化设计，以满足电子设备对高性能材料的需求。同时，与机械工程学科的协同合作将有助于改进材料的加工工艺和设备，提高制备效率和质量，确保材料在实际应用中的可靠性和耐用性。通过这种跨学科的融合，我们能够不断推动单晶三元正极材料在结构设计上的创新，使其更好地适应和满足日益多样化和复杂化的应用需求。这种多学科的综合研究方法将有助于解决单一学科难以克服的难题，为单晶三元正极材料的发展开辟新的道路，最终推动整个材料科学领域的进步。

此外，绿色可持续发展的理念还体现在单晶三元正极材料的全生命周期管理中。在材料的使用阶段，通过优化电池管理系统（BMS）和充电策略，延长电池的使用寿命，减少更换频率，从而降低对资源的需求和废弃物的产生。同时，研究和开发高效的回收技术，使得废旧电池中的有价值材料能够得到再利用，减少对新资源的开采压力。

总的来说，富镍单晶正极材料仅仅是电池技术研究与开发领域中的一个方面。随着新技术、新工艺以及新材料的不断引入和应用，我们有望逐步解决电池在生命周期、续航里程以及安全性等方面所面临的问题。这些创新技术不仅为众多电子设备制造商、汽车制造商以及各种创新型公司提供了推陈出新的机会，而且还将极大地促进我们迈向一个更加洁净、绿色和智能化的未来生活。

后　　记

当我写下这些文字时，心中涌动着一种复杂的情感。这本专著不仅仅是一本书，它是我们团队在三元正极材料多年辛勤研究的成果，凝聚了我对这个充满挑战和机遇的领域的深切兴趣与不懈探索。在撰写本书的过程中，我有幸深入探究了三元材料的复杂性和多样性，试图从中抽丝剥茧，梳理出清晰的发展脉络。我努力将最新的理论成果与实际案例相结合，力图为读者呈现一个全面而深刻的富镍三元正极市场图景，帮助读者更好地理解这一领域的动态变化。

在此，我要衷心感谢那些在我研究与写作过程中给予支持和帮助的人。首先，我要感谢湖南文理学院化学与材料工程学院王东文书记、杨基峰院长等领导在经费支持以及撰写过程中提供的帮助，特别感谢白马湖优秀出版物出版资助。同时还要感谢我的学生廖童、余珍荣、张东升、朱文奇、于桢、周柳等同学为本书出版作出的巨大贡献。我还要感谢我的家人（纬纬、淘淘、小十一等），他们一直是我坚强的后盾，在我最需要的时候给予我力量。

此外，我要特别感谢出版社的戴嘉编辑，她的专业意见和细致工作使本书得以不断完善。同时，我也感谢所有参与本书研究、提供数据和资料支持的同事和朋友们。

我衷心希望本书能够为读者提供有价值的见解和知识，帮助其在三元材料领域中找到自己的方向。我更期待本书能够为三元材料领域的学术研究和实践贡献一份力量，推动这一领域的发展和进步。最后，我期待读者的反馈和建议，这将是我未来研究的宝贵财富。我相信，通过与读者的互动和交流，我能够不断进步，为学术界带来更多的贡献。

张　智

2024 年 11 月

www.ingramcontent.com/pod-product-compliance
Lightning Source LLC
LaVergne TN
LVHW070615061026
849580LV00019B/2905